麻花钻及其成形方法

白海清 沈 钰 编著

科学出版社
北 京

内 容 简 介

麻花钻是最主要的孔加工刀具,它是一种双螺旋槽的复杂刀具,其主要切削性能(如加工质量、加工效率以及刀具耐用度等)与其几何参数是密切相关的。因此,人们一直致力于钻头的改进和钻削过程的研究。本书系统地阐述了麻花钻的基本结构、几何角度及其常用刀具材料;在研究标准麻花钻沟槽的成形方法和麻花钻后刀面的成形方法的基础上,提出了利用电火花线切割机床成形麻花钻后刀面的方法,介绍了其成形原理和成形装置,并进行了线切割法试验研究;结合切削加工的仿真研究,详细介绍了麻花钻的三维实体建模方法、钻削过程的有限元仿真与分析方法,并通过钻削试验,研究钻削加工条件的合理选择和钻尖几何参数的合理选择。

本书可供机械加工的工艺技术人员、刀具设计人员使用,也可供机械类专业本科生(或研究生)以及相关研究人员参考。

图书在版编目(CIP)数据

麻花钻及其成形方法/白海清,沈钰编著. —北京:科学出版社,2019.11
ISBN 978-7-03-062317-1

Ⅰ. ①麻… Ⅱ. ①白… ②沈… Ⅲ. ①麻花钻头—加工 Ⅳ. ①TG713

中国版本图书馆 CIP 数据核字(2019)第 198691 号

责任编辑:邓 静 张丽花 王晓丽 / 责任校对:王萌萌
责任印制:张 伟 / 封面设计:迷底书装

科学出版社 出版
北京东黄城根北街16号
邮政编码:100717
http://www.sciencep.com

北京虎彩文化传播有限公司 印刷
科学出版社发行 各地新华书店经销

*

2019年11月第 一 版 开本:787×1092 1/16
2019年11月第一次印刷 印张:14
字数:350 000

定价:99.00元
(如有印装质量问题,我社负责调换)

前　言

孔加工技术是机械加工中的一项重要技术。根据国际生产工程科学院(the International Academy for Production Engineering，CIRP)统计，在机械加工行业中，孔加工时间约占机械加工总时间的22%。在某些行业中，如汽车、飞机制造等行业，钻孔工序量占总工序量的30%~40%。从市场需求来看，各国钻头的生产量约占全部刀具生产量的60%。在中国，每年生产钻头用高速钢占刀具生产用高速钢的70%以上，直柄麻花钻出口值占全部刀具总出口值的69.1%。这些数据反映了孔加工的普遍性及工程实际中钻头的易消耗性。因此，如何提高钻头尤其是麻花钻的使用寿命和加工效率，对于整个机械加工行业的发展具有十分重要的意义。

孔加工的工具有麻花钻、深孔钻、扁钻、中心钻、复合钻以及目前较先进的群钻等。麻花钻作为一种形状复杂的孔加工刀具，自诞生以来的百余年中，尽管外形变化不大，但其结构参数和材料随着科学研究的深入不断得到改进和完善，尤其是伴随高速钢麻花钻的出现，麻花钻成为实心工件孔加工应用最广泛的工具。

麻花钻的主要切削性能(如加工质量、加工效率以及刀具耐用度等)与其几何参数密切相关。一般要求麻花钻的主切削刃直线性要好，同时，后角角度在主切削刃上的分布应外缘小、越靠近钻心越大，而且应有适当的横刃斜角和横刃前、后角。在麻花钻螺旋槽成形后，钻头形状及切削刃的几何参数由后刀面的曲面形状及其空间位置决定。

作为一种双螺旋槽的复杂刀具，国内外专门介绍麻花钻及其成形方法的书籍较少。本书系统地阐述了麻花钻的基本结构、几何角度和麻花钻常用刀具材料；在研究标准麻花钻沟槽的成形方法和麻花钻后刀面的成形方法的基础上，建立了麻花钻前刀面的数学模型和多种后刀面成形法的数学模型，提出了利用电火花线切割机床成形麻花钻后刀面的方法，介绍了其成形原理和成形装置，并进行了线切割法试验研究；结合切削加工的仿真研究，详细介绍了麻花钻的三维实体建模方法、钻削过程的有限元仿真与分析方法，并通过钻削试验，研究了钻削加工条件和钻尖几何参数的合理选择。

本书由陕西理工大学白海清和沈钰编著，全书由白海清负责统稿和定稿。陕西理工大学的研究生荆浩旗、朱超、高飞为本书的编写提供了大量的技术资料。在本书编写过程中得到了陕西理工大学机械工程陕西省重点学科以及陕西省工业自动化重点实验室领导和老师的大力支持与帮助，在此一并致谢。

由于本书涉及的孔加工刀具技术发展迅速，加上作者水平有限，书中难免有疏漏和不足之处，敬请各位读者与专家批评指正。

编　者
2019年5月

目 录

第1章 麻花钻的基本结构 ... 1

- 1.1 概述 ... 1
- 1.2 麻花钻的结构参数 ... 1
  - 1.2.1 麻花钻的组成与结构术语 ... 1
  - 1.2.2 长度尺寸参数及其特点 ... 3
  - 1.2.3 结构角度参数及其特点 ... 5
- 1.3 麻花钻的几何角度 ... 10
  - 1.3.1 钻头角度的基准系 ... 11
  - 1.3.2 麻花钻在理论基准系中的刀具角度 ... 12
  - 1.3.3 麻花钻在工作基准系中的工作角度 ... 16
- 1.4 麻花钻几何角度分析 ... 17
  - 1.4.1 麻花钻前角分析 ... 17
  - 1.4.2 麻花钻后角分析 ... 22
  - 1.4.3 横刃的角度分析及其钻削模型 ... 23
  - 1.4.4 麻花钻工作角度分析 ... 25
- 1.5 麻花钻结构的改进 ... 26
  - 1.5.1 麻花钻结构存在的问题 ... 26
  - 1.5.2 麻花钻结构的改进措施 ... 26
- 1.6 本章小结 ... 28
- 参考文献 ... 28

第2章 麻花钻的钻削原理 ... 29

- 2.1 钻削运动与钻削要素 ... 29
  - 2.1.1 工件上的加工表面 ... 29
  - 2.1.2 钻削运动 ... 29
  - 2.1.3 钻削要素 ... 30
- 2.2 麻花钻常用刀具材料 ... 32
  - 2.2.1 材料应具备的性能 ... 32
  - 2.2.2 刀具材料的化学成分及性能特征 ... 32
  - 2.2.3 高速钢 ... 33
  - 2.2.4 硬质合金 ... 34
  - 2.2.5 陶瓷 ... 36
  - 2.2.6 超硬刀具材料 ... 37

2.3 涂层麻花钻 ………………………………………………………… 37
2.3.1 概述 ………………………………………………………… 37
2.3.2 涂层工艺 …………………………………………………… 37
2.3.3 涂层种类 …………………………………………………… 39
2.3.4 涂层刀具 …………………………………………………… 41
2.4 麻花钻的钻削过程 …………………………………………… 41
2.4.1 钻削层变形与钻屑的形成 ………………………………… 41
2.4.2 钻削力 ……………………………………………………… 44
2.4.3 钻削热与钻削温度 ………………………………………… 48
2.4.4 麻花钻的磨损和耐用度 …………………………………… 51
2.4.5 麻花钻的强度和刚度 ……………………………………… 56
2.4.6 钻孔的质量 ………………………………………………… 57
2.5 钻削加工条件的合理选择 …………………………………… 58
2.5.1 钻削参数的合理选用 ……………………………………… 58
2.5.2 刀具几何参数的合理选择 ………………………………… 60
2.5.3 钻孔的冷却与润滑 ………………………………………… 62
2.6 本章小结 ……………………………………………………… 63
参考文献 ……………………………………………………………… 63

第3章 标准麻花钻的成形 …………………………………………… 64
3.1 麻花钻的技术条件 …………………………………………… 64
3.2 麻花钻的制造工艺 …………………………………………… 65
3.2.1 直柄麻花钻的加工工艺 …………………………………… 65
3.2.2 麻花钻的热处理 …………………………………………… 68
3.3 麻花钻后刀面的成形方法 …………………………………… 70
3.3.1 平面成形法 ………………………………………………… 70
3.3.2 锥面成形法 ………………………………………………… 71
3.3.3 新型锥面成形法 …………………………………………… 72
3.3.4 螺旋面成形法 ……………………………………………… 73
3.3.5 圆柱面成形法 ……………………………………………… 74
3.3.6 双曲面成形法 ……………………………………………… 75
3.3.7 螺旋锥面成形法 …………………………………………… 76
3.4 横刃的形成 …………………………………………………… 76
3.4.1 横刃成形的不同刃型 ……………………………………… 76
3.4.2 横刃有无的影响 …………………………………………… 77
3.5 麻花钻的刃磨装置 …………………………………………… 77
3.5.1 麻花钻的手工刃磨 ………………………………………… 77
3.5.2 简易麻花钻刃磨装置 ……………………………………… 78
3.5.3 数控麻花钻成形机床 ……………………………………… 80

3.6 麻花钻的检测 ··· 82
    3.6.1 钻头结构参数与钻尖几何角度的测量 ······················· 82
    3.6.2 钻头几何公差的测量 ··· 84
3.7 本章小结 ·· 86
参考文献 ·· 86

第4章 麻花钻的数学模型 ··· 87

4.1 麻花钻前刀面的数学模型 ·· 87
    4.1.1 麻花钻的端面截形 ··· 87
    4.1.2 麻花钻的钻刃曲线方程 ·· 89
    4.1.3 麻花钻螺旋槽的参数方程 ····································· 90
    4.1.4 麻花钻主刃与前角的几何角度分析 ························ 92
4.2 麻花钻后刀面平面成形法的数学模型 ···································· 94
4.3 麻花钻后刀面锥面成形法的数学模型 ···································· 95
    4.3.1 锥面后刀面的数学模型 ·· 95
    4.3.2 新型锥面后刀面的数学模型 ································· 98
4.4 麻花钻后刀面螺旋面成形法的数学模型 ······························· 102
    4.4.1 螺旋后刀面的数学模型 ······································ 102
    4.4.2 变导程螺旋后刀面的数学模型 ···························· 103
4.5 麻花钻后刀面螺旋锥面成形法的数学模型 ··························· 105
4.6 麻花钻后刀面双曲面成形法的数学模型 ······························· 106
4.7 本章小结 ·· 108
参考文献 ·· 109

第5章 电火花线切割成形麻花钻后刀面 ··· 110

5.1 电火花线切割技术 ··· 110
    5.1.1 概述 ·· 110
    5.1.2 电火花线切割机床加工轨迹控制 ························· 111
    5.1.3 电火花线切割加工工艺参数 ································ 113
5.2 麻花钻后刀面电火花线切割成形原理 ·································· 113
    5.2.1 麻花钻锥面后刀面线切割成形原理 ······················ 113
    5.2.2 麻花钻螺旋面后刀面线切割成形原理 ·················· 114
5.3 麻花钻后刀面线切割成形装置 ··· 115
    5.3.1 麻花钻锥面后刀面线切割成形装置 ······················ 115
    5.3.2 麻花钻锥面后刀面插补式线切割成形装置 ············ 119
    5.3.3 麻花钻螺旋面后刀面线切割成形装置 ·················· 120
5.4 麻花钻锥面后刀面线切割成形仿真研究 ······························· 122
    5.4.1 线切割成形机的设计 ··· 122
    5.4.2 线切割成形机虚拟机床模型的构建 ······················ 124
    5.4.3 麻花钻锥面后刀面插补式线切割成形机模型 ········· 128

   5.4.4 线切割成形机床设置 ································· 129

   5.4.5 仿真加工结果分析 ··································· 134

 5.5 麻花钻锥面后刀面线切割成形试验研究 ······················· 134

   5.5.1 试验平台的搭建 ······································ 134

   5.5.2 试验方案设计 ·· 136

   5.5.3 线切割电参数的设置 ································· 136

   5.5.4 电极丝运动轨迹规划 ································· 137

   5.5.5 试件钻尖几何角度的测量 ··························· 139

   5.5.6 后刀面表面粗糙度分析 ······························ 140

 5.6 本章小结 ··· 146

 参考文献 ··· 146

第6章 麻花钻的三维实体建模 ·································· 147

 6.1 麻花钻锥面后刀面成形参数的优化 ··························· 147

   6.1.1 成形参数间的关系 ··································· 147

   6.1.2 成形参数的优化与确定 ······························ 148

 6.2 标准麻花钻的三维建模 ·· 151

   6.2.1 麻花钻前刀面的建模 ································· 151

   6.2.2 麻花钻后刀面的建模 ································· 154

 6.3 非标准麻花钻的三维建模 ····································· 156

   6.3.1 麻花钻前刀面的建模 ································· 156

   6.3.2 麻花钻后刀面的建模 ································· 157

 6.4 不同麻花钻建模方式的区别 ···································· 158

 6.5 麻花钻三维模型钻尖几何角度的测量 ························· 159

 6.6 基于UG二次开发的麻花钻参数化设计 ······················ 162

   6.6.1 基于UG/Open API和模型的参数化设计 ··········· 162

   6.6.2 基于UG/Open GRIP和数据库的参数化设计 ······ 166

 6.7 本章小结 ··· 170

 参考文献 ··· 171

第7章 麻花钻的钻削仿真与试验研究 ······························· 172

 7.1 有限元分析法及DEFORM-3D软件介绍 ····················· 172

   7.1.1 有限元分析法 ·· 172

   7.1.2 DEFROM-3D软件介绍 ····························· 172

 7.2 麻花钻的钻削过程仿真研究 ···································· 173

   7.2.1 钻削仿真建模的关键技术 ··························· 173

   7.2.2 钻削仿真模型的建立 ································· 177

   7.2.3 钻削仿真结果分析 ··································· 187

   7.2.4 钻削参数对钻削性能的影响 ························ 190

7.3 麻花钻的钻削试验研究……………………………………………………… 193
   7.3.1 激光熔覆件的制备 ……………………………………………………… 193
   7.3.2 钻削试验平台的搭建 …………………………………………………… 199
   7.3.3 钻削试验方案设计 ……………………………………………………… 200
   7.3.4 钻削试验结果分析 ……………………………………………………… 201
   7.3.5 钻孔质量分析 …………………………………………………………… 205
7.4 钻削力预测模型与钻削参数优化 ………………………………………… 208
   7.4.1 钻削力预测模型 ………………………………………………………… 208
   7.4.2 钻削参数的多目标优化 ………………………………………………… 209
7.5 本章小结 …………………………………………………………………… 212
参考文献 ………………………………………………………………………… 213

第1章 麻花钻的基本结构

1.1 概　　述

麻花钻是一种形状复杂的双刀槽孔加工工具。自它诞生至今已有百余年的历史，它仍然是应用最广泛的孔加工刀具，尤其在汽车与航空等孔加工占重要地位的制造业中。根据CIRP统计，在机械加工行业中，钻孔时间约占机械加工总时间的22%，钻头的生产量约占全部刀具生产量的60%。全世界每年消耗上亿支钻头，中国每年生产钻头所用高速钢量占刀具生产所用高速钢总量的70%以上，直柄麻花钻出口值占全部刀具总出口值的69.1%。中国是麻花钻制造和消费大国。

麻花钻看似简单，其实钻尖结构十分复杂。前刀面为空间螺旋曲面，后刀面通常为空间曲面；两个前刀面与两个后刀面相交分别形成了两条主切削刃，两个后刀面相交形成了横刃；三条切削刃为空间曲线，切削刃上各点的前角、后角大小不同，其计算和测量也十分复杂。麻花钻的主要切削性能(如刀具耐用度、钻削力、钻削温度、钻削效率以及钻孔质量等)与钻头几何参数密切相关。因此，要学习、掌握麻花钻及其切削工艺特点，必须先要了解麻花钻的基本结构。

1.2 麻花钻的结构参数

1.2.1 麻花钻的组成与结构术语

1. 麻花钻的基本组成

麻花钻按其功能不同，可分为钻柄、钻颈和钻体三部分，如图1-1所示。

钻柄(shank)：麻花钻上与机床连接的部分，起夹持定位作用并传递钻孔所需的动力(轴向力和扭矩)。钻头直径>13mm的为锥柄，锥柄尾端有扁舌部分，即扁尾，用以传递钻孔扭矩；钻头直径≤13mm的为直柄。

钻颈(neck)：位于钻体和钻柄之间的过渡部分，用以砂轮磨削退刀时的空刀槽。直柄钻头通常无钻颈。

钻体(body)：钻头的工作部分，包括切削部分(钻尖)和导向部分。

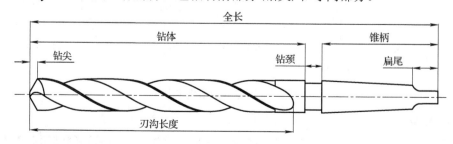

(a) 锥柄麻花钻

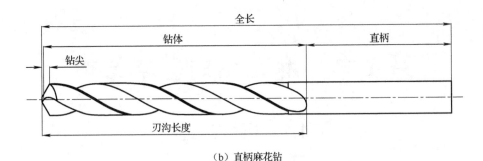

(b) 直柄麻花钻

图 1-1　麻花钻的基本组成

2．麻花钻的结构术语

1) 切削部分

钻头切削部分是指由钻尖的前面、后面和副后面构成的切削刃区域，即主切削刃、副切削刃和横刃，如图 1-2 所示。

(1) 前面(face)：靠近主切削刃的螺旋沟槽表面，也是钻削过程切屑流出的表面。

(2) 后面(flank)：在钻尖上相对于切削表面(孔底)的面，并由主切削刃向后延伸至刃瓣的尾根转点，按其几何作用的不同分类如下。

① 刃隙面(clearance flank)：或称第一后面，是后面邻近切削刃的部分。

② 尾隙面(heel clearance flank)：或称第二后面，是后面由刃隙面向后延伸到尾根转点的部分。

(3) 主切削刃(major cutting edge)：钻头前面与后面相交构成的刃口。

(4) 副切削刃(minor cutting edge)：钻头前面与副后面(刃带)相交形成副切削刃，即刃带边缘刃。

(5) 横刃(chisel edge)：由两后面相交构成的刃口。

(6) 外缘转点(outer corner)：主切削刃与副切削刃相交构成的转角点。

(7) 横刃转点(chisel edge corner)：横刃与主切削刃相交构成的转角点。

(8) 钻尖(point)：由产生切屑的诸要素组成的钻头工作部分，钻尖的诸要素包括主切削刃、横刃、前面和后面。

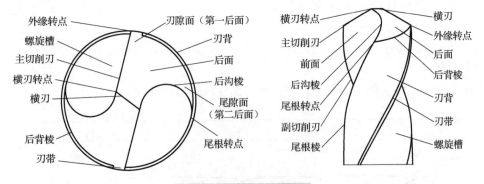

图 1-2　麻花钻的结构术语

2) 导向部分

导向部分由两条螺旋刃沟组成，钻孔时起导向与排屑作用，也是切削磨损后再次刃磨的后备部分，如图 1-2 所示。

(1) 螺旋槽(flutes)：钻体上开出的两条螺旋形沟槽，它是切屑排出和切削液流入的通道。

(2) 刃瓣(land)：钻体未切出刃沟的螺旋部分，包括刃背和刃带。

① 刃背(body clearance)：刃瓣上低于刃带的外缘表面，可减小钻体上的外圆直径，以提供与孔壁的径向间隙，减小孔壁摩擦，提高钻孔表面质量。

② 刃带(margin)：或称棱边，钻头的圆柱或圆锥的导向面，即副后面。

(3) 后背棱、后沟棱(edge of body clearance)：分别是后面与刃背、螺旋槽相交形成的棱线。

(4) 尾根棱(heel)：或称沟背棱，刃瓣上刃背与螺旋槽相交形成的棱线。

(5) 尾根转点(heel corner)：尾根棱、后背棱和后沟棱相交形成的转角点。

(6) 钻心(web)：连接两刃瓣的钻体中心部分。

因此，根据麻花钻的结构术语，其切削部分可分为一尖(钻心尖)、三刃(两主切削刃、一横刃)。

1.2.2 长度尺寸参数及其特点

1. 长度尺寸参数

麻花钻的长度尺寸参数如图 1-3 所示。

(1) 钻头直径 d(drill diameter)：钻头刃带上两外缘转点间的距离，钻头半径为 R。

(2) 钻心厚度 K(web thickness)：在钻头钻尖处测得的钻心最小尺寸。若钻心半厚为 r_o，则 $K=2r_o$。

(3) 钻径倒锥(back taper)：从钻尖向钻柄方向，钻头直径在一定长度上(如 100mm)的缩小值。

(4) 钻心增量(web taper)：从钻尖向钻柄方向，钻心厚度在一定长度上(如 100mm)的增厚值，或称锥心锥度。

(5) 刃带高度 c(height of margin)：刃带的径向高度，即刃背与孔壁间的间隙量。

(6) 刃带宽度 f(width of margin)：在垂直于刃带边缘刃(副切削刃)方向上测量的尺寸。

(7) 刃背直径 q(body clearance diameter)：刃背的直径尺寸，其值取决于刃带高度，即 $q=d-2c$。

(8) 刃瓣宽度 B(width of land)：在垂直于刃带边缘刃(副切削刃)方向上，刃带边缘刃与刃瓣尾根棱间的距离。

(9) 切削刃高度差 H(cutting edge height difference)：在给定的位置半径上，相对于钻头端平面测得的两切削刃的轴向位移。

(10) 横刃长度 b(chisel edge length)：在钻头端视图中横刃的长度。

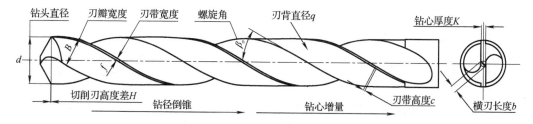

图 1-3 麻花钻的长度尺寸参数

2. 长度参数特点

1) 钻头直径 d

钻头直径通常选用标准系列尺寸或螺纹孔的底孔尺寸,其大小一般在 80mm 以内。按普通麻花钻的标准,控制其公差上限为 0、下限为 $-0.074 \sim -0.01$mm。但对于钻孔后易收缩的材料(如钛合金),为避免钻孔尺寸小于公称直径,宜适当加大钻头直径尺寸公差上限,通常取 $+0.02 \sim +0.03$mm。

2) 钻心厚度 K

钻心厚度的大小对钻头的刚度、强度、切削力以及刀具寿命都有直接或间接的影响。一般加大钻心厚度,可以提高钻头的刚度、强度、钻孔质量以及使用寿命,但同时也会使横刃加长、钻削力增大。若钻心厚度不足,则钻头的强度、刚度不够,钻孔时钻头易折断。故在麻花钻的设计制造时,应选择合理的钻心厚度。标准麻花钻的钻心厚度推荐值如表1-1所示。同时为了使钻心尽量满足等强度,钻心厚度将由钻尖向钻柄增加,即钻心厚度成正锥度,如图1-4所示,一般增厚量为 $1.4 \sim 2$mm/100mm。

表 1-1 标准麻花钻的钻心厚度推荐值

钻头直径 d/mm	$0.25 \sim 1.25$	$1.5 \sim 12$	$13 \sim 80$
钻心厚度比值 K/d	$0.28 \sim 0.2$	$0.2 \sim 0.15$	$0.145 \sim 0.125$

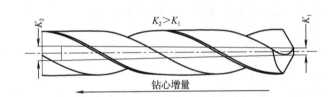

图 1-4 钻心厚度与钻心增量

此外,也有研究认为,原始钻心稍薄,但因钻削力较小、容屑空间大,钻削效果相对较好,如德国 V72 型薄钻心钻头。

3) 刃带高度 c、刃带宽度 f 和钻径倒锥

如图 1-5 所示,刃带具有较窄的棱边,并沿外缘向锥柄有倒锥,形成副偏角。在保证一定导向作用的条件下,可以尽量减小刃带与孔壁的摩擦。由经验可知,刃带宽度太小或高度太高都会致使刃带强度不足。标准麻花钻的刃带宽度、刃带高度和钻径倒锥的推荐值如表1-2所示。

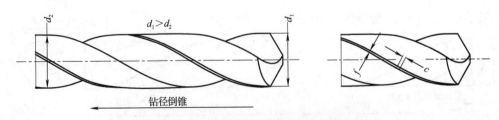

图 1-5 刃带宽度 f、刃带高度 c 和钻径倒锥

表 1-2　标准麻花钻刃带宽度、刃带高度和钻径倒锥的推荐值

钻头直径 d/mm	1～6	7～17	18～80
刃带宽度 f/mm	0.3～0.55	0.6～1.25	1.3～3.4
刃带高度 c/mm	0.1～0.2	0.23～0.65	0.65～2.8
钻径倒锥/(mm/100mm)	0.03～0.08	0.04～0.1	0.05～0.12

4) 刃瓣宽度 B 与刃槽宽度 B_s

若刃瓣宽度太小，则麻花钻的强度、刚度不足；若刃槽宽度 B_s 太小，则容屑空间太小，排屑困难。通常，钻头的刃瓣宽度 B 与刃槽宽度 B_s 基本相等，或刃槽宽度相对较大些，如图 1-6 所示，其值可取 $B≈(0.58～0.62)d$。

5) 钻尖偏心 e_ψ 和切削刃高度差 H

钻尖偏心即钻心尖的偏移距，如图 1-7 所示，偏心过大将使孔的扩张量增大，两个主切削刃的切削负荷不平衡，一侧刃带负荷加重，导致磨损不均匀。标准麻花钻的钻尖偏心的允许值如表 1-3 所示。但钻削加工弹性系数小、收缩性大的材料(如玻璃钢)可通过适当增加偏心值，使孔径扩大，且能减小刃带的磨损。

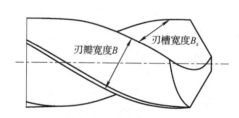

图 1-6　刃瓣宽度 B 与刃槽宽度 B_s

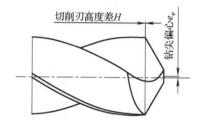

图 1-7　钻尖偏心 e_ψ 和切削刃高度差 H

表 1-3　标准麻花钻钻尖偏心的允许值

钻头直径 d/mm	≤6	7～11	12～24	25～29	≥30
钻尖偏心 e_ψ/mm	0.03	0.05	0.07	0.09	0.15

切削刃高度差即两切削刃的轴向偏移距，如图 1-7 所示，通常在半径 $r=(0.5～0.7)R$ 位置处测量，它能综合反映出钻尖偏心和锋角不对称的误差，将影响到钻孔精度。标准麻花钻的切削刃高度差值如表 1-4 所示。

表 1-4　标准麻花钻的切削刃高度差

钻头直径 d/mm	>3～5	>5～10	>10～30	>30～40	>40
切削刃高度差 H/mm	0.04	0.07	0.15	0.20	0.25

1.2.3　结构角度参数及其特点

1. 结构角度参数

麻花钻的结构角度参数如图 1-8 所示。

(1) 原始锋角 $2\varphi_o$ (original point angle)：钻尖两原始主切削刃母线的夹角，即主切削刃在结构基面上投影线的夹角。

(2) 使用锋角 2φ(point angle)：或称顶角，指两实际主切削刃的外缘转点处切线在结构基面上投影线的夹角。

(3) 螺旋角 β_o(helix angle)：刃带边缘刃上选定点的切线与钻头轴线形成的锐夹角。

(4) 横刃斜角 ψ(chisel edge angle)：在钻头端视图中，主刃外缘转点和横刃转点的连线与横刃形成的锐夹角。

(5) 后角 α(back angle)：在钻头主刃的外缘转点，刃隙面（第一后面）与端平面间的夹角。在不同平面内测量，可分为轴向结构后角、结构法后角、结构圆周后角。

① 轴向结构后角 α_c：简称结构后角，在平行于钻头轴线且垂直于结构基面的轴向平面内测量。

② 结构法后角 α_{nc}：在主切削刃的法剖面内测量。

③ 结构圆周后角 α_{fc}：在平行于钻头轴线且垂直于半径的平面（或圆柱面）内测量。

(6) 尾隙角 α_h(relief angle)：指钻尖尾隙面（第二后面）与端平面间的夹角，通常在以钻头轴线为轴心线的圆柱面内，位于钻尖尾根转点处测量。

(7) 周边后角 α_d(circumferential clearance angle)：在钻尖外缘后背棱线上的选定点处，后背棱的切线与钻头端平面间的夹角，在以钻头轴线为轴线的圆柱面内测量。

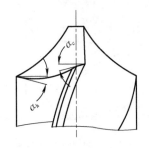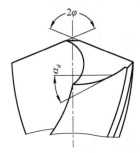

图 1-8　麻花钻的结构角度参数

2. 角度参数特点

1) 原始锋角 $2\varphi_o$

原始锋角是设计钻头螺旋沟槽廓形的重要原始依据。设计的钻头刃沟廓形应满足：当钻头按原始锋角 $2\varphi_o$ 刃磨时，其主切削刃自然形成预定的形状（通常为直线刃）。原始锋角直接关系到钻头主偏角 κ_r 的大小。因此，它影响到主切削刃的长度、单位刃长的切削负荷、切削层中切削宽度和切削厚度的比例、切削力中轴向力和切向力（扭矩）的比例、主切削刃前角的大小、切屑形成和排屑的情况以及外缘转点的散热情况等。

通常，在一定进给量的条件下，减小原始锋角，使切削刃长度增大、切削宽度增大、切削厚度减小，同时降低单位长度负荷、加大外缘转点的刀尖角、加大钻体散热体积、减轻切削刃的磨损、减小轴向力，对钻头纵向稳定性有利，适用于加工脆性大、耐磨性好的材料。而当原始锋角增大时，前角加大、切削厚度加大、切削扭矩有所降低，且因原始锋角大，切屑离开刃口后直接向钻尾方向排出，减轻切屑在孔中阻塞的情况，因此适宜于加工塑性大、强度大的材料。

常见材料的麻花钻原始锋角 $2\varphi_o$ 推荐值如表 1-5 所示。

表 1-5　常见材料的麻花钻原始锋角 $2\varphi_o$ 推荐值

加工材料	原始锋角 $2\varphi_o/(°)$	加工材料	原始锋角 $2\varphi_o/(°)$
钢、铸铁、硬青铜	116～120	纯铜	125
不锈钢、高强度钢、耐热合金	125～150	锌合金、镁合金	90～100
黄铜、软青铜	130	硬橡胶、硬塑料、胶木	50～90
铝合金、巴氏合金	140		

2) 使用锋角 2φ

使用锋角简称锋角或顶角,在钻头使用中可通过刃磨来改变使用锋角,选择使用锋角的原则和选择原始锋角的原则基本相同,但要注意这两者的概念有所区别。原始锋角是钻头设计制造时依据的原始值,使用锋角是钻头在使用时刃磨所形成的角度值,只有当使用锋角和原始锋角相等时,才能得到钻头设计时所要求的原始切削刃形。

通常,普通麻花钻的原始切削刃形为直线刃,此时原始锋角 $2\varphi_o=118°$。若使用锋角与原始锋角不相等,则主切削刃将变为曲线刃。当 $2\varphi>2\varphi_o$ 时,主切削刃为凹形刃;当 $2\varphi<2\varphi_o$ 时,主切削刃则为凸形刃,如图 1-9 所示。

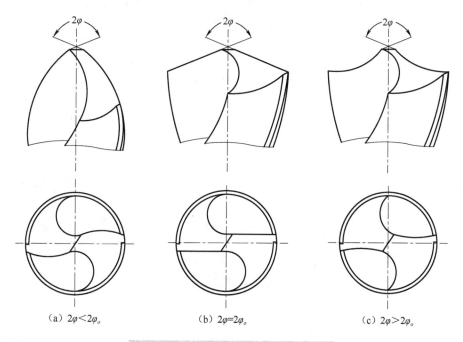

图 1-9　不同使用锋角时的主切削刃形状

麻花钻刃沟廓形的设计准则是在一定的螺旋角 β_o 和原始锋角 $2\varphi_o$ 的条件下,使主切削刃形成直线刃。有研究认为,在钻头前角相同的条件下,曲线切削刃较直线切削刃所要消耗的切削功率更多,并产生较大的切削扭矩。这是由于凹形刃口上各点切屑产生压力,凸形刃口上产生张力,都会加大切屑从工件上切下时所需的能量,并加大排屑阻力。此外,也有研究认为,凹形刃外缘点易崩刃,凸形刃切屑向外缘排出,易卡住。

此外，还需要注意的是上述研究是在其他角度相同的条件下得到的结果。但在实际刃磨麻花钻刃形时，其前角、刃偏角和刃倾角常会发生明显的变化，因此，对于钻头刃形的影响，要根据实际情况作具体分析。

3) 螺旋角 β_o

刃带边缘刃螺旋线展开到平面成直线后与钻头轴线的夹角即钻头的螺旋角 β_o，如图 1-10 所示。

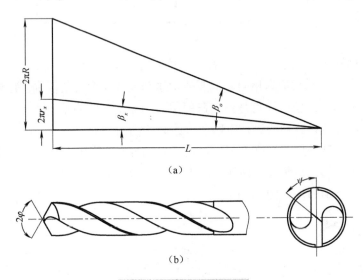

图 1-10 麻花钻的螺旋角

由图可知：

$$\tan\beta_o = \frac{2\pi R}{L} \tag{1.1}$$

式中，R 为钻头半径(mm)；L 为钻头螺旋槽导程(mm)；β_o 为钻头名义螺旋角，即外缘处螺旋角(°)。

由于钻头主刃上各点半径不同，而同一条螺旋线上各点导程是相同的，故主刃上任意点处的螺旋角 β_x 不同，即

$$\tan\beta_x = \frac{2\pi r_x}{L} = \frac{2\pi R}{L} \cdot \frac{r_x}{R} = \frac{r_x}{R}\tan\beta_o \tag{1.2}$$

式中，r_x 为钻头主刃上任意点的位置半径(mm)。

在钻头断面相同时钻头螺旋体比直体的刚性要高。同时，钻头螺旋角与前角的大小密切相关。螺旋角越大，则前角越大，钻头切削轻快，轴向力和扭矩降低，有利于排屑。但螺旋角过大时，刃瓣宽度减小，切削刃的强度削弱且散热条件变差，钻头易产生崩刃，同时排屑路程增长，排屑阻力增大。

通常，钻削硬、脆性材料时，螺旋角取值偏小；加工塑性材料时，螺旋角取值偏大。标准麻花钻的螺旋角一般为 18°～30°。切削常见加工材料时，麻花钻螺旋角 β_o 的推荐值如表 1-6 所示。

表 1-6　标准麻花钻螺旋角 β_o 的推荐值

被切削材料	钻头直径 d/mm		
	<1	1~10	>10
碳钢、合金钢、铸铁	18°~22°	22°~28°	28°~38°
青铜、铅黄铜、硬橡胶、硬塑料	8°~10°	10°~12°	12°~20°
铝、铝合金、锌合金、镁合金	25°~30°	30°~35°	35°~40°
难加工材料、高强度钢	—	—	10°~15°

4) 横刃斜角 ψ

钻尖横刃即两个后刀面的交线。采用平面刃磨法或锥面刃磨法形成的钻尖横刃，可以近似地认为是过钻心且垂直于钻头轴线的直线。横刃斜角是钻头设计制造时重要的结构参数。横刃斜角与后角的大小密切相关，后角增大，则横刃斜角减小、横刃长度增大。钻头钻削时，横刃是产生轴向力的主要来源。通常，标准麻花钻的横刃斜角 ψ 为 47°~55°。

5) 后角 α

在钻头后刀面刃磨中控制后面形状和定向情况的几何角度主要有结构后角 α_c、尾隙角 α_h、周边后角 α_d。

(1) 结构后角 α_c：按定义所述，在不同的测量平面，可以得到不同的结构后角，即轴向结构后角 α_c、结构法后角 α_{nc}、结构圆周后角 α_{fc}，如图 1-11 所示，三者之间的转换公式如下。

$$\tan\alpha_{nc} = \tan\alpha_c \sin\varphi_o \tag{1.3}$$

$$\tan\alpha_{fc} = \tan\alpha_c \cos\mu + \cot\varphi_o \sin\mu \tag{1.4}$$

式中，φ_o 为钻头原始半锋角(°)；μ 为钻心角(°)，$\sin\mu = \dfrac{r_o}{r}$。

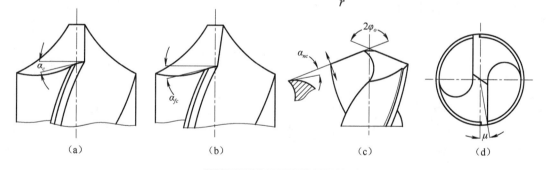

图 1-11　麻花钻的结构后角

对于标准麻花钻（$r_o/R=0.15$，$2\varphi_o=118°$），三种结构后角的数值关系如表 1-7 所示。由表可知，轴向结构后角 α_c、结构法后角 α_{nc}、结构圆周后角 α_{fc} 越靠近钻心则三者的差值越大。

表 1-7　标准麻花钻外缘转点处三种结构后角的数值关系

α_c	α_{nc}	α_{fc}	α_c	α_{nc}	α_{fc}	α_c	α_{nc}	α_{fc}
4°	3°25′	9°2′	9°	7°23′	13°51′	14°	12°3′	18°36′
5°	4°17′	10°	10°	8°35′	14°48′	15°	12°56′	19°32′
6°	5°8′	10°58′	11°	9°27′	15°45′	16°	13°48′	20°29′
7°	6°	11°56′	12°	10°19′	16°42′	17°	14°41′	21°25′
8°	6°52′	12°54′	13°	11°11′	17°39′	18°	15°33′	22°21′

(2) 尾隙角 α_h：按定义所述，尾隙角在以钻头轴线为轴心的圆柱剖面内测量，如图 1-12 所示，其计算公式为

$$\tan\alpha_h = \frac{h}{R\Omega} \tag{1.5}$$

式中，h 为同一位置半径选定点(通常取尾根转点)与外缘转点的高度差(mm)；R 为钻头半径(mm)，忽略刃带高度 c；Ω 为同一位置半径选定点(通常取尾根转点)与外缘转点在端平面内的圆周转角(rad)。

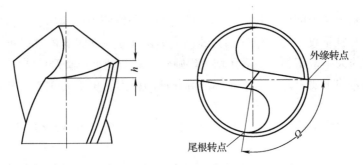

图 1-12 麻花钻的尾隙角

与单刃刀具相对应，结构圆周后角相当于第一后角，而尾隙角则相当于第二后角。钻头应保证一定的尾隙角，以避免钻孔时刃瓣尾根与孔底产生摩擦，并得到较大的切削液流入切削区的通道。特别是用大进给量钻削时，更应考虑尾隙角的大小。

尾隙角的值与钻头后面的刃磨方法和刃磨参数的调整密切相关，在后面刃磨中，若刃磨参数选择不当，后背棱线在尾根转点处将会发生向上翘起的现象，即"翘尾"现象。

(3) 周边后角 α_d：按定义所述，通常在钻尖外缘圆周的后背棱线上各点的周边后角没有实际意义，但对双刃带钻头在第二刃带处则应具有一定的正后角，以减轻第二外缘转点的磨损，如图 1-13 所示。

由图可知，当周边后角是负值，即有周边向上翘起，钻削时第二刃带翘起部分将与工件产生严重摩擦的现象，第二刃带未发挥作用，且对切削不利；而当周边后角是正值时，没有向上翘起，会避免这样的情况。

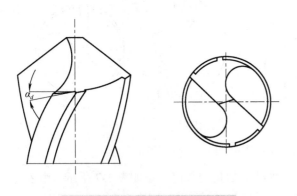

图 1-13 双刃带麻花钻的周边后角

1.3 麻花钻的几何角度

麻花钻在结构基准系(tool-in-construction system)中的结构角度、在理论基准系(静止参考系，tool-in-hand system)中的刀具角度和在工作基准系(tool-in-use system)中的工作角度，统称为钻头的几何角度。

为研究和分析刀具静止以及切削过程中所出现的物理现象、矛盾特性，必须熟练掌握钻头在切削运动中的几何角度与其相关基准系的分析。前面已分析了麻花钻在结构基准系中的结构角度，本节不再赘述。

1.3.1 钻头角度的基准系

1. 结构基准系

结构基准系又称制造基准系，如图 1-14 所示，它的三个基准面如下。

(1) 端平面 p_{tc}：与钻头轴线相垂直的平面。

(2) 结构基面 p_{rc}：与两主切削刃上的外缘转点和横刃转点连线相平行且通过钻心的平面。

(3) 中心平面 p_c：通过钻头轴线且和端平面及结构基面都垂直的平面。

2. 理论基准系

理论基准系也称静止参考系，是由切削刃选定点的切削速度（主运动）方向 v_c 来决定的，如图 1-15 所示，它的三个基准面如下。

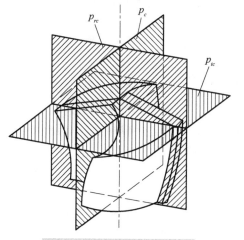

图 1-14　麻花钻的结构基准系

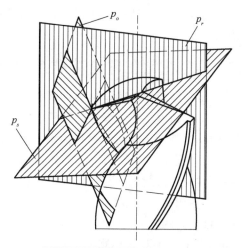

图 1-15　麻花钻的理论基准系

(1) 基面 p_r：过切削刃上的选定点和钻头轴线且垂直于切削速度方向的平面。

(2) 切削平面 p_s：切削刃选定点的切削平面是由该点的切削速度方向和过该点切削刃的切线所成的平面。

(3) 测量平面：在钻头的理论基准系中一般有五种平面坐标系，各测量平面如下。

① 正交平面 p_o：通过切削刃选定点且垂直于基面和切削平面的平面。

② 法平面 p_n：过切削刃上的选定点与切削刃垂直的平面。

③ 假定进给平面 p_f：通过选定点与基面垂直，且平行于假定进给方向（假定钻头在钻孔时的进给方向）的平面。

④ 最大前角平面：在最大前角处，方位角对应的剖面。

⑤ 任意正交平面 p_i：垂直于基面和切削平面的平面。

3. 工作基准系

工作基准系与理论基准系类似，只是其工作基面、工作切削平面及工作测量平面均是由切削刃选定点的合成速度 v_e（切削速度 v_c 与进给速度 v_f 的合成）的方向决定的。

(1) 工作基面 p_{re}：切削刃选定点的工作基面是与该点合成速度 v_e 方向相垂直的平面。

(2) 工作切削平面 p_{se}：切削刃选定点的工作切削平面是由该点的合成切削速度方向和过该点切削刃的切线所成的平面。

(3) 工作测量平面：与理论基准系一样，也有五个平面坐标系：①正交平面坐标系；②法平面坐标系；③假定进给平面坐标系；④最大前角平面坐标系；⑤任意正交平面坐标系。

4. 三种基准系间的区别

结构基准系是依据钻头的形体尺寸建立的，同时也需考虑便于刀具的制造、刃磨和检测。但对于在结构基准系中的结构角度，由于它没有与钻头实际的运动情况（主运动和进给运动）联系起来，故称为真正的静止角度，因此它也不能用来准确表述切削过程中所产生的各种物理现象。

而理论基准系与工作基准系则是依据钻头的切削运动方向建立的；理论基准系是依据刀具的主运动方向建立的；工作基准系是依据刀具的合成运动方向（主运动和进给运动的合成）建立的。理论基准系中的刀具角度和在工作基准系中工作角度的组合，可以准确地表述切削刃和前、后面在切削过程中相对切削运动方向的空间定向。

由于麻花钻的结构形体相比其他刀具较为复杂，三种基准系各有不同，因此应逐一研究分析。

1.3.2　麻花钻在理论基准系中的刀具角度

基本角度组用来确定钻头切削中每条切削刃和前、后角的方位情况。通常采用正交坐标系中的基本角度组来分析切削过程，即前角 γ_o、后角 α_o、刃偏角 κ_r 和刃倾角 λ_s。实际上，只要知道一个基本角度组，则其他坐标系中的基本角度组均可通过换算得到。由于麻花钻有主切削刃、副切削刃和横刃，因此其刀具角度共有 12 个。但是，由于三个切削刃的部分前、后面是公共的，因此这些刀具角度也是相互关联的。

1. 主刃的刀具角度

(1) 主刃的前角 γ_o：切削刃选定点的前角 γ_o 是该点的基面 p_r 与前面 A_γ（或前面的切平面）之间的夹角，在正交平面 p_o 内测量，如图 1-16 所示。

(2) 主刃的后角 α_f：麻花钻主刃选定点的后角，通常不用 α_o，而是采用钻头主切削刃选定点在假定进给平面 p_f 内的进给方向后角 α_f，即在以钻头轴线为中心线的圆柱面（或其切平面）内测量的切削平面 p_s 与后面 A_α 之间的夹角。由于钻刃进行切削时做圆周运动，进给方向后角在一定程度上反映钻头主后刀面与切削表面（孔底）之间的摩擦关系。进给量对后角的影响也能直接反映出来，这些都是在钻头中常用进给方向后角 α_f 和结构圆周后角 α_{fc} 的原因。

此外，应该注意，理论基准系中的进给方向后角 α_f 是切削平面与后面之间的夹角，结构基准系中的结构后角 α_c 是端平面与后面之间的夹角，且两者的测量平面（p_f 与 p_c）也不同，如图 1-17 所示。但由于进给方向后角 α_f 与结构圆周后角 α_{fc} 的测量平面 p_f 相同，所以假定进给平面 p_f 与切削平面的交线也就是假定进给平面 p_f 与端平面的交线，α_f 与 α_{fc} 在数值上则是相等的。

(3) 主刃的刃偏角 κ_r：简称主偏角，主刃选定点的刃偏角 κ_r 是假定进给平面 p_f 与切削平面 p_s 之间的夹角，在基面 p_r 内测量，即主刃在基面上的投影与假定进给速度 v_f 的夹角，如图 1-16 所示。

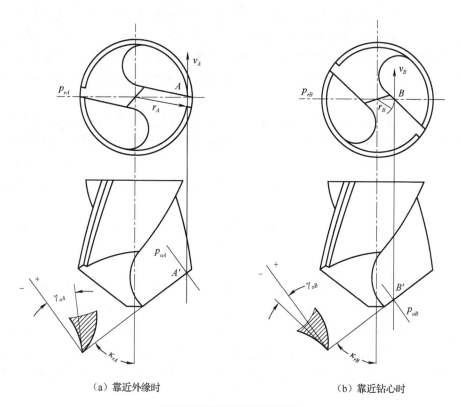

(a) 靠近外缘时 (b) 靠近钻心时

图 1-16 麻花钻主刃的前角

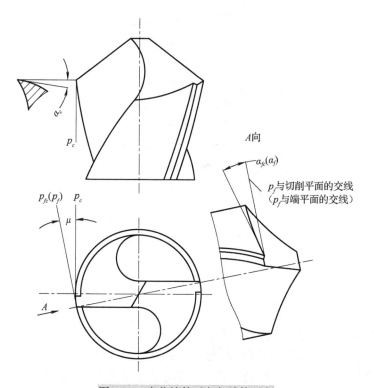

图 1-17 麻花钻的后角与结构后角

主偏角基本上由锋角所决定，普通麻花钻的主刃虽然是直线刃，但由于主刃上各点的基面是变化的，因此各点的主偏角也是变化的。主偏角会影响到切屑流出的方向和切屑卷曲的情况，即主偏角加大，切屑比较平直，同时也会影响切削宽度 a_w 和切削厚度 a_c 的比例以及钻削力各方向分力比例的分配。此外，还确定了在该点正交平面的方位，因而影响该点前角的数值。

应注意，现有部分文献对主偏角 κ_r 与原始锋角 $2\varphi_o$ 及使用锋角 2φ 三者不加以区别，所以三者的概念、定义易混淆。应知，原始锋角 $2\varphi_o$ 是设计制造时的主要参数，使用锋角 2φ 是钻头刃磨时的结构角度，而主偏角 κ_r 则是在切削过程中起作用的角度。当原始锋角 $2\varphi_o$ 等于使用锋角 2φ 时，钻头主刃为直线刃。此时，切削刃上各点主偏角 κ_r 与原始锋角 $2\varphi_o$ 的关系表达式为

$$\tan\kappa_r = \cos\mu \tan\varphi_o \tag{1.6}$$

$$\sin\mu = \frac{r_o}{r} = \left(\frac{r_o}{R}\right)\bigg/\left(\frac{r}{R}\right) \tag{1.7}$$

式中，κ_r 为主切削刃选定点的主偏角 (°)；φ_o 为钻头原始半锋角 (°)；μ 为主刃上该点的钻心角 (°)；r_o 为钻头的钻心半厚 (mm)；r 为主切削刃选定点的位置半径 (mm)；R 为钻头半径 (mm)。

(4) 主刃的刃倾角 λ_s：切削刃选定点的刃倾角 λ_s 是在切削平面 p_s 内切削刃与基面 p_r 之间的夹角，如图 1-18 所示。当钻刃选定点处切削刃的正方向相对于基面 p_r 是在与假定主运动切削速度 v_c 相同的一侧时，即当刃尖点相对于假定主运动切削速度 v_c 在最低位置时，刃倾角 λ_s 为负值。

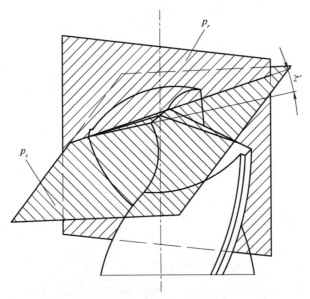

图 1-18 麻花钻主刃的刃倾角

钻头主刃的刃倾角是在钻削时起重要作用的角度，它对切屑卷曲的情况、切屑流出方向、工作前角的大小以及刀尖处的强度和散热能力都有影响。

在钻头中还常会用到端面刃倾角 λ_t，它是在钻头端面视图内主刃的投射线与基面的夹角。因此，钻头主刃上各点的端面刃倾角与该点的钻心角 μ 在数值上是相等的，端面刃倾角 λ_t 的正负符号规则与刃倾角 λ_s 相同。

$$|\lambda_t| = \mu = \arcsin\left(\frac{r_o}{r}\right) \tag{1.8}$$

当原始锋角 $2\varphi_o$ 等于使用锋角 2φ 时,钻头主刃为直线刃。此时,切削刃上各点刃倾角 λ_s 为

$$\tan\lambda_s = \tan\lambda_t \sin\kappa_r \tag{1.9}$$

$$\sin\lambda_t = -\frac{r_o}{r} = -\left(\frac{r_o}{R}\right)\Big/\left(\frac{r}{R}\right) \tag{1.10}$$

$$\sin\lambda_s = -\sin\varphi_o \sin\mu = \sin\varphi_o \sin\lambda_t \tag{1.11}$$

式中,λ_t 为钻刃选定点的端面刃倾角(°);λ_s 为该点的刃倾角(°);κ_r 为该点的主偏角(°);μ 为该点的钻心角(°);r_o 为钻头的钻心半厚(mm);r 为钻刃选定点的位置半径(mm);R 为钻头半径(mm)。

当使用锋角 2φ 与原始锋角 $2\varphi_o$ 不等时,由于切削刃曲线变化,钻刃各点的刃倾角 λ_s 不仅取决于钻心厚度 $2r_o$,还与使用锋角 2φ 密切相关。

2. 副刃的刀具角度

(1) 副刃的前角 γ'_o 简称副前角。由于钻径倒锥很小,即副刃的副偏角 κ'_r 很小,因此在刃尖处,副刃的正交平面相当于主刃的假定切深平面 p_p,可将前角 γ'_o 看作主刃在刀尖点的切深方向前角 γ_p。

已知主刃外缘转点在正交平面系的基本刀具角度组的 γ_o、刃倾角 λ_s 和刃偏角 κ_r 相等,则可算出在假定切深平面系中的切深方向前角 γ_p 为

$$\tan\gamma_p = \cos\kappa_r \tan\gamma_o + \sin\kappa_r \tan\lambda_s \tag{1.12}$$

当麻花钻 $2\varphi=118°$,$\beta_o=30°$,$r/R=0.15$ 时,按式(1.12)可得 $\gamma'_o = \gamma_p = -14°49'$。

(2) 副刃的后角 α'_o 简称副后角。由于副后面(刃带)是回转表面,切削速度方向与其相切,故 $\alpha'_o=0$。通常,根据导向、支撑的需要,刃带有一定宽度,但较宽的白刃对切削不利,尤其在精度、表面质量要求较高及孔径容易收缩时,应注意合理修磨。

(3) 副刃的刃偏角 κ'_r 简称副偏角。在外缘转点处的副偏角是假定进给平面与副刃切削平面之间的夹角。在基面内测量时,副偏角即副刃在基面上的投影与假定进给方向的夹角,如图 1-19 所示。

副偏角是由钻头工作部分钻径的倒锥决定的,一般倒锥值为 0.03~0.12mm/100mm,即 $\kappa'_r=0.5'\sim20'$。加大副偏角 κ'_r 可减小棱边与孔壁之间的摩擦,但使孔壁的残留高度增大,并使重磨后的钻径减少得较快。

(4) 副刃的刃倾角 λ'_s 简称副刃倾角,是在副刃切削平面内副刃与基面之间的夹角,如图 1-19 所示。由于副偏角很小,在外缘转点处,副刃的切削平面相当于钻刃的假定进给平面,因此可把副刃倾角 λ'_s 看作在该点主刃的进给方向前角 γ_f,且与钻头的螺旋角 β_o 相等,即

$$\lambda'_s \approx \gamma_f = \beta_o \tag{1.13}$$

3. 横刃的刀具角度

麻花钻横刃的形状主要取决于钻头后面的刃磨方法与刃磨参数的调整。采用平面刃磨法或锥面刃磨法成形的钻头后面,其横刃可近似认为是一条过钻心且垂直于钻头轴线的直线,因而刃上各点的基面相同,即各点正交平面 p_o、法平面 p_n 和假定进给平面 p_f 均合而为一,如图 1-20 所示。横刃斜角是决定横刃刀具角度的重要参数之一。

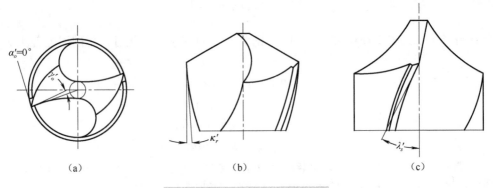

图 1-19 麻花钻副刃的刀具角度

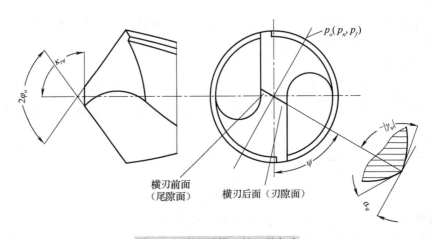

图 1-20 麻花钻横刃的刀具角度

(1) 横刃前角 γ_ψ：横刃的前面（或前面的切平面，即麻花钻靠近横刃处的第二后面）与基面之间的夹角，在正交平面（主剖面）内测量。横刃前角 γ_ψ 为很大的负值，一般情况下 $\gamma_\psi=-60°\sim-54°$。

(2) 横刃后角 α_ψ：横刃的后面（或后面的切平面，即麻花钻靠近横刃处的第一后面）与基面之间的夹角，在正交平面（主剖面）内测量，横刃后角 α_ψ 有很大的正值，且有

$$\alpha_\psi = 90° - |\gamma_\psi| = 30°\sim 36°$$

(3) 横刃的刃倾角 $\lambda_{s\psi}$：由于横刃本身与基面重合，故有 $\lambda_{s\psi}=0°$。

(4) 横刃的刃偏角 $\kappa_{r\psi}$：由于横刃近似垂直于钻轴，即垂直于进给方向，故可认为 $\kappa_{r\psi}=90°$。

横刃具有很大的负前角 γ_ψ 和正后角 α_ψ，刃倾角 $\lambda_{s\psi}$ 为 $0°$，刃偏角 $\kappa_{r\psi}$ 为 $90°$。因而在钻削时，钻头定心精度差，易晃振，且产生的轴向力很大。

1.3.3 麻花钻在工作基准系中的工作角度

工作基准系和理论基准系相似，其工作角度组与理论基准系中刀具角度组的概念及定义基本相同，在此不再详细表述。本节列举工作基准系中的部分工件角度，如图 1-21 所示。

由图 1-21(a)可知，工作基准系与理论基准系的区别在于工作基面垂直于合成速度 v_e，且基面不过钻轴。

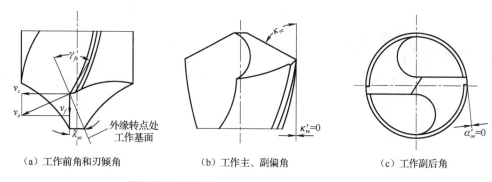

图 1-21 麻花钻在工作基准系中的部分工作角度

1.4 麻花钻几何角度分析

1.4.1 麻花钻前角分析

麻花钻的前面是以与钻头轴线相互错开的主切削刃直线作为母线,沿钻头轴线做螺旋运动而形成的螺旋面。由于钻头前面为螺旋面,且具有一定的钻心厚度,因而切削刃上各点的前角的变化较为复杂。多年来,国内外诸多研究学者已对前角提出了多种概念和定义及计算公式。本节将对部分研究进行介绍与分析。

1. 几种麻花钻前角的定义

根据前面已知钻头理论基准系中正交平面坐标系内前角 γ_o 的定义,本节将对其他几种前角概念,如简化法前角 γ_n^*、简化前角 γ_o^*、结构前角 γ_c、结构法前角 γ_{nc}、法前角 γ_n、任意正交前角 γ_i 等,分别进行说明。

1) 简化法前角 γ_n^* 和简化前角 γ_o^*

简化法前角 γ_n^* 是以钻头的结构基面作为基面,认为主切削刃在结构基面上,即钻心厚度忽略,前面与基面之间的夹角在切削刃的法平面 p_n^* 内测量,如图 1-22 所示。

本书认为主刃在结构基面上,则法剖面 p_n^* 即主剖面 p_o^*,在切削刃上选定点的简化法前角 γ_n^* 即简化前角 γ_o^*。但由于普通麻花钻的钻心厚度比一般为 $r/R=0.15$,相对较大,不可忽略,因此上述简化前角与实际情况存在很大出入。

2) 结构前角 γ_c 和结构法前角 γ_{nc}

结构前角 γ_c 是结构基准系中切削刃选定点处前面与结构基面 p_r 之间的夹角。而在切削刃的法平面 p_n 内测量的,则为结构法前角 γ_{nc};在平行于钻头轴线且垂直于结构基面的中心平面 p_c 内测量的,即轴向结构前角(结构前角) γ_c,如图 1-23 所示。

结构前角 γ_c 作为麻花钻结构的重要参数,其大小取决于钻心厚度 $2r_o$ 和钻头螺旋角 β_o 的数值;结构法前角 γ_{nc} 则与原始锋角 $2\varphi_o$ 密切相关。

3) 法前角 γ_n

法前角 γ_n 是在理论基准系内的法平面坐标系中的刀具角度。在切削刃选定点的法前角是通过该点的基面与前角的夹角,在切削刃的法平面 p_n 内测量,如图 1-24 所示。

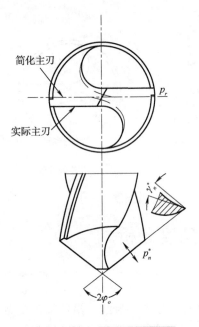

图 1-22 麻花钻的简化法前角

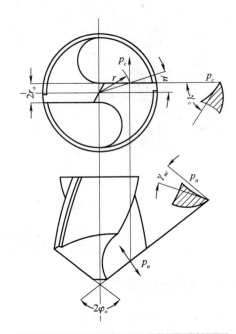

图 1-23 麻花钻的结构前角和结构法前角

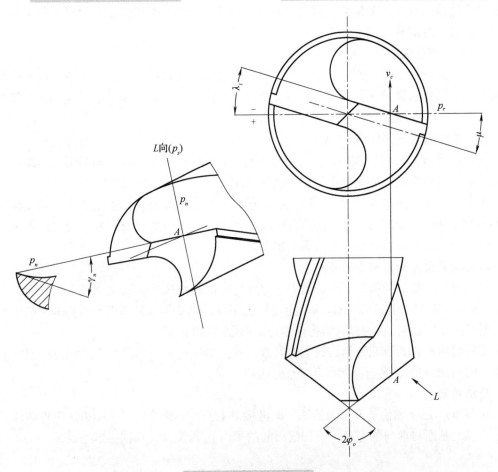

图 1-24 麻花钻的法前角

4) 任意正交前角 γ_i

任意正交前角 γ_i 是在理论基准系内的任意正交平面坐标系中的刀具角度。在切削刃选定点的任意正交前角是通过该点的基面 p_r 与前面的夹角，在垂直于基面的任意正交平面 p_i 内测量，如图 1-25 所示。在任意正交平面坐标系中，p_i 与假定进给平面 p_f 的夹角为任意正交测量平面方向角 χ，且根据符号规则，p_i 向钻心偏转时，χ 为正值。

当 χ 变化时，γ_i 则变为不同测量平面内的前角，即 χ 为 0°、90°、90°−κ_r、χ_η 和 δ_r 时，χ 分别为进给方向前角 γ_f、切深方向前角 γ_p、前角 γ_o、流屑方向前角 γ_η 和最大前角 γ_g。

2. 麻花钻的前角公式

根据前面钻头前角的概念和定义，国内外诸多学者提出了不少关于分析计算麻花钻前角的公式，其公式特点为：①它们以在不同的基准系和平面坐标系中前角的定义为依据；②大部分公式没有对原始锋角 $2\varphi_o$ 和使用锋角 2φ 以及主偏角 κ_r 的概念加以区分，因而在计算前角过程中易产生误差。

经研究分析，前角公式可归纳为五组。前四组公式均仅适用于计算主刃为直线刃的情况，即原始锋角 $2\varphi_o$ 等于使用锋角 2φ 时前角的变化关系；当主刃为曲线时，前四组公式不再适用。任意正交前角公式(第五组公式)较为全面地反映出原始锋角 $2\varphi_o$、使用锋角 2φ、主偏角 κ_r 和前角的变化关系，即麻花钻的一般前角公式。

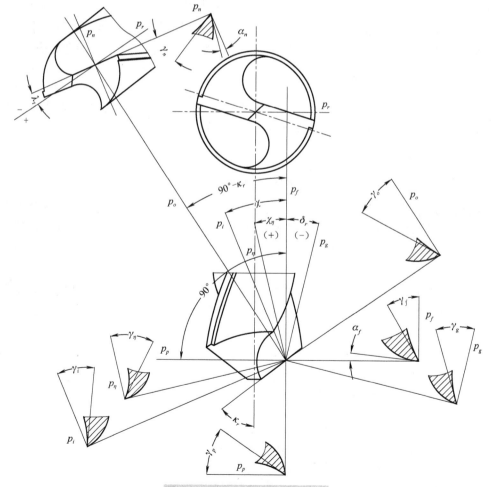

图 1-25　麻花钻的任意正交前角

1) 麻花钻的简化法前角公式

麻花钻的简化法前角 γ_n^* 在简化结构基准系中,以结构基面作为基面,测量平面为假设在结构基面内主刃的法平面 p_n^*,如图 1-22 所示。其计算公式为

$$\tan\gamma_n^* = \frac{\tan\beta}{\sin\varphi_o} \tag{1.14}$$

式中,γ_n^* 为切削刃选定点的简化法前角(°);β 为该点的螺旋角(°);φ_o 为钻头原始半锋角(°)。

式(1.14)计算的简化法前角在主刃各点均为正值,但由于钻心厚度比较大,不可忽略,故计算数值与实际情况出入较大。

2) 麻花钻的结构法前角公式

麻花钻的结构法前角 γ_{nc} 在结构基准系中,以主刃对称平面作为基面,测量平面为法平面 p_n,如图 1-23 所示。其计算公式为

$$\tan\gamma_{nc} = \frac{\tan\beta\cos\mu}{\sin\varphi_o - \tan\beta\cos\varphi_o\sin\mu} \tag{1.15}$$

或

$$\tan\gamma_{nc} = \frac{\sqrt{r^2 - r_o^2}}{(p - r_o\cot\varphi_o)\sin\varphi_o} \tag{1.16}$$

式中,γ_{nc} 为切削刃选定点的结构法前角(°);β 为该点的螺旋角(°);φ_o 为钻头原始半锋角(°);μ 为该点的钻心角(°);r 为该点的位置半径(mm);r_o 为钻心半厚(mm);p 为螺旋槽螺旋参数,$p = \frac{L}{2\pi}$,L 为螺旋槽导程(mm)。

结构法前角 γ_{nc} 和法前角 γ_n 虽然是在同一法平面内测量的,但由于采用的基准系坐标不同,即基面不同,因此两者相差一个角度值 ω。

$$\gamma_{nc} = \gamma_n + \omega \tag{1.17}$$

$$\tan\omega = \tan\mu\cos\varphi_o \tag{1.18}$$

结构法前角 γ_{nc} 所依据的结构基面在钻头上固定不变,因此如果在刃磨中修磨前刀面,则结构法前角 γ_{nc} 比较容易观测,且可根据结构法前角 γ_{nc} 计算法前角 γ_n,再计算前角 γ_o 等。故该角用作刃磨角度。

3) 麻花钻的法前角公式

麻花钻的法前角 γ_n 在理论基准系内的法平面坐标系中,以与主刃选定点的主运动方向垂直的平面作为基面,测量平面为垂直于切削刃的法平面,如图 1-24 所示。其计算公式为

$$\tan\gamma_n = \tan\beta\frac{1-\sin^2\lambda_t\sin^2\varphi_o}{\sin\varphi_o\cos\lambda_t} + \tan\lambda_t + \cos\varphi_o \tag{1.19}$$

或

$$\gamma_n = \gamma_{nc} - \omega = \arctan\left(\frac{\tan\beta\cos\mu}{\sin\varphi_o - \sin\mu\tan\beta\cos\varphi_o}\right) - \arctan(\tan\mu\cos\varphi_o) \tag{1.20}$$

或

$$\gamma_n = \arctan\frac{\left(\dfrac{r^2}{R^2} - \dfrac{r_o^2}{R^2}\right) - \dfrac{r_o}{R}\cos^2\varphi_o\left(\tan\varphi_o\cot\beta_o - \dfrac{r_o}{R}\right)}{\sqrt{\dfrac{r^2}{R^2} - \dfrac{r_o^2}{R^2}}\sin\varphi_o\cot\beta_o} \tag{1.21}$$

式中，γ_n 为切削刃选定点的法前角(°)；γ_{nc} 为该点的结构法前角(°)；β 为该点的螺旋角(°)；λ_t 为该点的端面刃倾角(°)，$\sin\lambda_t = -\dfrac{r_o}{r}$；$\omega$ 为角度值；β_o 为外缘点处的螺旋角(°)；φ_o 为钻头原始半锋角(°)；μ 为该点的钻心角(°)；r_o 为钻心半厚(mm)；r 为该点的位置半径(mm)；R 为钻头半径(mm)。

前角 γ_o 和法前角 γ_n 的关系为

$$\tan\gamma_n = \tan\gamma_o \cos\lambda_s \tag{1.22}$$

4) 麻花钻的前角公式

麻花钻的前角 γ_o 是在理论基准系内的正交平面坐标系中，以与主刃选定点的主运动方向垂直的平面作为基面，测量平面为垂直于主刃在基面上投影的平面 p_o，如图 1-26 所示。其计算公式为

$$\tan\gamma_o = \dfrac{\tan\beta}{\sin\kappa_r} + \tan\lambda_t \cos\kappa_r \tag{1.23}$$

$$\tan\beta = \dfrac{r}{R}\tan\beta_o \tag{1.24}$$

$$\tan\lambda_t = -\dfrac{r_o}{\sqrt{r^2 - r_o^2}} \tag{1.25}$$

$$\mu = |\lambda_t| \tag{1.26}$$

$$\tan\kappa_r = \tan\varphi_o \cos\mu \tag{1.27}$$

式中，γ_o 为切削刃选定点的前角(°)；β 为该点的螺旋角(°)；κ_r 为该点的主偏角(°)；λ_t 为该点的端面刃倾角(°)；φ_o 为钻头原始半锋角(°)；μ 为该点的钻心角(°)；r_o 为钻心半厚(mm)；r 为该点的位置半径(mm)；β_o 为外缘点处的螺旋角(°)；R 为钻头半径(mm)。

5) 麻花钻的任意正交前角公式

麻花钻的任意正交前角 γ_i 是在理论基准系内的任意正交平面坐标系中，以与主刃选定点的主运动方向垂直的平面作为基面，测量平面为垂直于基面的任意正交平面 p_i，如图 1-27 所示。其计算公式为

$$\tan\gamma_i = \tan\beta\cos\chi + \dfrac{r\tan\beta\cot\varphi_o - r_o}{\sqrt{r^2 - r_o^2}}\sin\chi \tag{1.28}$$

或

$$\tan\gamma_i = \tan\beta\sin\theta + \left(\dfrac{\tan\beta}{\tan\kappa_r} + \dfrac{\tan\lambda_s}{\sin\kappa_r}\right)\cos\theta \tag{1.29}$$

式中，γ_i 为切削刃选定点的任意正交前角(°)；β 为该点的螺旋角(°)；r 为该点的位置半径(mm)；r_o 为钻心半厚(mm)；λ_s 为该点的刃倾角(°)；φ_o 为钻头原始半锋角(°)；κ_r 为该点的主偏角(°)；χ 为任意正交测量平面的方位角(°)；θ 为任意正交平面的方位余角(°)，$\theta = 90° - \chi$。

上述公式是在理论基准系中分析麻花钻的一般公式，只要结构参数 γ_o、φ_o、β_o 一定，则前角取决于切削刃选定点的位置半径 r 和测量平面方位角 χ，而与实际刃形（或使用锋角 2φ）无关。

当以 0°、90°、90°$-\kappa_r$、χ_η、δ_r 代替 χ 代入公式，即可求得相应的前角 γ_f、γ_p、γ_o、γ_η、γ_g。

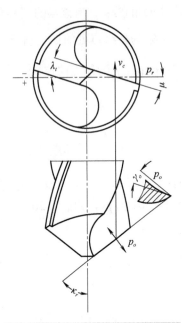
图1-26 麻花钻的前角测量示意图

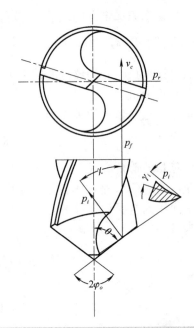
图1-27 麻花钻的任意正交前角测量示意图

1.4.2 麻花钻后角分析

在钻头后刀面刃磨中，结构后角 α_c、尾隙角 α_h、周边后角 α_d 是控制后面形状和方位情况的结构参数。而在切削过程中对钻头后面状态的表征则用理论基准系中的后角即进给方向后角 α_f。由于钻头进给方向后角 α_f 与钻头结构圆周后角 α_{fc} 在数值上是相等的，因而常用分析和控制 α_c 或 α_{fc} 的方法来实现对 α_f 的控制。

1. 切深方向后角 α_p 的分析

切深方向后角 α_p 也称背后角，背后角 α_p 作为钻削运动中的重要参数，与侧背后角 α_t 以及横刃斜角 ψ 密切相关。

1) 背后角 α_p 与侧背后角 α_t 的关系

由于钻头做回转运动，当切削刃上各点的背后角等于或小于 0 时，切削刃加速磨损，甚至不能切入。该点对普通麻花钻来说不易直观地看出，但对于在后面上磨出各种分屑槽或复合后面的钻头，则从两种形状后刀面相交的刃尖转点处可以明显地看出。

2) 背后角 α_p 与横刃斜角 ψ 的关系

靠近钻心部分，背后角 α_p 的数值影响到横刃斜角 ψ、横刃长度 b_ψ 及横刃前、后角的大小。因此，背后角 α_p 对钻头钻削时的定心情况有直接影响。背后角 α_p 过大，使横刃斜角 ψ 很小，横刃长度 b_ψ 很长，致使定心不好，钻入时易晃振，孔径扩张量增大。

2. 进给方向后角 α_f 的分析

1) 进给方向后角 α_f 与结构后角的关系

前已指出，进给方向后角 α_f 与钻头的结构圆周后角 α_{fc} 在数值上相等。而结构圆周后角 α_{fc} 是由结构后角 α_c 与其他钻头结构参数（$2\varphi_o$、r_o/R）一起决定的，进而也就决定了进给方向后角 α_f。

根据坐标变换与矢量方法，可求得结构圆周后角 α_{fc} 的计算公式如式(1.3)、式(1.4)所示。

2)测量方法

根据定义,进给方向后角 α_f 测量方法可分为两种:圆柱面测量法和光截面测量法。而在生产中,通常也可用量角仪进行粗略的测量。

(1)圆柱面测量法:如图 1-28 所示,测量时将持表座上的测头针尖按位置半径 r 对准切削刃上所要测量的点,然后转动手轮带动钻头转过较小的角度 Ω,记下指示表读数 k,即可计算出进给方向后角 α_f:

$$\tan \alpha_f = \frac{k}{r\Omega} \quad (1.30)$$

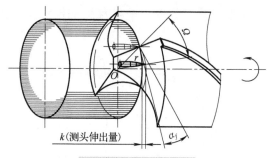

图 1-28 圆柱面测量法

该测量方法,仪器简单,操作便捷,但测量结果存在一定的误差。

(2)光截面测量法:如图 1-29 所示,以一个精确直线廓形的刀口在钻尖上投影并形成一个光学截面(AB)及投影曲线($A'B'$),这样,进给方向后角 α_f 即投影曲线($A'B'$)的切线与垂直于钻头轴线的平面的夹角。其大小可通过安装在显微镜目镜里的量角器直接读出来。

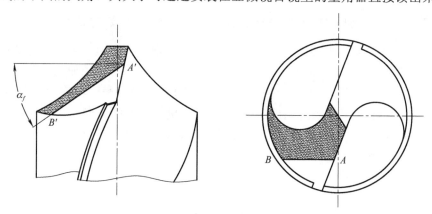

图 1-29 光截面测量法

1.4.3 横刃的角度分析及其钻削模型

1. 横刃的前、后角计算

横刃转点(即横刃与主刃的交点)处的前角为 γ_ψ,后角为 α_ψ。由于横刃后角 α_ψ 与主刃在该点的后角 α_c 的切削平面不同(虽然测量平面相同),因而两者并不相等。横刃后角可按下式计算:

$$\tan \alpha_\psi \approx \frac{1}{\tan \varphi \sin \psi} \quad (1.31)$$

式中,φ 为钻头半锋角(°);ψ 为横刃斜角(°)。

当横刃形状近似为一条直线时,可以认为横刃上各点的前、后角均不变,即

$$|\gamma_\psi| = 90° - \alpha_\psi$$

2. 横刃的钻削模型

通常横刃的轴向力占全部轴向力的一半以上,同时它对钻孔的尺寸精度也有较大的影响。

有的研究认为横刃完全是以很大的负前角进行直角切削的。有的研究则把钻头整个横刃看作楔形压头，进而分析计算其轴向力。但较多的研究则是把横刃分为两段，如图 1-30 所示，CD 段(b_1)为切削段，看作一个直角切削的很大负前角的单刃刀具；BD 段(b_2)为楔劈段，把它看作一个长为 b_2、楔角为 β_ψ 的楔劈齿。楔劈齿的转动速度很小，可以忽略。

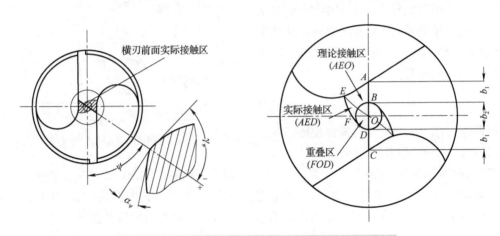

图 1-30　麻花钻横刃的前、后面与切屑接触区域示意图

根据试验可知，横刃上切削段(CD)的工作前角为很大的负值，且靠近轴心的一段工作后角很小，几乎接近于 0°。横刃的切削过程实质上为推挤成形，因而大多情况下横刃不能产生一根完整的带状切屑，而多形成挤裂切屑。切屑部分挤进另一段横刃后面与孔底之间，再加上钻心楔劈齿的楔嵌作用，金属被挤裂且沿着接触表面的方向发生相对滑移而产生隆起，并产生侧向流动。因此，横刃实际接触区超出轴心的另一侧，形成一重叠区，其长度 b_2 为

$$b_2 \approx \frac{5f}{\pi} \tag{1.32}$$

实际接触区呈 S 形，最大宽度 $L_{\max}$ 约为横刃长度 b_ψ 的一半：

$$L_{\max} = \frac{b_\psi}{2} \tag{1.33}$$

楔劈齿的楔角为

$$\beta_\omega = -\gamma_\psi + (90° - \alpha_\psi) \tag{1.34}$$

楔劈齿嵌入工件的深度为进给量 f，当粗略地认为横刃前、后刀面对称时，$\gamma_\psi = -\left|90° - \alpha_\psi\right|$，故

$$\beta_\omega = 2\left|\gamma_\psi\right| \tag{1.35}$$

楔劈齿的投影面积为

$$A_\omega = 2fb_2 \tan\left|\gamma_\psi\right| \tag{1.36}$$

楔劈齿嵌入工件材料的单位抗力 p_ω 取决于工件材料的强度、摩擦系数和楔角值等。故楔角力为

$$F_\omega = A_\omega p_\omega \tag{1.37}$$

楔角力 F_ω 是横刃上轴向力的重要组成部分。

1.4.4 麻花钻工作角度分析

在钻头的工作基准系里,工作基面、工作切削平面的变化导致所有工作角度发生变化。研究钻头的刀具角度与工作角度的变化和相互关系时,分析上可归纳为两个变换:①几何角度由理论基准系到机床基准系的安装变换;②机床基准系到工作基准系的运动变换。

当钻头安装在机床主轴上无偏心、无倾斜时,钻头的理论基准系与机床基准系是一致的,因此角度无变化。而由于存在进给运动,切削速度方向发生了变化,从而引起了工作基准系的改变。工作基准系在机床基准系中的定向,可以通过钻头理论基准系中的假定进给平面坐标系 (p_{re}-p_{fe}-p_{pe}) 绕公共轴线 (x_f, x_{fe}) 的旋转角 η 来表述,如图 1-31 所示。

$$\tan\eta = \frac{v_f}{v_c} = \frac{f}{2\pi r} \tag{1.38}$$

式中,η 为合成切削速度角(°);v_f 为进给速度(mm/min);v_c 为切削刃上选定点的切削速度(mm/min);r 为该点的位置半径(mm);f 为进给量(mm/r)。

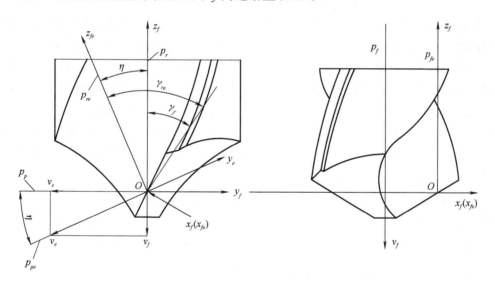

图 1-31 钻头主刃上的理论基准系和工作基准系

利用坐标变换与矢量矩阵的方法,可求得

$$\tan\gamma_{pe} = \frac{\tan\gamma_p}{\cos\eta - \tan\gamma_f \sin\eta} \tag{1.39}$$

$$\gamma_{fe} = \gamma_f + \eta \tag{1.40}$$

$$\cot\alpha_{pe} = \frac{\cot\alpha_p}{\cos\eta - \cot\alpha_f \sin\eta} \tag{1.41}$$

$$\alpha_{fe} = \alpha_f - \eta \tag{1.42}$$

1.5 麻花钻结构的改进

1.5.1 麻花钻结构存在的问题

通过对麻花钻的结构参数、结构特点及其几何角度等方面的学习与分析,我们对麻花钻有了一个较为全面的认识。但在不同的使用条件下,麻花钻的结构及其工作特点仍然存在一些缺陷,有待改进。

(1)麻花钻的前、后面都是曲面,沿主刃各点的前、后角各不相同,且相差较大,切削能力悬殊;刃倾角和切削速度方向也不同,因而各点的切屑流出方向不同,互相牵制不利于切屑的卷曲,并有侧向挤压使切屑产生附加变形。

(2)麻花钻的主切削上各点的前角值变化很大,从外圆处30°到接近钻心处约为−60°,切削条件差;主切削刃长,切屑宽,刃上各点的切削速度不同,因而切屑流出的速度相差很大,易卷曲形成宽螺旋形切屑,切屑体积所占空间较大,致使排屑困难。因此,切屑与孔壁挤压摩擦,常常划伤孔壁,加工后的表面粗糙度值大。

(3)麻花钻的直径受孔径的限制,螺旋槽使钻心更细,钻头的刚度低;仅有两条棱带导向,孔的轴线容易偏斜;横刃长且有很大的横刃偏角和负前角,切削条件差,因而钻削轴向力大,定心精度差,钻头易摆动;横刃的前、后角与主切削刃的后角密切相关,不能分别控制。

(4)刀尖和主、副切削刃交汇处切削速度最高,刃尖角较小,且又因刃带的存在使副切削刃后角为零。因此,刀尖处摩擦最大,发热最大,散热条件差,磨损最快。

麻花钻结构上的缺陷严重地影响了它的钻削性能。但就目前实际使用情况来说,仍具有结构较简单、使用成本低、重复使用修磨方便、韧性好等特点,因而仍然是一个应用较广泛的孔加工工具,尤其在恶劣切削条件下能很好地工作,且较耐用。

为提高麻花钻的切削性能,针对以上缺陷进行了优化、改进,其结构改进途径主要包括:①在钻头设计、制造时,改变其结构参数;②改变刀具材料和增加表面强化处理;③在使用麻花钻时,通过修磨改进钻尖,选择合理的几何参数;④改善冷却条件。

1.5.2 麻花钻结构的改进措施

1. 材料的改进和表面处理

近年来,随着加工材料品种的日益增多,金属材料的性能日益向耐高温、耐低温、抗腐蚀、高强度以及其他特殊用途的方向发展,因而现代金属切削对刀具性能的要求也越来越高。首先要求刀具材料具有更高的硬度、耐磨性、耐热性、强度和韧性。

(1)在普通高速钢的基础上添加合金元素,开发超硬、高热稳定性的高速钢,如含Co质量分数为5%~12%的超硬高速钢可用于制造加厚钻心的强力钻头;采用粉末冶金法制备粉末冶金高速钢,以提高其热塑性和可磨性。

(2)硬质合金钻头的开发应用,不再局限于加工铸铁、高锰钢及其他脆性材料,可用于钻削各类钢材,且钻头结构形式多样化,如镶齿焊接硬质合金钻头、硬质合金机夹钻头、整体硬质合金小型钻头等。

(3)麻花钻采用表面强化处理,如蒸汽处理、氮化、多元复合涂层和超硬材料的表面镀层,可有效地降低刃沟表面的摩擦系数，有利于切屑形成、排屑和提高麻花钻表面硬度，抗高温性，从而提高耐用度。

（4）切削陶瓷和超硬刀具材料在钻头上的应用，如陶瓷刀、聚晶金刚石和聚晶立方氮化硼刀片已用于钻大孔的钻头，碳化物金属陶瓷三刃钻头已用于硬质材料上的高速、高质量的钻孔。

2. 结构的改进

通过不同的修磨方法，可改变麻花钻的结构形状及其几何角度，有效提高了麻花钻的钻削性能及工作效率。目前，常用于麻花钻结构改进的主要方法如下。

1) 加大螺旋角

为适应被切削材料的特性和高速切削的要求（40～50m/min 下仍能正常使用），在钻头设计制造时，可适当增大螺旋角（35°～45°），进而增大钻头前角，使其切削锋利，同时大螺旋角容屑空间大，排屑顺畅。

2) 修磨横刃

修磨横刃的目的是增大横刃处前角、缩短横刃长度、降低轴向力。修磨横刃的方法有如下几种。

（1）修短横刃：缩短横刃的同时可使横刃前角增大，可显著降低钻削轴向力，有利于分屑及断屑，且修磨方法通用性好，操作简单。

（2）修磨前角：修磨钻心处的前面，使横刃处前角增大，可有效改善横刃钻削条件，减小轴向力。

（3）综合修磨：综合上述两种修磨方式，同时进行修磨。

3) 修磨主刃

通过改变刃形，改变各点的刃偏角来加大前角；或改善各点切削负荷的分布使切削厚度向钻心逐渐增大；或加强外缘转点的刀尖角，改善散热条件。其方法主要有：月牙形凹圆弧刃、双重锋角和三重锋角刃、凸圆弧刃或椭圆弧刃。

4) 修磨前面

修磨主刃前面的主要目的是改变前角的大小和前刀面的形式。加工脆性材料时，可将靠近主刃外缘处的前面适当磨平，以减小前角，提高切削刃强度及刀具寿命；钻削强度、硬度大的材料时，可沿主刃磨出倒棱，稍微减小前角来增加刃口的强度；而加工强度很低的材料时，为减小切屑变形，可将钻心处前角磨大，使钻削容易且轻快。

5) 修磨刃带和加大倒锥

修磨刃带和加大倒锥的目的是尽量减小刃带与孔壁之间的摩擦，而又保持一定的导向作用。一般采用的方法有磨窄刃带、分段加大倒锥。

6) 开分屑槽

当钻削韧性材料或尺寸较大的孔时，切屑宽而长，排屑困难，为便于排屑和减轻钻头负荷，可在两个主刃的后面上交错磨出分屑槽，将宽的切屑分割成窄的切屑。分屑方法包括不对称分屑、月牙弧分屑槽和单边分屑槽、分屑阶台。

3. 改善冷却条件

在改善麻花钻冷却条件方面，除了加大容屑槽使切削液能更顺利地进入切削区外，使用内冷孔钻（又称油孔钻）成为一个有力的工具，如大螺旋角油孔麻花钻已被广泛用于数控加工中心。经试验证明，相比普通麻花钻，大螺旋角油孔麻花钻能极大地提高生产效率，降低生产成本。

1.6 本章小结

本章主要简述了麻花钻的基本结构，从麻花钻的结构参数与几何角度分别介绍了麻花钻的基本组成与结构术语、长度尺寸参数、结构角度参数、钻头角度的基准系及其基准系中的刀具角度与工作角度；详细分析了钻尖几何角度中的前角、后角、横刃角度及钻头工作角度；随后，又分析了现阶段麻花钻结构存在的问题与不足，并对其结构缺陷提出了改进措施。

参 考 文 献

北京永定机械厂群钻小组, 1982. 群钻[M]. 上海: 上海科学技术出版社.

蔡运飞, 段建中, 2008. 图解普通麻花钻与倪志福钻头[M]. 北京: 机械工业出版社.

倪志福, 陈璧光, 1999. 群钻——倪志福钻头[M]. 上海: 上海科学技术出版社.

陶乾, 1965. 金属切削原理[M]. 北京: 机械工业出版社.

吴元昌, 1991. 1991年直柄麻花钻出口情况浅析[J]. 工具展望, (06):1-3.

赵建敏, 查国兵, 2014. 常用孔加工刀具[M]. 北京: 中国标准出版社.

周利平, 2013. 现代切削刀具[M]. 重庆: 重庆大学出版社.

GALLOWAY D F, 1957. Some experiments on the influence of various factors on drill performance[J]. Transactions of the ASME, (02): 191-231.

Jr OXFORD C J, 1955. On the drilling of metals I-basic mechanics of the process[J]. Transactions of the ASME, 77(02): 103-113.

KAHLES J F, 1987. CIRP tech report[J]. CIRP Annals Manufacturing Technology, 36: 1-8.

NOAKER P M, 1990. Drilling with a twist[J]. Manufacturing Engineering, (01): 47-51.

TÖNSHOFF H K, SPINTIG W, KÖNIG S W, et al, 1994. Machining of holes developments in drilling technology[J]. CIRP Annals Manufacturing Technology, 43(02): 551-561.

第 2 章　麻花钻的钻削原理

2.1　钻削运动与钻削要素

2.1.1　工件上的加工表面

钻削加工作为金属切削最常见的加工方式之一，通常是将工件材料固定，钻头做切削运动。在钻削过程中，工件金属层因钻头切削作用而形成三个不断变化着的表面。①已加工表面：工件上经钻头切除多余金属而形成的新表面。②加工表面：工件上钻头切削刃正在切削形成的表面。③待加工表面：工件上即将被钻头切去金属层的表面。

对于普通麻花钻而言，由于它同时有三种刀刃参与切削，即主切削刃、副切削刃和横刃。与其他常规刀具切削相比，麻花钻的钻削过程更为复杂。

2.1.2　钻削运动

麻花钻钻削时的切削运动与车削相同，可分为主运动和进给运动。其中钻头（在钻床上加工时）或工件（在车床上加工时）的旋转运动为主运动；钻头的轴向运动为进给运动，如图 2-1 所示。

图 2-1　麻花钻的钻削运动

1. 主运动

主运动是指钻头与工件之间产生的相对运动，如麻花钻自身的旋转运动，其速度最高，所消耗功率最大，衡量参数为钻削速度 v_c，即钻头主切削刃上选定点相对工件的主运动瞬时速度，单位为 m/s 或 m/min。但由于主刃上各点的回转半径不同，因而各点的钻削速度也不同。通常以钻头主刃外缘转点处的瞬时速度作为钻削速度，其计算公式如下：

$$v_c = \frac{\pi d n}{1000} \tag{2.1}$$

式中，d 为钻头直径(mm)；n 为钻头转速(r/s) 或 (r/min)。

2. 进给运动

进给运动是指钻头与工件之间产生的附加运动，如麻花钻的轴向进给运动，以保持钻削

连续进行,其衡量参数为进给速度 v_f,单位为 mm/s 或 mm/min,计算公式如下:

$$v_f = fn = f_z Zn \tag{2.2}$$

式中,f 为进给量(mm/r);f_z 为每齿进给量(mm/z);Z 为齿数,对普通麻花钻而言,$Z=2$;n 为钻头转速(r/s)或(r/min)。

3. 合成钻削运动

钻削时,麻花钻的钻削运动实质上是一个由主运动和进给运动合成的运动,钻头主刃上选定点相对工件合成钻削运动的瞬时速度称为合成钻削速度,即合成钻削速度 v_e 等于主运动速度 v_c 与进给速度 v_f 的矢量和,其方向是由合成钻削速度角 η 确定的,如图 2-2 所示。

$$v_e = v_c + v_f \tag{2.3}$$

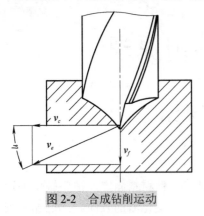

图 2-2 合成钻削运动

2.1.3 钻削要素

1. 钻削用量

钻削用量用来衡量钻削运动量的大小,对于钻削加工而言,钻削速度、进给量和背吃刀量称为钻削用量三要素,如图 2-3 所示。

(1)钻削速度 v_c:指钻头主切削刃外缘转点处相对于工件主运动的瞬时速度,其计算公式如式(2.1)所示。

(2)进给量 f:指刀具在进给方向上相对工件的位移量,对于麻花钻而言,即钻头每转一转的位移量,单位为 mm/r。由于钻头有两个刀齿,故钻头每转或每行程中每齿相对工件在进给方向上的位移量称为每齿进给量,以 f_z 表示,单位是 mm/z,则每齿进给量为

$$f_z = \frac{f}{2} \tag{2.4}$$

(3)背吃刀量 a_p:也称切削深度,对于麻花钻而言,切削深度通常为钻头直径的 1/2,即钻头主刃外缘转点到钻头轴线的垂直距离,即在垂直于进给方向测量的吃刀量,单位是 mm,则有

$$a_p = \frac{d}{2} \tag{2.5}$$

2. 钻削层参数

钻削层是钻削过程中,工件经钻削运动所去除的金属层。它决定了钻屑的尺寸及钻头切削部分的载荷。钻削层的尺寸和形状可在钻削层尺寸平面(指通过钻头主刃中点(切削刃基点)并垂直于该点主运动方向的平面)中测量,如图 2-3 所示。

(1)钻削厚度 a_c:指沿主切削刃法向在基面内的投影上测量的钻削层厚度,单位为 mm,即

$$a_c = \frac{f}{2}\sin\kappa_r = \frac{f}{2\sqrt{1+\left(\dfrac{\cot\varphi_o}{\cos\lambda_t}\right)^2}} \tag{2.6}$$

式中,f 为进给量(mm/r);κ_r 为主偏角(°);φ_o 为钻头原始半锋角(°);λ_t 为端平面刃倾角(°)。

此外,由于钻头主切削刃上各点的刃偏角 κ_r 不相等,因此各点的钻削厚度也不相等。

(2) 钻削宽度 a_w：指在钻削层平面中，钻头主切削刃截形上两个极限点间的距离，单位为 mm，即

$$a_w \approx \frac{d}{2\sin\varphi_o} \tag{2.7}$$

(3) 钻削面积 A_c：指在钻削层平面中，钻削层在基面内的横截面积，单位为 mm²，即

$$A_c = a_w a_c = \frac{d}{4} f \tag{2.8}$$

式(2.8)的计算只是名义上的钻削面积，实际中还要减去表面残留面积。

(4) 材料切除率 Q：指单位时间内刀具切除金属材料的体积，单位为 mm³/min，即

$$Q = \frac{f\pi d^2 n}{4} \tag{2.9}$$

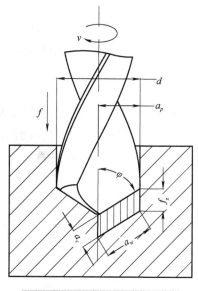

图 2-3 钻削层参数测量示意图

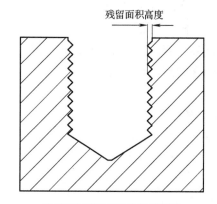

图 2-4 孔壁表面残留面积

3. 表面残留面积及其高度

由于麻花钻的结构形状及钻削加工的工艺特点，钻削加工后仍会有部分未被切除的金属残留在工件表面上。通过显微镜对孔壁的观察可发现，钻削加工后的孔壁形似双线"内螺纹"，且进给量越大，"内螺纹"现象越明显，其孔壁"内螺纹"即工件表面的残留面积，如图 2-4 所示。

工件表面的残留面积直接影响钻孔的表面质量，其表面残留面积取决于钻削进给量 f 与钻头的刃形，同时也与切削刃偏角(κ_r, κ_r')密切相关，其残留面积高度可由下式计算：

$$R_{\max} = \frac{f}{\cot\kappa_r + \cot\kappa_r'} \tag{2.10}$$

在金属切削加工过程中，工件表面的残留面积是不可避免的，只能通过优化刀具结构及切削工艺参数尽可能减小到忽略不计。但对于部分切削加工，工件表面的残留面积又是必不可少的，如用螺纹车刀车削螺纹。因此，对于工件表面的残留面积我们应以辩证的思维去对待。

2.2 麻花钻常用刀具材料

刀具的切削性能首先取决于刀具材料，而选择合理的刀具材料是设计制造优质刀具的基础。根据刀具的种类、应用场合和被切削材料的性能来选择合理的刀具材料，同时根据已知刀具材料的性能选择合理的切削参数，才能获得最佳的切削效果。然而，随着数控加工技术的不断发展和难加工材料的不断出现，现代机械制造对于刀具材料的性能要求也在不断提高。因此，选择正确的刀具材料以制备高性能刀具，对提高金属切削过程中的加工效率与质量、延长刀具使用寿命、降低成本都具有重要意义。

2.2.1 材料应具备的性能

钻削作为一种半封闭性的加工方式，钻头刀具的切削部分是长期处在高温高压、剧烈摩擦以及冲击和振动等恶劣条件下工作的。对此，为满足刀具的切削性能及使用寿命，刀具材料应具有高的硬度和耐磨性、强韧性、热硬性等基本性能。

1．高硬度和耐磨性

刀具材料的硬度必须高于被切削材料的硬度才能实现切削加工，这是刀具材料的基本要求，目前常规刀具材料的硬度一般都在 60HRC 以上。刀具材料的耐磨性即材料的抗磨损能力，材料硬度越高，耐磨性越好，同时材料的耐磨性也与其化学成分和金相组织的稳定性密切相关。

2．高强度和韧性

强度是指刀具材料承受较大切削力作用而不会致使切削刃崩碎或刀杆折断的性能，一般用材料的抗弯强度来表示。冲击韧性是指刀具材料在间断切削时或在承受冲击和振动的工作条件下保证不崩刃的能力，一般用材料的冲击韧度值来表示。

3．高耐热性

耐热性是指刀具材料在高温条件下保持刀具材料性能的能力，通常用高温硬度值来衡量，故又称热硬性或红硬性。同时，它也是影响刀具切削性能的重要指标，刀具材料的高温硬度值越高，耐热性越好，材料允许的切削速度越高。

4．良好的工艺性和经济性

为了便于加工制造，刀具材料应具有良好的可锻造性、热处理性、焊接性及磨削加工性等，同时也应综合考虑刀具制造时的经济成本，尽可能满足资源丰富、价格低廉的要求。

2.2.2 刀具材料的化学成分及性能特征

随着现代机械制造业的高速发展、冶炼技术的不断提高与完善，刀具材料的种类日渐丰富，材料性能也在不断优化改良。目前应用较为广泛的孔加工刀具材料主要包括高速钢、硬质合金、陶瓷、金刚石、立方氮化硼(CBN)和聚晶立方氮化硼(PCBN)等。各类刀具材料的化学成分参考范围如表 2-1 所示，常用刀具材料的物理、力学性能参数范围如表 2-2 所示。

表 2-1 各类刀具材料的化学成分参考范围(质量分数,%)

类别	成分											
	C	Cr	Mo	V	W	Ti	Ta	Fe	Co	Ni	Al_2O_3	Si_3N_4
高速钢	0.75~1.5	3.5~4.5	—	1~5	2~20	—	—	60~80	0~15	—	—	—
硬质合金	4~10	—	—	—	30~90	0~34	0~10	—	5~30	—	—	—
陶瓷	0.1~3.0	—	—	—	0~50	0~10	—	—	—	45~99.5	70~99	
金刚石	100	—	—	—	—	—	—	—	—	—	—	—

表 2-2 常用刀具材料的物理、力学性能参数范围

类别	性能					
	密度/(g·cm^{-3})	硬度	抗弯强度/MPa	冲击韧性/(kJ·m^{-2})	弹性模量/GPa	耐热性/℃
高速钢	8~8.8	63~70HRC	2000~4000	100~600	200~230	600~650
硬质合金	8~15	89~93.5HRA	1100~2600	25~60	420~630	800~1000
陶瓷	3.6~6.9	92~95HRA	400~1200	K_{IC}2~12	400~500	1200
天然单晶金刚石	3.47~3.56	10000HV	280	—	900~1600	700~900
聚晶人造金刚石	3.2~3.6	6000~10000HV	400~600	—	900	700~800
立方氮化硼	3.48	8000~9000HV	300~1200	—	720	1400~1500
聚晶立方氮化硼	3.1~3.5	3500~8000HV	500~600	6	720	1000~1300

注:K_{IC} 表示材料的断裂韧性(MPa·m$^{1/2}$)。

从表中可知,各种刀具材料的化学成分及物理、力学性能存在较大的差异,而不同的刀具种类和不同的加工条件对于刀具的性能要求又有所不同,因此,了解各类刀具材料的化学成分及性能特征是合理选择刀具材料制备优质刀具的前提。

2.2.3 高速钢

高速钢是一种含有大量的钨(W)、钼(Mo)、铬(Cr)、钒(V)、钴(Co)、铝(Al)等合金元素的高速工具钢,俗称锋钢或白钢,具有较高的耐热性,切削温度可达 500~650℃,同时又具有较高硬度、强韧性及耐磨性,是目前制造麻花钻最常用的刀具材料,同时也是其他刀具制造的主要材料。

高速钢按切削性能及制造工艺主要可分为三大类:普通高速钢(HSS)、高性能高速钢(HSS-E)和粉末冶金高速钢(HSS-PM)。

1. 普通高速钢

(1)钨系高速钢:典型牌号为 W18Cr4V(W18),综合性能较好,在 600℃时的高温硬度为 48.5HRC 左右,具有磨削加工性好、脱碳敏感性小、热处理工艺性好、淬火时过热倾向小和抗塑性变形能力强等优点,适用于设计制造各种复杂刀具。但也存在碳化物含量较高且分布不均匀的缺陷,致使刀具强度和韧性不足。此外,由于材料热塑性差,不适宜用作截面较大或以热成形方法制造的刀具。

(2)钨钼系高速钢:典型牌号为 W6Mo5Cr4V2(M2),与 W18Cr4V(W18)相比,碳化物含

量较少、晶粒细小且分布均匀，具有良好的力学性能，其抗弯强度、冲击韧性都有显著提高，可制造尺寸较大、承受较大冲击力的刀具；由于钼元素的加入，其热塑性极好，更适用于制造热成形刀具(轧制或扭制钻头)。

2. 高性能高速钢

高性能高速钢是在普通高速钢的基础上添加部分碳(C)、钒(V)、钴(Co)、铝(Al)等合金元素而形成的新钢种，提高了材料的耐热性和耐磨性，其使用寿命较普通高速钢提高1.5~3倍，可用于加工不锈钢、耐热钢、钛合金、高温合金和超强度钢等难加工材料。

高性能高速钢的种类众多，主要有铝高速钢(W6Mo5Cr4V2Al(M2A))、钴高速钢(W2Mo9Cr4VCo8(M42))、高碳高速钢(CW6Mo5Cr4V2(CM2))、高钒高速钢(W6Mo5Cr4V3(M3))。

常用高速钢的种类、牌号和主要性能如表2-3所示。

表2-3 常用高速钢的种类、牌号和主要性能

种类		牌号	硬度/HRC	高温硬度(600℃时)/HRC	抗弯强度/MPa	冲击韧性/(MJ·m^{-2})
普通高速钢(HSS)	钨系高速钢	W18Cr4V(W18)	63~66	48.5	3000~3400	0.18~0.32
	钨钼系高速钢	W9Mo3Cr4V(W9)	65~67		4000~4500	0.35~0.4
		W6Mo5Cr4V2(M2)	63~66	47~48	3500~4000	0.3~0.4
高性能高速钢(HSS-E)	铝高速钢	W6Mo5Cr4V2Al(M2A)	68~69	55	2900~3900	0.23~0.3
	钴高速钢	W7Mo4Cr4V2Co5(M41)	67~69	54	2500~3000	0.23~0.3
		W2Mo9Cr4VCo8(M42)	66~70	55	2700~3800	0.23~0.3
	高碳高速钢	CW6Mo5Cr4V2(CM2)	67~68	52.1	~3500	0.13~0.26
	高钒高速钢	W6Mo5Cr4V3(M3)	65~67	51.7	~3200	~0.25

3. 粉末冶金高速钢

粉末冶金高速钢是利用高压氩气或纯氮气使熔融高速钢液体雾化成细小均匀的金属粉末(高速钢粉末)，并筛选出0.4mm以下的粉末颗粒。先将粉末置于真空状态下，密闭烧结达到密度65%后，再置于1100℃高温、300MPa高压下制成密度为100%的钢坯，最终经锻造、轧制成钢材。

粉末冶金成形的高速钢有效解决了碳化物偏析的问题，由于碳化物晶粒细小且分布均匀，从而提高了高速钢的强度、韧性和硬度，同时具有良好的耐磨性及磨削工艺性，适用于制造各种成形复杂的超硬质刀具，如精密螺纹车刀、钻头、拉刀、滚刀、插齿刀等刀具。

2.2.4 硬质合金

1. 硬质合金的组成与性能

硬质合金是由高硬度、高熔点的难熔金属碳化物(WC、TiC、TaC或NbC等)微粉作为主要组元，与起黏结剂作用的金属成分(Co、Mo或Ni)经高温烧结而形成的粉末冶金制品。硬质合金中难熔金属碳化物的主要性能如表2-4所示。

表 2-4 硬质合金中难熔金属碳化物的主要性能

碳化物	熔点/℃	硬度/HV	弹性模量/GPa	热导率/(W·m⁻¹·K⁻¹)	密度/(g·cm⁻³)	线膨胀系数/(×10⁻⁶·K⁻¹)
WC	2900	2400	706	29.3	15.6	6.2
TiC	3200~3250	3000~3200	460	17.1~33.5	4.93	7.4
TaC	3730~4030	1800	258	22.2	14.3	6.3
NbC	3500	2400	345	14.23	7.8	6.6
VC	2830	2800	430	4.19	5.8	6.5
Mo₂C	2690	1500	544	31.8	9.2	7.8
Cr₃C₂	1895	1300	380	18.83	6.7	10.3

硬质合金的主要组成为难熔金属碳化物,故高温碳化物含量较高,其硬度、耐磨性和红硬性远超于高速钢,允许切削温度可高达 800~1000℃,使用寿命较高速钢提高了十几倍。但由于硬质合金属于脆性材料,其抗弯强度和冲击韧性相对较低,加工工艺性较差。

硬质合金的性能取决于碳化物含量及其粉末的粗细程度,同时也与其烧结工艺密切相关。碳化物含量越高、晶粒越细小,则硬度越高,抗弯强度有所降低,适用于粗加工;黏结剂含量越高,则抗弯强度越高,但硬度降低,适用于精加工。

2. 硬质合金的分类及牌号

切削工具用硬质合金牌号按使用领域的不同(GB/T 18376.1—2008)分为 P、K、M、N、S、H 六类,如表 2-5 所示。各个类别为满足不同的使用要求,以及根据切削工具用硬质合金材料的耐磨性和韧性的不同,分为若干组,用 01、10、20 等两位数字表示组号,其牌号如 P201,其中 P 表示类别代码,20 表示按使用领域细分的分组号,1 表示细分号。

表 2-5 切削工具用硬质合金牌号分类

类别	使用领域
P	长切屑材料的加工,如钢、铸钢、长切屑可锻铸铁等
K	短切屑材料的加工,如铸铁、冷硬铸铁、短切屑可锻铸铁、灰口铸铁等
M	通用合金,用于不锈钢、铸钢、锰钢、可锻铸铁、合金钢、合金铸铁等的加工
N	有色金属、非金属材料的加工,如铝、镁、塑料、木材等
S	耐热和优质合金材料的加工,如耐热钢、含镍、钴、钛及各类合金材料
H	硬切削材料的加工,如淬硬钢、冷硬铸铁等材料

3. 常用硬质合金的类型

常用硬质合金根据其化学成分的不同可分为 K 类(钨钴(YG)类)、P 类(钨钛(YT)类)和 M 类(钨钛钽(YW)类)。

(1)K 类硬质合金:以 WC 为基,以 Co 作黏结剂,或添加少量 TaC、NbC 的合金,常用牌号有 K01、K10、K20、K30 等,抗弯强度和冲击韧性较好,但硬度和耐磨性相对较差,主要用于加工切屑呈崩碎状(短切屑)的脆性材料,如铸铁、有色金属和非金属材料。K 类按晶粒大小有粗晶粒、中晶粒、细晶粒和超细晶粒之分,细晶粒硬质合金适用于加工精度高、表面粗糙度小和需刀刃切削锋利的场合。

(2) P 类硬质合金：以 TiC、WC 为基，以 Co(Ni+Mo、Ni+Co)作黏结剂的合金，其中 TiC 的质量分数为 5%～30%，常用牌号有 P01、P10、P20、P30 等，与 K 类相比，P 类硬质合金的硬度、耐磨性和耐热性都有显著提高，但由于 TiC 的加入，Co 含量降低，抗弯强度和冲击韧性降低，主要适用于加工切屑呈带状的塑性钢材。但由于 P 类中钛(Ti)元素和工件中钛(Ti)元素之间的亲和力较强，容易产生严重的粘刀现象，因此 P 类硬质合金不宜用于加工不锈钢与钛合金。

(3) M 类硬质合金：以 WC 为基，以 Co 作黏结剂，添加少量 TiC(TaC、NbC)的合金，常用牌号有 M01、M10、M20、M30 等，在硬质合金中加入少量的 TaC 或 NbC，可细化晶粒，有效提高其合金的高温强度和硬度、抗弯强度、冲击韧性、耐磨性、耐热性及抗氧化的能力，主要用于加工铸铁等黑色金属和非铁金属。由于 M 类硬质合金兼有 K、P 两类合金的性能，综合性能好，故也称为通用合金或万能合金。

常用硬质合金牌号、成分及其性能，如表 2-6 所示。

表 2-6 常用硬质合金牌号、成分及其性能

类别	牌号	成分 (质量分数)	硬度 /HRA	抗弯强度 /MPa	弹性模量 /GPa	热导率 /(W·m^{-1}·K^{-1})	线膨胀系数 /(×10^{-6}·K^{-1})	密度 /(g·cm^{-3})
K	K01	WC+3%Co	91.5	1100	—	—	4.1	15.0～15.3
	K10	WC+3%Co+0.5TaC	91.0	1400	—	79.6	4.4	14.6～15.0
	K20	WC+6%Co+0.5TaC	89.5	1450	630～640	79.6	4.5	14.6～15.0
	K30	WC+8%Co	89	1500	600～610	75.4	4.5	14.5～14.9
P	P01	WC+30%TiC+4%Co	92.5	900	400～410	20.9	7.0	9.3～9.7
	P10	WC+15%TiC+6%Co	91.0	1150	520～530	33.5	6.5	11.0～11.7
	P20	WC+14%TiC+8%Co	90.5	1200	—	33.5	6.2	11.2～12.0
	P30	WC+5%TiC+10%Co	89.5	1400	590～600	62.8	6.1	12.5～13.2
M	M10	WC+6%TiC+4%Ta(NbC)+6%Co	91.5	1200	—	—	—	12.8～13.3
	M20	WC+6%TiC+4%Ta(NbC)+8%Co	90.5	1350	—	—	—	12.6～13.0

2.2.5 陶瓷

陶瓷刀具材料是以人造化合物(Al_2O_3、SiC、TiB_2、WC、BN、Si_3N_4 等)为基体成分经高温高压烧结而成的，目前应用最为广泛的是氧化铝基陶瓷和氮化硅基陶瓷两大类。

与硬质合金相比，陶瓷材料的硬度更高(硬度可达 93～95HRA)，具有较高的耐磨性，使用寿命提高 2～20 倍，适用于高速切削和硬切削，也可用于传统刀具难以加工的高硬质材料；允许切削温度可达 1200℃，具有良好的耐热性；抗氧化性能及化学稳定性良好，刀具与工件之间亲和力较小，即使在高温下也不易与工件发生化学反应；摩擦系数低，切削时刀具与切屑、工件之间的摩擦较小，不易产生黏结与积屑瘤；陶瓷材料的主要成分为 Al_2O_3、Si_3N_4 等，原料丰富，节约了大量稀有金属，降低了刀具成本。

然而，陶瓷材料作为典型的脆性材料，其抗弯强度和冲击韧性低，热导率仅为硬质合金的 1/5～1/2，热冲击性能差，切削温度波动较大时易使刀具崩刃、破损。故多采用干式切削或使用润滑剂切削，也常用于制造切削钢、铸铁、有色金属等的精加工和半精加工的加工刀具。

2.2.6 超硬刀具材料

1. 金刚石

金刚石是碳的同素异形体,分为天然金刚石和人造金刚石两类。天然金刚石是目前已知物质中硬度最高的材料(显微硬度高达 10000HV),具有良好的耐磨性和导热性,近年来主要应用于超精密镜面切削加工领域。但由于其价格昂贵且加工困难,现代工业多采用人造金刚石作为制造刀具或磨具的材料。

人造金刚石是在高温高压条件下,通过合金触媒的作用,由石墨转化而成的。人造金刚石具有硬度高、导热性好、膨胀系数小、摩擦系数低及弹性模量高等特点,切削加工时可显著减小切削力,提高加工精度;但其耐热性差,允许切削温度不得高于 700~800℃;强度低,脆性大,抗冲击能力差,对振动极为敏感;与铁的亲和力较强,故不适用于加工钢铁等黑色金属。

金刚石目前主要用于制造切削各种有色金属与耐磨性极强的高性能非金属材料的高速切削刀具,其刀具适用于加工非金属材料、非铁金属及其合金。

2. 立方氮化硼和聚晶立方氮化硼

立方氮化硼(CBN)是一种人工合成的刀具材料,它是由软的六方氮化硼在催化剂作用下经高温、高压烧结而成的一种新型超硬刀具材料。而聚晶立方氮化硼是由许多立方氮化硼和结合剂在高温、高压下烧结而成的。

聚晶立方氮化硼(PCBN)具有很高的硬度(显微硬度为 8000~9000HV)与耐磨性,仅次于金刚石;温度高达 1400℃时仍可正常切削,且不发生氧化,具有良好的热稳定性与抗氧化能力;与铁元素亲和力较低,不易产生化学反应,因此可用于制造高速切削铸铁等黑色金属的孔加工刀具;也可加工高温合金、超高温合金、淬硬钢和冷硬铸铁等难加工材料。

2.3 涂层麻花钻

2.3.1 概述

涂层麻花钻是在韧性较好的硬质合金或高速钢钻头基体上,涂覆一层几微米(5~12μm)厚的高硬度、高耐磨性及耐腐蚀性的难熔金属化合物(TiC、TiN、Al_2O_3 等)构成的。涂层硬质合金刀具耐用度较未涂层刀具至少提高 1~3 倍,涂层高速钢刀具耐用度较未涂层刀具至少提高 2~10 倍。

刀具表面涂层技术可有效提高切削刀具使用寿命,使刀具获得优良的综合力学性能,从而可显著提高切削加工效率。因此,刀具表面涂层技术与材料及切削加工工艺并称为切削刀具制造领域的三大关键技术。

2.3.2 涂层工艺

刀具涂层技术通常可分为两类:化学气相沉积(CVD)和物理气相沉积(PVD)。

1. 化学气相沉积(CVD)

化学气相沉积(CVD)是利用气相物质在固体表面上化学反应成膜的原理沉积的,沉积时,将参与反应的一种或几种含有构成薄膜元素的挥发性化合物与原料气体通入放置有基片的反应室,借助气相作用和基体上的化学反应生成膜层。

CVD可实现单成分单层及多成分多层复合涂层的沉积，涂层与基体结合强度较高，薄膜较厚，耐磨性较好。但CVD工艺温度高，易造成刀具材料抗弯强度降低；涂层内部呈拉应力状态，易致使刀具切削时产生微裂纹；同时，CVD工艺排放的废气、废液会对环境造成较大污染。为解决CVD工艺温度高的问题，低温化学气相沉积（PCVD）、中温化学气相沉积（MT-CVD）技术相继开发并投入使用。目前，CVD（包括MT-CVD）技术主要用于硬质合金可转位刀片的表面涂层，涂层刀具适用于中型、重型切削的高速粗加工及半精加工。

2．物理气相沉积（PVD）

物理气相沉积（PVD）主要应用于整体硬质合金和高速钢刀具的表面处理，如图2-5所示。相比CVD工艺，PVD工艺温度低（最低可至80℃），在600℃以下时对刀具材料的抗弯强度基本无影响；薄膜内部应力状态为压应力，更适用于对硬质合金精密复杂刀具的涂层；PVD工艺对环境无不利影响。PVD涂层技术已经普遍应用于硬质合金钻头、铣刀、铰刀、丝锥、异型刀具、焊接刀具等的涂层处理。

PVD在工艺上主要可分为两种方式：真空阴极弧物理蒸发（ARC）和真空磁控离子溅射（Sputtering）。

（1）真空阴极弧物理蒸发：将高电流、低电压的电弧激发于靶材上，并产生持续的金属离子。被离子化的金属离子以60～100eV平均能量蒸发出来形成高度激发的离子束，在含有惰性气体或反应气体的真空环境下沉积在被镀工件表面。真空阴极弧物理蒸发靶材的离子化率在90%左右，所以相比真空磁控离子溅射，沉积薄膜具有更高的硬度和更好的结合力。但由于金属离子化过程非常激烈，会产生较多的有害杂质颗粒，涂层表面较为粗糙。

（2）真空磁控离子溅射：氩离子被加速打在加有负电压的阴极（靶材）上。离子与阴极的碰撞使得靶材被溅射出带有平均能量4～6eV的金属离子。这些金属离子沉积在放于靶前方的被镀工件上，形成涂层薄膜。由于金属离子能量较低，涂层的结合力与硬度也相应较真空阴极弧物理蒸发方式差一些，但由于其表面质量优异被广泛用于表面功能和装饰性涂层领域。

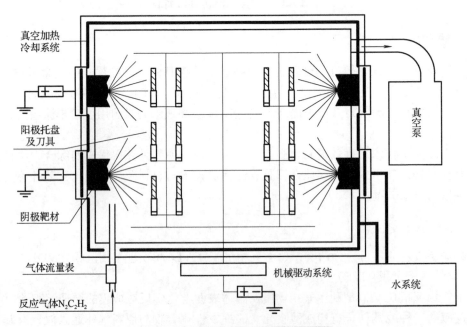

图2-5 物理气相沉积（PVD）涂层原理

2.3.3 涂层种类

由于单一涂层材料难以满足提高刀具综合力学性能的要求，因此涂层成分趋于多元化、复合化。为满足不同的切削加工要求，涂层成分将更为复杂、更有针对性。在复合涂层中，各单一成分涂层的厚度将越来越薄，并逐步趋于纳米化。涂层工艺温度将越来越低，刀具涂层工艺将向更合理的方向发展。

1. 化学气相沉积(CVD)法常用涂层

(1) Si_3N_4 涂层：采用射频等离子化学气相沉积设备沉积，沉积时发生化学合成反应，其化学反应式为

$$3SiCl_2H_2 + 4NH_3 \rightarrow Si_3N_4 + 6H_2 + 6HCl \quad (750℃)$$

Si_3N_4 涂层具有较高的硬度和热稳定性，适用于硬质合金麻花钻的高速切削以及超高硬度材料的切削。

(2) TiN 涂层、TiC 涂层和 Al_2O_3 涂层：均可通过常压化学气相沉积获得，其化学反应式为

$$TiCl_4 + 1/2N_2 + 2H_2 \rightarrow TiN + 4HCl \quad (1000 \sim 1200℃)$$

$$TiCl_4 + CH_4 \rightarrow TiC + 4HCl \quad (900 \sim 1100℃)$$

$$2AlCl_3 + 3CO_2 + 3H_2 \rightarrow Al_2O_3 + 3CO + 6HCl$$

TiN 涂层与铁基材料的摩擦系数小，切削时表面粗糙度小，防粘屑效果好，适用于切削钢和易粘刀的材料，能提高刀具使用寿命。

TiC 涂层与钢的结合力较强，涂层硬度高，耐磨性好，抗氧化性强，能较大提高刀具使用寿命。涂有 TiC 涂层的硬质合金麻花钻，其切削速度可提高 40%左右，且适用于精加工。

Al_2O_3 涂层抗氧化温度高，耐磨性较好，摩擦系数为 0.25~0.35，硬度约为 1000HV，能提高硬质合金孔加工刀具的切削寿命。

(3) TiC-TiN 复合涂层：基底层为 TiC，TiC 与基体的结合力强，硬度高，耐磨性好，表面涂层为 TiN，既减少了摩擦系数又增强了刀具的耐腐蚀性，涂覆 TiN-TiC 复合涂层的硬质合金刀具，其切削寿命可提高 1~2 倍。

(4) TiC-Al_2O_3 复合涂层：以 TiC 作底，增强了涂层与基体的结合力，表面涂层 Al_2O_3 可有效提高刀具的抗氧化性、耐磨性和耐热性，使耐热温度上升到 900℃以上，该涂层刀具可用于高速切削以及高硬度钢的切削。

(5) TiC-Al_2O_3-TiN 复合涂层：是把 TiC、Al_2O_3、TiN 的特点结合在一起的涂层。该类涂层具有硬度高、耐磨性好、抗氧化温度高、耐腐蚀性强、低摩擦的特点，显示出良好的综合力学性能，可用于硬质合金麻花钻刀具涂层。

(6) CVD 金刚石涂层：用于切削刀具的 CVD 金刚石涂层一般采用高功率强直流电弧等离子体喷射 CVD 技术(图 2-6)或采用等离子辅助化学气相沉积(PACVD)技术制备。金刚石涂层具有极高的硬度、强度和刚度，极高的耐磨性(较硬质合金高出几十倍)，摩擦系数低(≤0.07)，表面粗糙度好，且富有良好的化学惰性，能显著提高被加工件的表面粗糙度和加工精度。采用金刚石涂层的硬质合金麻花钻较未涂层刀具使用寿命提高近 30 倍。CVD 金

刚石涂层适用于对 Al-SiC 金属基复合材料、高硅铝合金、有色金属等材料进行加工的孔加工刀具涂层，但不能用于钢铁材料的切削加工。

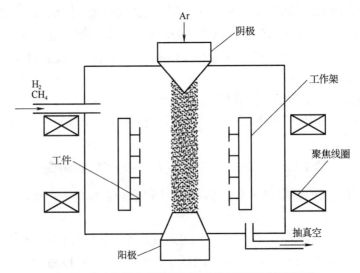

图 2-6　强直流电弧等离子体喷射 CVD 系统示意图

2. 物理气相沉积(PVD)法常用涂层

(1) TiN 涂层：是一种通用性涂层，尤其在高速钢麻花钻涂层刀具上的应用最为广泛。涂层颜色呈金黄色，膜层厚度一般为 2～5μm，涂层硬度能达到 2000～2500HV，涂层与基体有较强的结合力和较高的耐磨性，抗氧化温度可达 600℃，切削寿命比无涂层的高 2～3 倍。

(2) TiCN 涂层：TiCN 是一种蓝灰色涂层，是 PVD 涂覆时由 Ti 离子与 C_2H_2 电离出的 C 离子产生化学反应生成的沉积物。TiCN 较 TiN 涂层硬度高，一般为 3500～3700HV，摩擦系数较低为 0.35，抗氧化温度降低到仅有 400℃。TiCN 耐磨性较好，但抗腐蚀性差。

(3) TiCN-MP 涂层：呈古铜色，是一种成分渐变的复合涂层，硬度为 2800～3200HV，摩擦系数为 0.25，抗氧化温度为 400℃，耐磨性较高，抗腐蚀性较差，属于减摩涂层。TiCN 涂层与 TiCN-MP 涂层适用于对黄铜和青铜材料进行干切削。

(4) TiAlN 涂层：是在 TiN 涂层基础上发展起来的一种综合性能更为优良的硬膜涂层。TiAlN 涂层采用 Al-Ti 复合材料作为弧靶，通过 PVD 法与反应气体离化出的 N 离子发生化学反应生成沉积层。TiAlN 涂层表面颜色呈紫罗兰-黑色，硬度较高(2800～3200HV)，具有良好的耐磨性和较强的耐腐蚀性，抗氧化温度可达 800℃或以上，它适用于对钢的干切削或高速切削，切削寿命比 TiN 涂层高 1～2 倍。

(5) AlTiN 涂层：Al-Ti 复合材料作为弧靶，但靶中 Al 的含量比 Ti 高，Al 的比例占到 67%，Ti 占到 33%，甚至有的 Al 占到 75%，随着 Al 含量的增加，AlTiN 薄膜的硬度增高，硬度可达到 3500～3800HV。AlTiN 涂层呈黑色，由于膜层中 Al 浓度较高，切削加工时表面生成一层极薄的非晶态 Al_2O_3，从而形成硬质惰性保护膜，起到热屏障作用，提高了抗氧化温度，工作温度能达到 800℃以上。AlTiN 涂层化学稳定性好，热硬性高，附着力强，摩擦系数小，耐磨性高，适合于切削高合金钢、磨具钢、不锈钢、钛合金、镍基合金等材料，同时也常用于高速切削。

(6) CrN 涂层：为银灰色涂层，涂层硬度不高，仅为 1800HV 左右，摩擦系数较小（为 0.3），抗氧化温度较高（可达 700℃）。CrN 涂层与刀具的结合力强，常作为复合涂层的基底层。涂有 CrN 的孔加工刀具一般用于切削铜及其合金材料。

2.3.4 涂层刀具

1. 涂层高速钢刀具

高速钢刀具的表面涂层是采用物理气相沉积（PVD）方法，在适当的高真空度与温度环境下进行气化的 Ti 离子与 N_2 反应，在阳极刀具表面上生成 TiN。其厚度由气相沉积的时间决定，一般为 2~8μm，对刀具的尺寸精度影响不大。除 TiN 涂层外，高速钢刀具常见涂层还有 TiC、TiCN、TiAlN、AlTiN、DLC、CBC。

涂层高速钢刀具的切削力、切削温度较未涂层刀具显著降低，约下降 25%；同时，也有效提高了刀具切削速度、进给量及其使用寿命，即使刀具重磨后其性能仍优于普通高速钢，适合在钻头、丝锥、成形铣刀、切齿刀具上广泛应用。

2. 涂层硬质合金刀具

硬质合金刀具表面涂层是采用化学气相沉积（CVD）工艺，在硬质合金表面涂覆一层或多层（5~13μm）难熔金属碳化物。涂层硬质合金是一种复合材料，具有较好的综合力学性能，基体强度韧性较好，同时具有较好的耐磨性与耐热性，摩擦系数低。但与普通硬质合金刀具相比，涂层硬质合金刀具刃口锋利程度与抗崩刃性较差。涂层材料主要包括 TiC、TiN、TiCN、Al_2O_3 及其复合材料。

目前单涂层刀片已很少应用，大多采用 TiC-TiN 或 TiC-Al_2O_3-TiN 复合涂层。涂层硬质合金已广泛适用于较高精度的可转位刀片、车刀、铣刀、钻头等。

2.4 麻花钻的钻削过程

钻削时，钻头横刃最先与工件接触，工件表面在刀具挤压作用下产生塑性变形，随着钻头主切削刃的不断切入，被切削金属层通过剪切滑移后形成切屑。在此过程中产生的钻削力、钻削温度、钻头刀具磨损和钻孔质量等物理现象都与钻屑的形成过程密切相关，同时在生产实践中出现的许多问题，如振动、积屑瘤、卷屑与断屑等也都与钻削过程有关。因此，研究麻花钻的钻削过程，对于提高钻削加工效率和钻孔质量、延长刀具使用寿命及降低成本都具有重要的意义。

2.4.1 钻削层变形与钻屑的形成

1. 钻削层的变形

麻花钻钻削过程的实质是被切削金属层在钻头主切削刃和前刀面的作用下经受挤压而产生剪切滑移的变形过程。钻头钻削塑性材料时，工件材料受钻头作用而产生弹性变形；随着钻头的不断深入，金属内部的应力、应变逐渐增大，当应力达到材料屈服点时，工件产生塑性变形；钻头的继续钻入致使应力持续增加，进而达到材料断裂强度，被切削金属层受钻头前刀面的挤压而变形、分离，并沿着前刀面流出而形成钻屑。

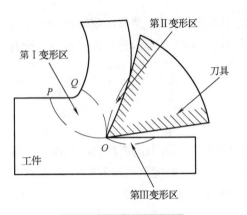

图 2-7 钻削变形示意图

根据实际钻削过程中钻削层的变形图片,绘制钻削层变形过程的示意图,如图 2-7 所示。其中钻削时钻削层的变形区可划分为三个区域。

(1) 第 I 变形区:被切削金属层受钻削力作用最先产生弹性变形,当最大剪切应力达到材料的屈服点时,从 OP 线开始发生塑性变形,随着钻头深入,塑性变形逐渐增大,并随之产生加工硬化,直到 OQ 线晶粒的剪切滑移基本完成,故曲线 OP 与曲线 OQ 所包围的区域即剪切滑移区,又称为第 I 变形区。该区域的距离宽度相对较小,一般仅为 0.02～0.2mm,且钻削速度越大,宽度越小。

(2) 第 II 变形区:经第 I 变形区剪切滑移而形成的钻屑在沿着钻头前刀面排出时,再次受到前刀面的挤压与摩擦作用而变形,该区域称为第 II 变形区。该区域的变形主要集中在与钻头前刀面摩擦钻屑底面一较薄的金属层内,越靠近前刀面的金属层晶粒纤维化越明显,且方向基本与前刀面平行。

此外,第 I 变形区与第 II 变形区是密切相关的。第 II 变形区前刀面的摩擦情况是影响第 I 变形区剪切方向的重要因素。当前刀面上的摩擦力较大时,钻屑排出不畅,从而加剧挤压变形,致使第 I 变形区的剪切滑移也增大。

(3) 第 III 变形区:为防止刀具切削刃过于锋利而崩刃,实际加工中,刀具切削刃多有钝圆,此外,为增大麻花钻主切削刃的强度,其主刃后角一般不是很大,还有切削表面的弹性回复,因而造成切削刃钝圆部分和后刀面对切削表面产生挤压与摩擦作用,发生塑性变形,致使工件已加工表面金属纤维化与加工硬化,该区域即第 III 变形区。钻削时,该区域金属变形的状态对于钻孔孔壁表面的精度与质量具有重要影响。

2. 钻屑的类型与排屑

对于不同性质的加工材料以及在不同钻削条件下,被切削金属层剪切滑移的变形程度存在较大差异,产生钻屑的形态、尺寸、颜色以及硬度等都有明显的差别。因此研究钻屑的形态具有重要意义。

1) 钻屑的类型

由于加工材料与钻削条件的不同,钻削过程中钻屑的变形程度也不相同,如图 2-8 所示,因而根据形成钻屑的形态,主要可分为四种类型。

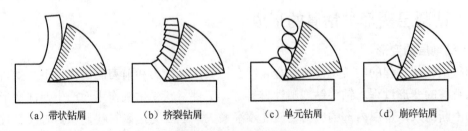

(a) 带状钻屑 (b) 挤裂钻屑 (c) 单元钻屑 (d) 崩碎钻屑

图 2-8 常见钻屑形态

(1) 带状钻屑:高速钻削塑性金属材料时,容易形成带状钻屑,钻屑内表面较光滑,外表面有毛茸，钻削过程较为平稳，且钻削力波动较小，已加工表面较为光洁。但带状钻屑如不及时断屑，常会缠绕在刀具上或划伤已加工表面。

(2) 挤裂钻屑(节状钻屑)：采用较低钻削速度或较大进给量时，容易形成挤裂钻屑，与带状钻屑相比，挤裂钻屑外表面呈锯齿形，内表面存在裂纹，且由于钻削时钻削力波动较大，钻孔表面质量较为粗糙。

(3) 单元钻屑：在形成挤裂钻屑钻削条件的基础上，进一步降低钻削速度或提高进给量，若挤裂钻屑整个剪切面上的切应力高于加工材料的破裂强度，则整个钻屑单元被切离，形成梯形的单元钻屑。与带状、挤裂钻屑相比，单元钻屑的钻削力波动最大。

(4) 崩碎钻屑：采用较大进给量钻削脆性金属材料时，形成的钻屑几乎不经过塑性变形就崩碎成形状不规则的碎块，致使加工表面凹凸不平。钻削过程很不平稳，钻削力主要集中在主刃和钻尖部分且波动较大，易造成刀具崩刃，影响钻孔质量。

2) 普通麻花钻钻削的钻屑形态

在实际钻削过程中，钻削的形状是影响钻屑的处理和运输的主要因素。由于钻头几何参数、钻削用量、加工工件材料及其物理、力学性能的差异，钻屑形态各不相同。本节将对普通麻花钻钻削时较为常见的几种钻屑形态作简要叙述。

(1) 小螺距长锥螺卷形钻屑：当采用较小进给量钻削韧性较好的工件材料时，钻屑较薄，钻屑轴线因弹性变形由直线变为曲线，并沿钻头螺旋槽盘旋而出，形成长的锥螺卷形钻屑。

(2) 长螺距带状钻屑：通过减小钻头主刃上外缘和内缘处钻屑流出速度的差值，大大降低了钻屑的侧卷，同时减弱了钻心对钻屑的阻挡作用，进而减弱了钻屑强迫上卷的趋势。钻屑卷曲轴线接近于钻头轴线，从而形成了长螺距带状钻屑。

(3) 扇形钻屑：当采用较大进给量钻削塑性较低的工件材料时，钻屑较厚，且因剧烈的变形，钻屑内缘裂口受张力作用而最先破裂，并迅速扩展而达到断裂，称为断裂单元钻屑，或称扇形钻屑、C 形钻屑。

(4) 针状钻屑：钻削脆性材料或高硬度材料时，钻屑因塑性变形小而发生脆性断裂，其形态多为针状钻屑。针状钻屑常会在钻头前面磨出过深、过窄的卷屑槽；或因积屑瘤的存在，致使钻屑严重上卷，进而造成与孔底碰撞。

(5) 过渡型钻屑：由于形成条件的变化常出现上述各种钻屑形状的组合，从而形成过渡型钻屑，如礼花状的锥螺卷-带状钻屑、蝌蚪状的扇-带状钻屑等。钻屑的过渡变化常会在钻削过程中周期性地重复出现，最终因钻屑薄弱环节而折断。

3) 排屑与断屑

钻屑的排出也是钻削过程中的重大难题，尤其是钻削塑性与韧性较大的难加工材料，如不锈钢、钛合金，形成的钻屑的形状多为带状钻屑或螺旋状钻屑，钻屑可相对顺利地从前刀面排出，但对于此类钻屑如不及时断屑，常会发生缠绕刀具或划伤已加工孔壁表面的现象。

而当钻削脆性金属材料时，形成的钻屑多为崩碎钻屑，与带状钻屑相比，崩碎钻屑不易从前刀面及时排出，容易在钻孔中形成堆积。由于钻削加工的半封闭性，钻屑极易在钻削高温下与刀具发生粘连，阻塞钻头螺旋槽，甚至导致钻削加工无法进行或折断刀具，从而影响钻削加工的效率及钻孔精度。此外，钻削过程中钻屑的飞溅、无法安全地卷曲与折断，都会对操作人员的安全构成威胁。

4) 钻削积屑瘤

(1) 积屑瘤的形成：在钻削速度不高而又不能形成连续钻屑对，当钻屑沿着前刀面排出，由于受前刀面的摩擦作用，并在一定的温度与压力下，部分钻屑会黏结在主刃前刀面附近，形成积屑瘤。积屑瘤多发生在加工硬化倾向较大的塑性金属材料，但温度、压力太低或太高时都不会产生。

(2) 积屑瘤对钻削过程的影响：在钻削时，积屑瘤覆盖了部分削切刃并代替刀刃进行钻削，起到保护钻头主刃的作用，延长钻头使用寿命；同时增大钻头实际工作前角，降低钻削轴向力和扭矩。然而，积屑瘤不断地产生与脱落，使钻削层公称厚度不断变化，影响尺寸精度，导致钻削过程不稳定，容易产生振动。此外，脱落后的积屑瘤黏结在已加工表面上，同样会对钻孔质量有影响。

(3) 积屑瘤的控制：积屑瘤的形成主要取决于加工材料的力学性能、切削速度和冷却润滑条件等。因此，可通过以下方法减少或消除积削瘤：①提高加工材料的硬度，减少加工硬化倾向；②降低或提高钻削速度，使温度过低或过高，从而使黏结现象不会发生或产生失效；③改变钻头几何参数或合理选用切削液，减小钻屑与前刀面的摩擦阻力。

5) 影响钻屑变形的主要因素

钻屑变形程度的变化规律是指钻削过程中各种钻削因素对钻屑变形的影响规律。而影响钻屑变形的主要因素包括工件材料的物理力学性能、钻削用量、钻头几何参数、钻头刀具材料及冷却润滑条件等。

(1) 工件材料的影响：工件材料的物理力学性能中，材料的塑性对钻屑变形的影响最大，即塑性变形越大，钻屑变形越大。因此可提高材料硬度，减少材料塑性变形，降低钻屑与前刀面的摩擦。

(2) 钻削用量的影响：在无积屑瘤生成的钻削速度范围内，钻削速度越大，则钻屑变形越小。这是由于较高的钻削速度使变形时间缩短，钻削层还未充分变形已被切削分离；此外，钻削速度对于前刀面的平均摩擦系数有影响，即钻削速度越高，前刀面平均摩擦系数越小，故钻屑变形系数减小。而当进给量增大时，随着钻削厚度增加，钻屑与前刀面的摩擦减小，因而钻屑的平均变形减小。

(3) 钻头几何参数的影响：钻头的前角越大，钻屑变形越小。由于采用较大的钻头前角，钻头主刃切削锋利，同时增大了螺旋槽宽度，有利于钻屑的排出，因而，钻屑变形程度小。

2.4.2 钻削力

在钻削过程中，钻削力是影响钻削性能的重要指标，它直接影响钻削热的产生，进而影响刀具磨损与使用寿命、钻孔精度及其表面质量。此外，钻削力也是实际生产中计算钻削功率、机床的设计和选用及合理选配刀具与夹具的重要依据。因此，研究钻削力的影响规律，有助于对钻削过程的分析与理解，同时也对实际生产过程具有重要的指导意义。

1. 钻削力的来源、合成及分解

在钻削过程中，钻削力的来源主要分为两个方面：①被切削金属层及其加工表面因弹性、塑性变形而产生的抗力；②钻头前刀面与切屑、后刀面与工件切削表面之间的摩擦阻力。

钻削力包括钻头所受的轴向力和扭矩，主要作用在钻头的主切削刃、副切削刃和横刃上，其受力可分解为轴向力（F_{x0}、F_{x1}、$F_{x\psi}$）、径向力（F_{y0}、F_{y1}、$F_{y\psi}$）以及切向力（F_{z0}、F_{z1}、$F_{z\psi}$），钻头受力分解示意图如图2-9所示。

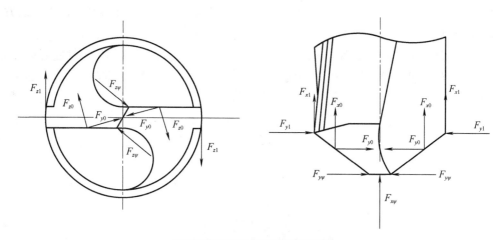

图 2-9　麻花钻受力分解示意图

由图 2-9 分析可知,作用在钻头横刃及副切削刃上的径向力较小,可忽略不计,而两主切削刃上的径向力相互平衡而抵消,则钻头的轴向力及扭矩为

$$F_x = 2F_{x0} + 2F_{x1} + F_{x\psi} \tag{2.11}$$

$$M = 2F_{z0} \cdot \rho + 2F_{z1} \cdot R + F_{z\psi} \cdot b_\psi \tag{2.12}$$

式中,F_x 为钻头切削刃上轴向力之和(N);M 为钻头切削刃上扭矩之和(N·m);ρ 为钻头主切削刃上切向力的平均作用半径(mm);R 为钻头主切削刃外缘处的半径(mm);b_ψ 为钻头的横刃长度(mm)。

麻花钻各切削刃上钻削力的分配比例如表 2-7 所示。一般而言,轴向力主要由横刃产生,而扭矩则主要来自主切削刃。但对于钻削加工弹性模量较小的材料,如钛合金,由于其弹性变形相对较大,因此钻头副切削刃及其刃带与孔壁之间的摩擦阻力增大,进而摩擦力矩增加。

表 2-7　麻花钻各切削刃上钻削力的分配比例(%)

钻削力	切削刃		
	主切削刃	副切削刃	横刃
轴向力	40	3	57
扭矩	80	12	8

2. 钻削力的测量

测力仪是测量钻削力的主要仪器,其种类繁多,按其工作原理的不同可分为机械式测力仪、液压式测力仪和电测式测力仪。电测式测力仪又可分为电阻式、电感式、电磁式和压电式等,其中,压电式测力仪具有较高的测量精度和灵敏度,在钻削力测量中应用最为广泛。

压电式测力仪的工作原理如图 2-10 所示,在底板和顶板之间放置 4 个(3 个方向)压电力传感器,被测的力经顶板分布在 4 个压电力传感器上。压电力传感器在测量中实际无位移,其电荷量仅与应力有关,与位移无关。顶板受力被分解为三部分,并以 3 个压电晶体(如石英晶体或压电陶瓷等)接收信号并产生压电效应,即当顶板受力时晶体表面产生电荷,电荷量的多少仅与所施加外力的大小成正比。各个信号通过集成电缆连接到电荷放大器上,利用电荷放大器将电荷转换成相应的电压参数,即可测量出力的大小。载荷的正或负取决于力的方向,即经电荷放大器输出时,负载荷产生正电压,反之产生负电压。

压电式测力仪具有灵敏度高、分辨率高、静态刚性好、稳定性好和使用性能好等优点,特别适用于动态切削力和瞬时切削力的测量。但其缺点是易受环境湿度的影响,不适用于连续测量稳定的或变化不大的静态切削力,容易使电荷泄漏导致零点漂移,从而影响测量精度。

(a) 实物图

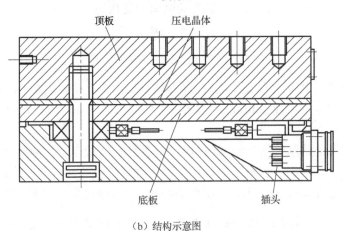

(b) 结构示意图

图 2-10 压电式测力仪实物图及结构示意图

3. 钻削力的经验公式与钻削功率

1) 钻削力的经验公式

利用测力仪通过对实际钻削试验数据的采集,并对试验数据加以适当分析与处理,从而获得钻削力的经验公式:

$$F = C_F d^{x_F} f^{y_F} v_c^{z_F} \tag{2.13}$$

$$M = C_M d^{x_M} f^{y_M} v_c^{z_M} \tag{2.14}$$

式中,F 为钻削轴向力(N);M 为钻削扭矩(N·mm);C_F、C_M 分别为轴向力系数、扭矩系数;d 为钻孔直径(mm);f 为进给量(mm/r);v_c 为钻削速度(m/min); x_F、y_F、z_F 为轴向力指数;x_M、y_M、z_M 为扭矩指数。

钻削加工不同的材料,其钻削力经验公式中对应的系数与指数也各不相同,同时是否修磨钻头横刃对其数值大小也有一定的影响,常见材料钻削力经验公式中的系数与指数如表 2-8 所示。

表 2-8 常见材料钻削力经验公式中的系数与指数

加工材料	钻头横刃的修磨	$F = C_F d^{x_F} f^{y_F} v_c^{z_F}$				$M = C_M d^{x_M} f^{y_M} v_c^{z_M}$			
		C_F	x_F	y_F	z_F	C_M	x_M	y_M	z_M
Q235 (HB107~146)	未修磨	872.1	1.207	0.874	-0.191	753.4	1.884	0.989	-0.124
	修磨	385.5	1.286	0.894	-0.104	734.7	1.847	0.965	-0.11
45 (HB189~215)	未修磨	628.8	1.099	0.735	-0.069	345.3	1.975	0.885	-0.011
	修磨	1211	0.785	0.743	-0.077	422.8	1.916	0.898	-0.028
T10A (HB179~193)	未修磨	726.9	1.14	0.834	0.037	615.6	1.851	0.887	-0.018
	修磨	797.2	0.937	0.843	0.071	494	1.889	0.872	-0.004
40Cr (HB246~260)	未修磨	452.3	1.309	0.741	-0.014	395.7	2.002	0.841	-0.063
	修磨	656	1.048	0.752	0.006	528.7	1.893	0.839	-0.043
20CrMnTi (HB245~253)	未修磨	615.1	1.135	0.807	0.077	511.1	1.866	0.967	0.067
	修磨	1102	0.792	0.81	0.102	647.5	1.783	0.971	0.083
45CrNiMoV (HB214~219)	未修磨	470	1.163	0.901	0.322	593.5	1.738	0.891	0.198
	修磨	599.4	0.948	0.927	0.334	435.8	1.864	0.896	0.181
35CrMnSi (HB35~37)	未修磨	1439	0.825	0.765	0.096	285.5	2.095	0.805	-0.089
	修磨	2224	0.755	0.771	-0.181	395.3	2.014	0.798	-0.118
1Cr18Ni9Ti (HB218~231)	未修磨	474.8	1.165	0.664	0.07	229.2	2.059	0.774	0.044
	修磨	366.9	1.127	0.655	0.068	246.2	2.032	0.77	0.032
Cu4 (HB73~81)	未修磨	435	0.827	0.67	0.189	1307	1.522	0.898	-0.004
	修磨	422.8	0.71	0.635	0.205	895.7	1.631	0.885	0.028
HPb59-1 (HB94~96)	未修磨	143.8	1.074	0.646	0.109	124.1	1.917	0.87	0.017
	修磨	32.6	1.089	0.662	0.132	107.7	1.911	0.903	0.042
ZL101 (HB41~43)	未修磨	160.9	0.889	1.11	0.35	91.2	1.853	1.106	0.128
	修磨	207	0.685	1.133	0.331	75.5	1.866	1.135	0.26
HT20 (HB173~182)	未修磨	738.7	0.667	1.233	0.248	102	1.919	0.886	0.022
	修磨	457.1	0.716	1.231	0.258	243.3	1.828	0.886	0.004

2) 钻削功率

钻削功率 P 是指主运动消耗的功率,单位为 kW,其计算公式为

$$P = \frac{Mv_c}{30d} \tag{2.15}$$

式中,M 为钻削扭矩(N·mm);d 为钻孔直径(mm);v_c 为钻削速度(m/min)。

4. 影响钻削力的主要因素

1) 工件材料的影响

工件材料的物理、力学性能、弹-塑性变形能力、化学成分和热处理状态等都会直接或间接影响钻削力的大小。

一般而言,工件材料的强度与硬度越高,其材料的剪切屈服强度越高,故产生的钻削力

越大;工件材料的塑性与韧性越高,则钻削变形程度越大,增加了刀具与钻屑、工件间摩擦次数,故钻削力增大。此外,被加工材料的化学成分不同,其钻削力大小不同,如45钢(中碳钢)较Q235钢(低碳钢)含碳量较高,其硬度相对较大,故钻削力更大;而同一材料的热处理状态不同,金相组织不同,致使硬度不同,进而影响钻削力的大小。

2)钻削用量的影响

(1)钻削速度 v_c:在无积削瘤的钻削速度范围内,加工塑性金属材料时,钻削力一般随着钻削速度的增大而减小。这是由于钻削速度的增大使钻削温度升高,致使被切削金属材料的屈服强度、硬度降低,摩擦阻力减小,钻削力减小。故在钻削工艺条件允许的情况下,应尽可能采用高速钻削,以提高加工效率并延长刀具使用寿命。

钻削脆性金属材料(如铸铁)时,由于其塑性变形较小,钻屑多呈崩碎屑,钻屑与前刀面摩擦较小,因而钻削速度对钻削力的影响不大。

(2)进给量 f:进给量增大,被切削金属层的厚度随之增大,钻削力增大;但钻削层厚度的增加又使钻屑的变形系数减小,刀—屑间的摩擦阻力降低,钻削力减小。因此,在多数情况下,进给量对钻削力的影响不是成正比增大的。

3)刀具几何参数的影响

(1)钻孔直径 d:在相同钻削条件下,钻削力随钻头直径的增大而增大。这是由于钻头直径越大,其横刃长度也越大,且根据钻削层参数可知,钻削厚度与钻头直径成正比,而钻削宽度的增加使单位时间内钻头切削层的面积增大,刀—屑间摩擦阻力增大,故钻削力增大。

(2)前角 γ_o:钻头前角增大,使钻头主切削刃更加锋利,有利于切削;同时也使螺旋角增大,螺旋槽宽度增加,有利于钻屑的排出,故前角越大,钻削力越小。但钻削脆性金属材料时,前角对钻削力的影响不大。此外,过大的前角降低了刀尖的强度,容易在钻削时发生折断现象,影响刀具使用寿命。

(3)顶角 2φ:顶角决定钻削宽度和前角的大小,增大顶角会使前角增大,同时使钻屑厚度增大而钻屑宽度变窄,钻削力随之增大。

4)切削液的影响

合理选择切削液,可对钻削加工起到有效的冷却和润滑作用。与水溶性切削液相比,油基切削液更能显著地降低钻削力,这是由于其润滑作用减少了刀具与切屑、工件之间的摩擦与黏结,摩擦阻力降低,故钻削力减小。

5)刀具材料的影响

刀具材料不是影响钻削力的主要因素,但由于不同的刀具材料与不同加工材料之间的摩擦系数与亲和力不同,因而钻削力的大小也存在一定的差异。如P类硬质合金钻头钻削钛合金时,由于刀具与工件之间存在较强的亲和力,容易产生严重的粘刀现象,从而影响钻削力的大小;而K类硬质合金钻头或高速钢钻头钻削铸铁时,钻削力的大小基本相同。

2.4.3 钻削热与钻削温度

钻削热和由此产生的钻削温度是钻削过程中重要的物理现象,钻头主切削刃上的温度分布直接影响到刀具的磨损及其使用寿命,同时也影响工件的加工精度和表面质量。因此,钻削热和钻削温度的产生及变化规律一直是金属钻削加工过程研究的重要方面。

1. 钻削热的来源与传导

钻削过程中,钻削运动所消耗的功大部分都转换为热能,只有少数(1%~2%)的功作用于形成新的表面、改变材料表面的金相组织或作为应变能而储存于工件材料中。

钻削热主要来自三个变形区,即三个发热区:在钻头作用下,钻削层金属材料的弹-塑性变形所产生的热能 Q_s,钻屑与钻头前刀面、钻头后刀面与切削表面之间的摩擦功所转化的热能 Q_r,如图2-11(a)所示。因此钻削过程产生的总热能 Q 可表示为

$$Q = Q_s + Q_r \tag{2.16}$$

钻削热是由钻屑、工件、钻头刀体以及周围的介质传出去的,如图2-11(b)所示,钻削热的传出主要取决于钻头刀具材料和被切削材料的热导率以及周围介质的状况。钻削时产生与传出的热能应相互平衡,则有

$$Q = Q_c + Q_t + Q_w + Q_m \tag{2.17}$$

式中,Q_c 为钻屑带走的热能;Q_t 为钻头传出的热能;Q_w 为工件传出的热能;Q_m 为周围介质带走的热能。

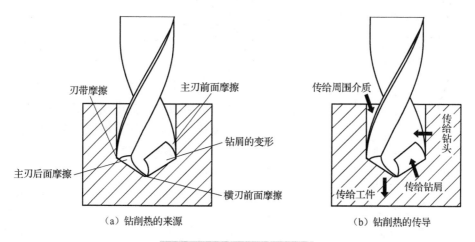

图 2-11 钻削热的来源与传导

钻削时,由于其半封闭性的工艺特点,且工件材料的热导率较高,故工件传导的热能最多(约为52.5%),其次是由钻屑带走的热能(约为28%),传入钻头散出的热能约为14.5%,周围介质(如空气、切削液等)相对最少(约为5%)。

2. 钻削温度的测量

钻削温度是指钻削区域的平均温度。由于钻孔是在半封闭状态下切削的,钻削过程中很难准确测量钻头在某一时刻的温度或整个钻削过程中钻头、工件及钻屑温度的变化趋势。因此,钻削温度的测量一直是钻孔加工研究的难点。

目前,测量钻削温度较为常用的方法主要有热电偶法和红外线测温法,其中热电偶法又可分为自然热电偶法和人工热电偶法。

1) 自然热电偶法

如图2-12所示,自然热电偶法是利用化学成分不同的刀具和工件材料构成热电偶的两极。刀具与工件的接触区经切削升温后形成热电偶的热端,而刀具和材料保持常温的引出端形成

热电偶的冷端,进而在刀具与工件回路中便可产生温差电动势,利用电位计或毫伏表记录其数值。再根据热电势与温度关系的标定曲线,即可对照查出相应测量区域的温度值。

该方法测得的切削温度是切削区的平均温度,测量简单、可靠。但对于不同的刀具或工件材料,其热电势-温度曲线每次都需要重新标定。

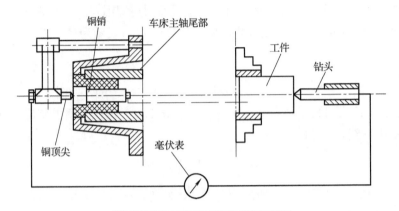

图 2-12 自然热电偶法测温示意图

2)人工热电偶法

如图 2-13 所示,人工热电偶法是利用两种预先经过标定的金属丝组成热电偶,其热端通过焊接固定在刀具或工件预定测量温度的点上,冷端经导线串接在电位计或毫伏表上。根据测得读数值对比热电偶标定曲线,即可查出相应测量点的温度值。该方法测量准确、实时性好,但不能直接对刀具前刀面上的温度进行测量。

3)红外线测温法

红外线测温法是利用红外线原理测量切削温度的方法,如红外热像仪。它通过非接触式测量红外热量,并将其转换生成热图像和温度值显示。仪器配套软件能在确定准确的发射率的情况下,以红外影像采集切削过程,并通过设定、调节播放速度和播放位置,实现对切削过程中温度分布的测量和绘制。

红外热像仪能够精确量化被测表面的影响,同时对发热故障区进行准确识别和分析。但该方法仅限于对刀具和工件外表面温度的测量。

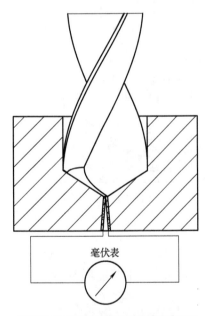

图 2-13 人工热电偶法测温示意图

3. 影响钻削温度的主要因素

1)钻削用量的影响

(1)钻削速度 v_c。钻削速度对钻削温度的影响较为显著,钻削温度随钻削速度的提高而明显上升。这是由于钻削速度的增大加剧了钻屑与前刀面的摩擦,因摩擦而产生的钻削热无法及时传导致使钻削温度升高。

(2)进给量 f。随着进给量的增大,单位时间内被加工材料的钻削切除量增大,所消耗的功增大,转化生成的钻削热增多,使钻削温度上升。

2) 刀具几何参数的影响

(1) 前角 γ_o：在一定范围内，前角越大，螺旋角越大，螺旋槽宽度增加，有利于钻屑排出散热，钻削温度下降。但螺旋角增大的同时致使热量传入钻头的比例增大，因而钻头温度升高，不利于降低钻削温度。

(2) 后角 α_o：后角越小，钻削时后刀面与切削表面间的摩擦越大，产热量增多，钻削温度升高。但后角过大，降低了刀尖强度，钻削热集中于切削刃口，加剧了刀具磨损。

(3) 横刃：横刃处切削环境最为恶劣，横刃越长，钻削定心精度越差，刀具与工件摩擦越大，因而产生的热量越多，钻削温度越高。

3) 刀具磨损的影响

钻头磨损后切削刃变钝，加剧了刃口与被切削工件的挤压作用，使切削金属层的塑性变形增大。此外，钻头磨损处的后角基本为 0°，增大刀具与工件间的摩擦，产生热量增多，使钻削温度上升。

4) 工件材料的影响

工件材料的硬度、强度和热导率不同，对钻削温度的影响也不同。一般工件材料的硬度和强度越高，热导率越低，钻削所消耗的功越多，故钻削温度较高；但对于脆性金属材料，由于其抗拉强度和延伸性相对较小，且钻屑多为崩碎屑，钻削时刀—屑摩擦小，因而产生热量少，钻削温度较低。

5) 切削液的影响

切削液对钻削过程的冷却作用可加速钻削热的传导，同时切削液可黏附在刀具、切屑及工件表面，形成表面润滑膜，减少彼此间的摩擦，从而有效降低钻削温度。

2.4.4 麻花钻的磨损和耐用度

麻花钻在钻削过程中，受钻屑与工件的摩擦作用逐渐产生磨损，随着磨损程度的加深，钻削力和钻削温度明显增大，钻屑颜色发生改变，钻削过程产生振动，加工工件尺寸精度和表面质量明显降低，必须及时对钻头重新修磨或更换新刀。因此，研究钻头磨损的形式和原因，对提高钻削加工的效率和质量、延长刀具的使用寿命、降低成本都具有重要的实际意义。

1. 钻头磨损的形式

钻头的磨损可分为正常磨损和非正常磨损。

1) 正常磨损

钻头受摩擦作用会产生磨损，正常磨损是指随钻削时间增加钻头磨损逐渐扩展的磨损形式。钻削时，钻头的磨损主要发生在主切削刃前/后面、横刃前面、刃带及外缘转点。

(1) 主切削刃前面磨损：钻削强度较高的塑性金属材料时，钻头的耐热性与耐磨性稍有不足，钻屑与主刃前刀面在高温下的摩擦常会使主刃前刀面上形成一个月牙形的凹坑，故称月牙洼，其洼坑靠主刃外缘处较宽而浅，靠钻心处较窄而深。月牙洼的磨损程度以其最大磨损深度值 K_T 表示。月牙洼深度过大，极易引起钻头崩刃。

(2) 横刃前面的磨损：为满足钻头强度，一般横刃前角较大，由于横刃对工件材料为挤压切削，横刃钻削条件最为恶劣，因而横刃前面的磨损也较为严重。

(3) 主切削刃的后面磨损：加工塑性金属材料时，钻头主刃后角越小或材料的弹性变形越大，后刀面与切削表面间的接触面积越大，克服的摩擦阻力也越大，因而主刃的后面磨损越大。

(4) 刃带的磨损：主要来自于钻孔孔壁，钻削时钻头轴线或孔轴线的倾斜，都会加剧刃带与孔壁的磨损，甚至常会发生黏结和划沟现象。此外，加工塑性材料时，其较大的弹性变形也会增大刃带的磨损，使钻头外径变小，形成顺锥，从而造成钻头咬孔，导致钻头易折断。

(5) 外缘转点的磨损：外缘转点在钻削时的磨损最为严重，常会出现秃圆或掉角的现象。由于外缘转点直接与孔壁接触，钻削时刀具与工件摩擦剧烈，但此处钻体较为薄弱，故外缘转点的磨损相当严重。

2) 非正常磨损

非正常磨损是指钻削时钻头不经过正常的磨损，而是在短时间内突然损坏以致刀具失效的过程，又称钻头的破损。钻头破损的常见形式有卷刃、崩刃、钻头碎裂及钻杆折断等。钻头后刀面刃磨不好、加工操作不慎、钻削用量选择不当及刀具或工件材料性能异常等非正常因素都会引起钻头的破损。

2. 钻头磨损的原因

钻头的磨损是在钻削时的高温高压条件下产生的，其磨损过程涉及机械、物理、化学等多方面相互耦合的作用，其主要磨损类型有磨料磨损、黏结磨损、扩散磨损和氧化磨损。

(1) 磨料磨损：又称硬质点磨损，钻头刀具材料比被切削材料硬度较高，但由于工件材料中的化合物含量与分布不均，常会存在部分硬度极高的微小硬粒或硬质点，钻削时将钻头表面擦伤和划出沟纹。

(2) 黏结磨损：在一定的温度和压力作用下，钻屑与前刀面、后刀面与切削表面间摩擦，使刀具与工件之间因塑性变形而产生黏结（即冷焊现象），黏结部分材料又因为刀具、工件相对运动而发生剪切破坏，并形成黏结微粒被钻屑或工件带走，从而造成钻头的黏结磨损。

黏结磨损主要取决于切削温度、刀具和工件材料的亲和力及硬度比，即刀具和工件材料亲和力越大、硬度比越小，黏结磨损程度越严重。

(3) 扩散磨损：钻削区域在高温高压作用下，钻头、钻屑及工件材料的化学元素在钻削接触过程中发生扩散，使钻削刀具材料化学成分和结构发生改变，削弱了刀具材料性能，加剧了钻头的磨损。扩散磨损的速度主要取决于钻削温度，同时也与刀具和工件材料的化学成分有关。

(4) 氧化磨损：当钻削温度达到 700～800℃时，硬质合金钻头中的钴（Co）、碳化钨（WC）及碳化钛（TiC）等化学成分极易与空气中氧气发生氧化作用，从而在钻头表面生成一层硬度较低的氧化物，并被钻屑或工件擦除带走而形成氧化磨损。

综上，对不同的刀具和工件材料及钻削条件，钻头磨损的原因和磨损程度各不相同，但钻削温度对钻头磨损的影响具有决定性的作用。

3. 钻头磨损过程及磨钝标准

1) 钻头磨损过程

在钻削过程中,根据钻头各时间段内磨损程度的不同,钻头磨损的过程主要分为三个阶段,其钻头磨损曲线如图 2-14 所示。

(1) 初期磨损阶段:钻头磨损曲线快速上升,斜率较大。由于刃磨后的新刀具刃口锋利,刀具后刀面与工件材料加工接触面积小,钻削压力大,故磨损较快。此外,新刀后刀面的微观不平度及显微裂纹、氧化或脱碳等缺陷也加剧了钻头磨损。

(2) 正常磨损阶段:钻头磨损曲线变化平缓,近似一条上行的直线。经初期磨损后,钻头后刀面较为光滑,磨损速度较为缓慢且均匀。在正常钻削时,该阶段后刀面磨损量与钻削时间近似成正比增加,且磨损时间较长。

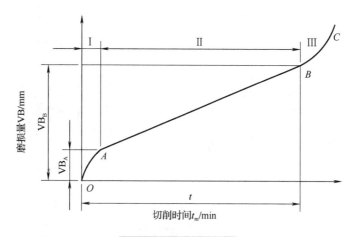

图 2-14 钻头磨损曲线

Ⅰ-初期磨损;Ⅱ-正常磨损;Ⅲ-急剧磨损

(3) 急剧磨损阶段:钻头磨损曲线急速上升,斜率相对最大。当钻头磨损量达到一定限度后,磨损急剧加快,钻削力和钻削温度快速增大,已加工表面质量明显恶化,甚至出现振动、噪声和崩刃现象,致使钻头刀具失效。因而,钻头磨损量达到该阶段前应及时对刀具修磨或更换新刀。

2) 钻头的磨钝标准

钻头的磨损直接影响钻削力、钻削温度及钻孔质量,因而必须根据加工情况,按照一定的磨钝标准,对钻头进行重磨,以恢复其钻削性能。

在钻削过程中,钻头后刀面最早出现磨损,即后面磨损,其磨钝标准通常是指钻头后刀面磨损区域的平均磨损值,以 VB_B 表示,而 VB_{Bmax} 为最大后面磨损值,如图 2-15(a) 所示。

钻削塑性材料时,随着钻头主刃的磨损,主刃前面形成月牙洼,其磨损最大宽度为 K_B,最大深度为 K_T。同时,由于后面磨损 VB_B 程度的加深而导致外缘转点的转角磨损 VB_C 与刃带磨损 VB_{C1} 的产生。而横刃的钻削条件最为恶劣,磨损较为严重,其磨损宽度分别为 V_ψ 和 C_ψ,如图 2-15 所示。

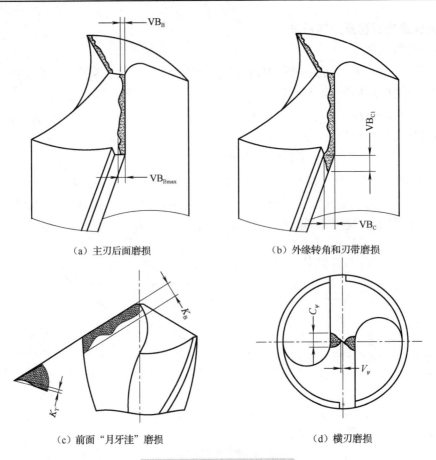

图 2-15 麻花钻常见磨损形式

在制定合理的钻头磨钝标准时,应综合考虑钻头磨损的多种形式,如主刃前面磨损、后面磨损、外缘转点磨损、刃带及横刃磨损等。各制造厂商应根据自身产品设计的需求及实际加工情况,制定合理的钻头磨钝标准指标,并通过多项指标的综合测量,及时检测钻头是否已达到磨钝标准。此外,确定合理的钻头磨钝标准还需考虑到使钻头的总寿命最长,避免换刀过勤,影响加工效率;同时还应保证钻孔的尺寸精度和表面质量。

在实际生产中,钻头是否磨钝多是依靠操作者对钻削时的声音、颜色观察或手动进刀时的手感来确定的。该判别方法多依赖于操作者的经验,故可靠性较低。而随着生产自动化的不断发展与完善,针对钻头刀具磨损或破损的监测和预测系统不断更新,通过对钻头状况的实时诊断并作出相应对策,确保钻削优化和钻头耐用度的最优化。

4. 钻头的耐用度

钻头的耐用度是指钻头刃磨后自开始钻削直至刀具磨损量达到磨钝标准所经历的实际总钻削时间,以 T 表示。根据钻削耐用度的钻削试验,钻头耐用度 T 与钻削用量的关系表达式为

$$T = \sqrt[m]{\frac{C_v d^{z_v} K_v}{v_c f^{y_v}}} \tag{2.18}$$

式中,T 为钻头耐用度(m/min);C_v 为工件材料和工作状态系数;d 为钻头直径(mm);f 为进给量(mm/r);v_c 为钻削速度(m/min);K_v 为修正系数;m 为钻头耐用度指数;y_v、z_v 为 f、d 对应指数,如表 2-9 所示。

表 2-9 常见材料钻头耐用度公式中的系数与指数

工件材料	加工类型	刀具材料	切削液用否	进给量 f /(mm·r^{-1})	系数与指数 C_v	m	y_v	z_v
碳素结构钢 (HB215)	钻孔	高速钢	用	≤0.2	4.4	0.2	0.7	0.4
				>0.2	6.1	0.2	0.5	0.4
耐热钢(HB141)	钻孔	高速钢	用	—	3.57	0.12	0.45	0.5
灰铸铁 (HB190)	钻孔	高速钢	不用	≤0.3	8.1	0.125	0.55	0.25
				>0.3	9.4	0.125	0.4	0.25
		K30		—	22.2	0.2	0.3	0.45
可锻铸铁 (HB150)	钻孔	高速钢	用	≤0.3	12	0.125	0.55	0.25
				>0.3	14	0.125	0.4	0.25
		K30	不用	—	26.2	0.2	0.3	0.45
中等硬度非均质铜合金(HB100~140)	钻孔	高速钢	不用	≤0.3	28.1	0.125	0.55	0.25
				>0.3	32.5	0.125	0.4	0.25
铝硅合金及铸造铝合金 (≤65HBS)	钻孔	高速钢	不用	≤0.3	36.3	0.125	0.55	0.25
				>0.3	40.7	0.125	0.4	0.25

5．影响钻头耐用度的主要因素

钻头耐用度除了与钻头刀具材料、热处理状态等基本因素有关外，主要取决于钻头的几何参数和各种钻削条件。

1) 钻头的几何参数

(1) 钻心厚度 K：适当加大钻心厚度至 $K=(0.3\sim0.4)d$，可提高钻头的刚度和强度，从而提高其耐用度。但钻心厚度增大，使横刃增长，影响钻削定心精度，增大钻削力，因而需修磨缩短横刃至 $b_\psi=(0.05\sim0.1)d$。

(2) 顶角 2φ：常规标准麻花钻的顶角 $2\varphi=118°$，但根据不同加工材料的性能，选择不同的顶角，可实现钻头耐用度的最优化。如钻削塑性、韧性较大的金属材料，宜选择使用顶角较大的钻头。

(3) 钻体长度 l_b：减短钻体长度 l_b，可避免钻削时引起振动，提高钻头耐用度。

(4) 钻头主切削刃跳动量：适当增大钻头主切削刃的跳动量，可增大孔的扩展量，从而提高钻头耐用度。但当相对刃口的高度差过大时，会使两刃切削条件不同，从而导致钻头损坏。

(5) 横刃斜角 ψ：横刃斜角 ψ 为 50°~55°时，钻头耐用度较高；增大或减小横刃斜角 ψ，都会影响钻头耐用度。

2) 钻削条件

(1) 工件材料硬度的均匀性：钻削时，工件材料的硬度变化对钻头耐用度的影响较为显著；当其硬度变化超过平均硬度的 5%时，钻削力与钻头磨损之间将不再保持稳定的函数关系。

(2) 钻削用量：钻削速度 v_c 对钻头耐用度影响最大，进给量 f 次之，背吃刀量 a_p 相对最小。

(3) 通孔与盲孔：钻削通孔时，由于机床及工件、夹具等相关部分存在间隙和弹性变形，钻尖钻出工件时进给量瞬时急剧增大，易产生扎刀现象，孔出口易形成毛刺，加剧刃带磨损，从而降低钻头耐用度。

(4) 孔深：钻削孔深增大($l_w/d>3$)，不利于排屑和加工冷却，加剧钻屑与孔壁的摩擦，使钻头耐用度降低。因此，对于深孔钻削加工，应采用分级进给，降低钻削速度 v_c。

2.4.5 麻花钻的强度和刚度

麻花钻的强度和刚度主要取决于钻头的结构参数(钻心厚度、螺旋槽端截形、螺旋角及螺旋槽长度等)以及刀具材料，它对钻头的耐用度和切削性能有显著影响。因此，研究分析麻花钻的强度和刚度对于改进钻头结构、改善钻削性能和提高钻削效率及钻孔质量都具有重要的意义。

1．钻体的强度分析

钻体的强度作为选择钻削最大进给量 f 的基本依据，一直都是学者研究的重要问题。但由于钻体端截面曲线廓形较为复杂，钻削时钻头的受力呈压-扭-摩擦的复合状态，因而最大剪切应力有多种计算公式。根据试验研究，在压力和扭矩同时作用下的最大剪切应力 τ_{max} 可按下式计算：

$$\tau_{max} = K_\tau \frac{M}{W} < \frac{1}{2}[\sigma_b] \tag{2.19}$$

式中，K_τ 为与螺旋角有关的系数，一般 $K_\tau=0.7$；M 为钻削扭矩(N·mm)；W 为钻体的断面系数(mm^3)，与钻头的钻心厚度 K 和刃瓣宽度 B 密切相关；$[\sigma_b]$ 为钻头的许用应力(MPa)。

有的研究将钻头简化为棱柱体，对其进行强度计算，表面最大剪切应力并不是在钻头断面最薄的钻心部位，而是在远离中心的地方。仅在钻心处减薄或增大钻心厚度，均不会对钻头的强度有显著影响。试验表明，除非钻心厚度非常薄，一般钻头都不会因强度不足而发生劈裂或断裂。

2．钻体的刚度分析

在机床、钻头、夹具及工件刚度系统中，通常钻头的刚度是最为薄弱的环节。

有的研究利用三维有限元分析法对钻头的扭转刚度、径向刚度和轴向刚度进行了分析计算，并以提高钻头刚度作为钻头几何参数优化设计的目标，研究得出螺旋角的最佳参数范围为 $\beta_o=30°\sim35°$。

而实际上，在研究分析钻头刚度的同时，还应考虑其与钻体容屑空间的平衡问题。由于在任何一个钻孔的径向剖面上钻头的端截面积和容屑槽的面积之和等于孔本身的面积，因此随着钻头刚度的增加，容屑空间减少。当采用较高切削速度或进给量，以提高钻削加工效率时，其钻削力势必增大，因而需增大钻头端截面积提高刚度，以抵消增大的钻削力。但由于钻削效率的提高，钻削切屑量最大，为确保钻屑能够及时顺利地排出，需增大钻体的容屑空间，但这与钻头刚性增加要求是相互矛盾的。因此，对于钻头刚度与容屑空间的合理选择，应根据实际钻削情况具体分析对待。

3．刚度与耐用度的关系

在钻削硬度高且韧性较好的难加工材料时，钻头刚度尤为重要。加工高温合金时，通过缩短钻头螺旋刃沟的长度，可显著提高钻头耐用度。但对于部分加工材料，钻头刚度存在一个临界值，即钻头螺旋刃沟长度转折点，当刃沟长度小于此临界值时，钻头耐用度迅速增大。钻头刚度增大 80%，其耐用度则可提高 8 倍。

然而，钻头由于具有双螺旋刃沟几何体的特性，其扭转刚度和径向弯曲刚度特点不同。因而有研究指出，通过增加钻心厚度可有效减小钻头扭转变形，而增加刃瓣宽度则有利于径向弯曲变形的减小。

2.4.6 钻孔的质量

1. 钻孔质量的内容

通常钻孔加工多用于粗加工工序，对孔的尺寸精度和表面粗糙度要求相对不高。然而对钻孔精度较高的加工，钻孔质量直接影响着工件的成形质量，特别是对航空航天、汽车制造等行业，钻孔质量影响着各零部件间的装配精度，同时也关系到产品的寿命及可靠性。钻孔的表面质量与粗糙度不仅取决于工件材料，同时与钻削状态、切屑的形成以及排屑情况也都密切相关。通常，判别钻孔质量的内容主要包括孔轴的径向偏移、钻孔的倾斜度、钻孔表面材质变化、孔壁几何特征的变化以及孔径的偏差等。

(1) 孔轴的径向偏移：是指实际钻削加工形成的孔与预设要求所需孔中心轴线的径向偏移量。这主要是钻头与工件的装夹误差以及钻削机床自身的精度误差造成的，尤其是对用于装配的工件影响最大。

(2) 钻孔的倾斜度：是指实际钻削加工形成的孔与预设要求所需钻孔的轴向倾斜程度。钻削时，钻头形状细长、直径小、刚度低、左右两条主切削刃不对称等不良因素而造成孔轴线受力偏斜，且偏斜量随着钻削深度的增加而逐渐增大。

(3) 钻孔表面材质变化：是指钻孔表面金属层晶粒组织发生的严重畸变，常表现为加工硬化、金相组织变化、残余应力的产生、热损伤、疲劳强度变化等。这是由于钻削加工具有半封闭式工艺特性，钻削产生的热量无法及时排出，使钻削温度升高，在高温高压的作用下，钻孔表面的晶粒组织发生改变。

(4) 孔壁几何特征的变化：是指钻孔孔壁表面几何形貌特征的变化，如螺旋状划痕。由于钻削时钻削用量的选择不当，钻头进给速度过高引起刀尖跳动，从而刻划孔壁。此外，刃带倒锥过小也会影响孔壁质量。

(5) 孔径的偏差：是指实际钻削加工形成的孔与预设要求所需孔直径的偏差量。钻削时，钻头和工件夹持的不稳定性都是影响钻削过程振动的重要因素，从而造成孔径的偏差。

2. 钻孔的倾斜度分析

钻孔时，钻头形状细长、直径小、刚度低、左右两条主切削刃不对称等不良因素造成的钻轴受力偏斜(倾斜角 φ)是影响钻孔倾斜的主要因素之一，其钻头初期偏移距为 q_o，随着钻削深度 L_w 的增加其偏移值 q 逐渐增大，如图 2-16(a)所示。为便于理论分析，通过将钻头简化为均匀等效圆柱，建立钻头钻入的运动模型，如图 2-16(b)所示。

设钻削时的轴向力为 F_x，不平衡的径向力为 F_y，在这两种力的作用下，其距固定端任一距离 x 点的变形方程为

$$EI \frac{\mathrm{d}^2 y}{\mathrm{d}x^2} = -F_x(y+q) + F_y(L_b - x) \tag{2.20}$$

式中，E 为钻头材料的弹性模量；I 为钻头截面的惯性矩；L_b 为钻头伸出长度；q 为钻尖偏移值。

求解此微分方程，并运用边界条件，可求出钻轴变形曲线的方程，进而可得钻轴倾斜角

的近似公式 $\varphi = \dfrac{3q}{2L_b}$ 和钻尖偏移值 q 的公式 $q = q_o e^{\frac{3L_w}{2L_b}}$，则钻孔的倾斜度为

$$K = \frac{q - q_o}{L_w} = \frac{q_o}{L_w}(e^{\frac{3L_w}{2L_b}} - 1) \tag{2.21}$$

此外，在钻削过程中，机床—工件的系统误差也是影响钻孔倾斜的重要因素；而对于小直径麻花钻，当钻孔较深时，钻头常会因轴向力过大，导致钻削不稳定，进而致使钻头易倾斜、折断。

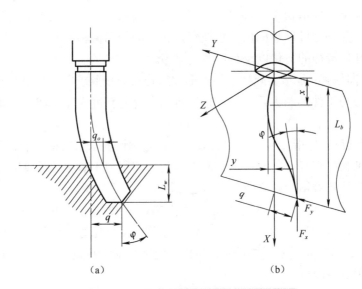

图 2-16 钻孔时钻尖偏移与钻轴倾斜示意图

2.5 钻削加工条件的合理选择

合理选择钻削用量和刀具参数是实际生产中的一个重要问题，它与生产效率、加工成本和加工质量等密切相关。因此，对于工艺人员来说，应当在现有加工条件(如机床、刀具、夹具的技术性能和工件的技术要求等)限制下，根据产品质量要求，最有效、合理地选择钻削用量，以求最优切削的指标。

2.5.1 钻削参数的合理选用

1. 钻头直径

钻头直径应由工艺尺寸决定，尽可能一次钻出所要求的孔。当机床性能不能胜任或加工精度不能满足要求时，才采用先钻孔再扩孔的工艺。需扩孔者，钻孔直径取孔径的 50%～70%。此外，通过对钻头的合理刃磨和修磨，可有效地降低钻削力，同时能扩大机床钻孔直径的范围。

2. 进给量

一般钻头进给量主要取决于钻头的刚性与强度，但对大直径钻头还与机床走刀机构动力和工艺系统刚度密切相关。通常按经验公式估算，钻头进给量为

$$f = (0.01 \sim 0.02)d \tag{2.22}$$

式中，f 为钻头进给量(mm/r)；d 为钻头直径(mm)。

合理修磨的钻头可选用 $f=0.03d$，硬质合金钻头的进给量推荐值如表 2-10 所示。

表 2-10　硬质合金钻头的进给量推荐值

钻头直径 /mm	硬质合金钻头的刃型选择系列/(mm/r)							
	A	B	C	D	E	F	G	H
3	0.03	0.04	0.05	0.06	0.08	0.10	0.12	0.15
4	0.04	0.05	0.06	0.08	0.10	0.12	0.15	0.18
5	0.05	0.06	0.07	0.09	0.10	0.12	0.16	0.18
6	0.05	0.07	0.08	0.10	0.12	0.15	0.18	0.20
8	0.06	0.08	0.10	0.12	0.15	0.18	0.20	0.25
10	0.08	0.10	0.12	0.15	0.18	0.20	0.25	0.30
12	0.10	0.12	0.15	0.18	0.20	0.25	0.30	0.35
16	0.12	0.15	0.18	0.20	0.25	0.30	0.35	0.40
20	0.15	0.18	0.20	0.25	0.30	0.35	0.40	0.50

3．钻削速度

根据钻削材料不同，高速钢钻头钻削速度推荐值如表 2-11 所示，硬质合金钻头钻削速度推荐值如表 2-12 所示。

表 2-11　高速钢钻头钻削速度推荐值

加工材料	低碳钢	中高碳钢	合金钢、不锈钢	铸铁	铝合金	铜合金
钻削速度 v_c/(m·min^{-1})	25～30	20～25	15～20	20～25	40～70	20～40

表 2-12　硬质合金钻头钻削速度推荐值

加工材料	硬度		强度 /MPa	钻削速度/(m·min^{-1})		进给量选择
	HB	HRC		无内冷	内冷	
易切钢	<150	—	<700	130	150	E
	>150	—	>700	110	125	D
碳素结构钢	<200	—	<700	105	120	E
	<250	—	<850	90	105	E
	<300	<31	<1000	80	90	E
合金结构钢	<300	<31	<1000	85	100	E
	<350	<37	<1200	75	85	D
模具钢	<300	<31	<1000	85	100	D
	<350	<37	<1200	75	85	D
工具钢	<300	<31	<1000	60	70	D
铁素体不锈钢	<200	—	<700	55	63	C
马氏体不锈钢	<240	—	<820	55	63	C
奥氏体不锈钢	<250	—	<850	45	50	B

续表

加工材料	硬度		强度/MPa	钻削速度/(m·min⁻¹)		进给量选择
	HB	HRC		无内冷	内冷	
双相不锈钢	<250	—	<850	45	50	B
灰铸铁	<240	—		160	180	G
球墨铸铁	<300	—		120	135	F
可锻铸铁	<300	—		90	105	F
纯铝	<120	—	<400	230	265	F
变形铝合金≤0.5Si	<120	—	<400	230	265	F
铸造铝合金≤10Si	<160	—	<550	160	180	G
铸造铝合金>10Si	<160	—	<550	140	160	G
纯铜	<120	—	<400	90	105	F
黄铜、紫铜	<160	—	<550	160	180	G
青铜	<160	—	<550	90	105	G
纯钛	—	—	<400	40	45	B
钛合金	—	—	<1050	35	40	B
铁基耐热合金	<280	—	<950	30	35	C
镍基合金	<350	—	<1200	30	35	C
钴基合金	<350	—	<1200	30	35	B
淬硬钢	—	<48	—	32	36	B
	—	<62		—	—	—
冷激铸铁	<350	<37	—	27	32	B
淬硬铸铁	—	<55	—	27	32	B

注：进给量选择与表 2-10 对应。

钻削用量的正确选择需根据钻头的刚度、强度、耐用度，钻屑的颜色与形态，刀具切削寿命以及加工工艺要求等多方面因素综合考虑。此外，采用大直径钻头或焊接式硬质合金钻头钻削加工时，还应考虑到机床功率、钻头及夹具等工艺系统刚性的影响，适当减少进给量。钻削高塑性材料且钻屑难断时，可适当以啄钻方式钻孔。

2.5.2 刀具几何参数的合理选择

1. 顶角 2φ

钻头顶角决定切屑宽度和钻头前角，同时也是影响排屑角度、钻削力、毛刺的产生及孔壁表面粗糙度的重要因素。在实际生产中，合理选择钻头顶角对保证钻孔质量、提高钻头的钻削性能与刀具使用寿命及钻削加工效率都有重要的指导意义。

1) 工件材料不同时顶角的合理选择

当钻削硬度高、强度低、韧性差的脆性材料（如青铜、橡胶）时，钻屑易崩碎，钻屑与前刀面摩擦小，但与后刀面摩擦较大，尤其是外缘转点处摩擦最为严重，因而钻头顶角应选择较小数值，如 $2\varphi=90°$。

当钻削高强度合金钢时，由于其硬度和强度较高，塑性和韧性不高，在同样的进给量条件下，钻头顶角应适当选择较大数值，如 $2\varphi=130°$，有利于形成窄而厚的钻屑，便于排屑，减小钻屑与孔壁间的摩擦;但由于顶角大,其横刃加长,致使钻削定心不好,钻头易晃动,因而钻削时应修短横刃。

当钻削硬度低、韧性好的塑性材料(如不锈钢、钛合金)时,由于被切削材料的塑性大、韧性高,易产生黏结现象,形成积屑瘤,切屑连续且不易折断,常缠绕在钻头上,不利于断屑、排屑,因而钻头顶角应适当选择较大数值,如 $2\varphi=135°$。钻削时增大顶角会使切屑变窄,钻头外缘处的刀尖角也会随着顶角增大而减小,减小刀尖角的磨损速度,有利于刀具散热,提高刀具耐用度,同时顶角较大时,切屑卷曲呈螺旋状的程度也会减小,变得比较平直,容易排屑。

2) 工件形状不同时顶角的合理选择

在球面体上或斜面上钻孔时,由于工件表面倾斜角度较大,钻头切削刃外缘处会先接触工件,如图 2-17(a)所示,致使钻头钻孔时易发生偏斜现象,且易折断钻头。因此,为保证钻尖先与工件接触,钻头顶角应选择较小数值,$2\varphi=90°\sim118°$,如图 2-17(b)所示。

在钻孔钻出表面为斜面时,两切削刃不是同时钻出,因而受力大小不同(图 2-18)。而钻头顶角越大,钻削轴向力越大,径向力越小,钻头钻出时不易发生偏斜,如图 2-18(b)所示。因此,钻出表面为斜面时,钻头顶角常选择较大数值,$2\varphi=130°\sim138°$。

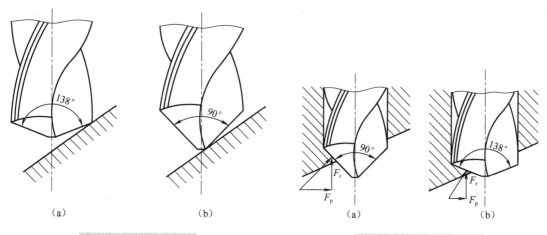

图 2-17 在斜面上钻孔　　图 2-18 钻出表面为斜面

2. 前角 γ_o

前角主要根据工件材料的硬度和加工精度要求确定。麻花钻主切削刃上各点前角大小不等,自外缘向钻心逐渐由大变小,$\gamma_{外缘}=30°$,$\gamma_{钻心}=-30°$,横刃上的前角为更大的负值,致使钻心特别是横刃处在钻孔时处于挤刮现象,无切削能力。可通过修磨横刃增大内刃处前角,改善切削状况。前角越大,切削刃越锋利,切削越省力,切屑变形越小,有利于排屑。但前角过大,致使切削刃强度降低,特别是钻头外缘处刀齿薄弱,且易产生扎刀现象。

3. 后角 a_f

后角一般根据工件材料和进给量确定。后角主要影响后刀面与切削表面间的摩擦,提高表面加工质量。一般推荐后角 $a_f=8°\sim10°$。但如钛合金类的塑性材料,由于其弹性模量较小,受压后弹性恢复较大,因此为克服因弹性恢复造成的后刀面与切削表面之间的摩擦,改善加工表面质量,应适当加大后角。

4. 横刃斜角 ψ

横刃斜角的大小与顶角以及靠近钻心处的后角有关。顶角和后角越大,横刃斜角越小,横刃越长,进刀阻力增加;横刃斜角增大,则横刃长度和轴向力减小;横刃斜角太大时,会使中心附近的后角变为负值,致使钻头不能钻孔,一般推荐横刃斜角为 50°～55°。

此外,通过修短横刃长度,其值取 $b_\psi=(0.08\sim0.1)d$,可有效降低钻削轴向力;与标准麻花钻相比,轴向力降低 25%～30%,并且改善了钻头的定心能力。

2.5.3 钻孔的冷却与润滑

在金属切削过程中,合理选用切削液,可以有效改善金属切削过程中界面间的摩擦情况,减少刀具和钻屑的黏结,抑制积屑瘤和鳞次的生长,降低钻削温度,减小钻削力,提高刀具的使用寿命及生产效率。因此,对切削液的研究和应用当予以重视。

1. 切削液的作用

(1)冷却作用:钻削时因摩擦功而产生大量的热,钻削温度高,而切削液沿螺旋槽流入,流出时可带走大量的热,从而降低钻削温度,使工件、刀具的热膨胀减小,进而提高了钻孔加工精度,并延长了刀具使用寿命。

(2)润滑作用:钻削时,切削液可黏附在钻头、工件及钻屑表面上,并形成表面润滑膜,从而降低刀—屑—工件之间的摩擦系数,避免刀具因切屑黏结而产生积屑瘤,有效改善了钻孔表面质量。

(3)防锈作用:含有防锈添加剂的切削液,可通过在金属表面上形成保护膜,从而有效避免周围介质(空气、水分等)对刀具、工件及机床的腐蚀。

(4)洗涤与排屑:切削液可冲洗刀具—工件表面油污,并能及时冲走钻削过程中难以排出的细小碎屑及磨粉。

2. 切削液添加剂

为改善切削液的使用性能,常会加入一定的切削液添加剂,切削液添加剂具有优良的极压、抗磨、润滑、防锈、清洗和冷却功能,不含有毒性物质,且可稀释 5～20 倍使用,目前已广泛应用于极压切削和精密切削加工。切削液添加剂主要可分为以下几种。

(1)油性添加剂:如植物油、胺类、脂类等,含有极性分子,能与金属表面形成牢固的吸附黏膜,主要起润滑作用。

(2)极压添加剂:含有硫、磷、氯等有机化合物,在高温下与金属表面发生化学反应,形成润滑膜,减小机械摩擦。

(3)表面活性剂:是使矿物油和水乳化成稳定乳化液的添加剂,可吸附在金属表面上,形成润滑膜。

(4)防锈添加剂:与金属表面有很强的附着力,形成保护膜,或与金属表面化合成钝化膜,从而起防锈作用。

3. 切削液的类型

切削液主要可分为三大类:水溶性切削液、非水溶性切削液、固体润滑剂。

(1)水溶性切削液:主要有水溶液和乳化液两种。

① 水溶液:主要成分为水,具有良好的导热性能和冷却效果,但单纯水溶液易使金属材料生锈,且润滑效果差。因而,常对其加入一定量的防锈添加剂、表面活性物和油性添加剂等,以提高其防锈和润滑性能。水溶液配置对于水质要求较高,应以软水配置。

② 乳化液：是由乳化液、矿物油及其他添加剂配制的乳化油和95%～98%的水稀释而成的，呈乳白色或半透明状液体。乳化液冷却作用良好，但润滑与防锈作用较差。通常加入一定量的油性、极压添加剂和防锈添加剂，配置成极压乳化液或防锈乳化液，以提高其使用性能。

(2) 非水溶性切削液：主要起润滑作用，主要包括切削油(机械油、轻柴油和煤油等)。

(3) 固体润滑剂：主要有二硫化钼、石墨、聚四氟乙烯等。二硫化钼可有效防止钻屑黏结，抑制积屑瘤的产生，进而减小钻削力，提高钻孔表面粗糙度及延长刀具使用寿命。

4．切削液的选用

切削液的使用效果除取决于切削液自身的性能外，还与钻头刀具材料、工件材料及加工方式等因素密切相关，使用时应综合考虑，合理选择。

(1) 根据钻头材料选用切削液：高速钢钻头刀具耐热性差，钻削加工时，钻削温度高，易致使刀具磨损较快，因而应选用以冷却作用为主的切削液；硬质合金钻头耐热性相对较好，一般不采用切削液，或选用水溶液或低浓度乳化液，但钻削时需保持连续、充分浇注，以避免高温硬质合金钻头突然遇冷导致刀具因内压力而产生裂纹。

(2) 根据工件材料选用切削液：钻削加工钢等塑性材料时，要用切削液；而加工黄铜、铸铁等脆性材料时，一般不用切削液。

5．切削液的使用方法

合理选择切削液，并结合正确的使用方式，才能使切削液的使用效果达到最好。

(1) 浇注法：是最常见的方法，使用方便，流量小，压力低。使用时应浇注到螺旋槽上或直接浇入孔中。

(2) 高压冷却法：切削液流量大，压力也大，主要适合于深孔加工，可有效延长钻头的使用寿命，但切削液飞溅严重，需要加护罩遮挡，有时还会影响排屑。

2.6 本章小结

本章首先介绍了麻花钻的钻削运动与钻削要素；其次，详细介绍了麻花钻的常用刀具材料及其涂层方法；然后，根据麻花钻的钻削过程，分别介绍了麻花钻的钻削变形与钻屑形成、钻削力、钻削热与钻削温度，并对麻花钻的磨损与耐用度及其刚度与强度进行了分析；最后，根据钻削加工条件，分析给出了相关钻削加工参数的合理推荐值。

参 考 文 献

蔡运飞, 段建中, 2008. 图解普通麻花钻与倪志福钻头[M]. 北京: 机械工业出版社.

倪志福, 陈璧光, 1999. 群钻——倪志福钻头[M]. 上海: 上海科学技术出版社.

浦艳敏, 李晓红, 2012. 金属切削刀具选用与刃磨[M]. 北京: 化学工业出版社.

王世清, 1993. 孔加工技术[M]. 北京: 石油工业出版社.

杨叔子, 2002. 机械加工工艺师手册[M]. 北京: 机械工业出版社.

赵炳桢, 商宏谟, 2014. 现代刀具设计与应用[M]. 北京: 国防工业出版社.

赵建敏, 查国兵, 2014. 常用孔加工刀具[M]. 北京: 中国标准出版社.

周利平, 2013. 现代切削刀具[M]. 重庆: 重庆大学出版社.

第3章 标准麻花钻的成形

通常，麻花钻的成形加工主要可分为钻头螺旋槽的成形、钻头后刀面的成形和横刃的修磨三个部分。对于直径小于 8.5mm，且工作部分细长的钻头，因热处理变形太大，一般不直接铣切钻头齿背，而要在热处理以后采用磨齿背的方法加工。因此，对于细长钻头还要多一道刃磨钻头齿背的工序。

麻花钻螺旋槽的成形方法主要包括成形钻头刃沟铣刀铣切成形、高频加热轧制成形、热轧后扭制成形，而对于一些大直径的钻头，可用精密铸造成形。为了提高钻头前刀面的表面质量以减少积屑瘤，同时为了使钻屑顺利地沿钻头螺旋槽排出以减少摩擦阻力，钻头的螺旋槽必须进行精加工。目前，钻头螺旋槽的精加工主要是利用机械抛光或电解抛光。

麻花钻后刀面的成形又称麻花钻后刀面的刃磨，它是本章的重要内容。在钻削过程中后刀面与切削表面直接接触，故磨损较为严重，后刀面成形的合理性对于钻头的使用寿命有直接影响。通过不同的成形方法，可得到不同的钻头后刀面，同时后角的分布也不相同。但不同麻花钻后刀面成形方法都应保证以下两个基本要求：①后角在钻头主刃上的分布应是外小内大，即越靠近外缘后角越小；②应有适当的横刃斜角和横刃前、后角。

3.1 麻花钻的技术条件

1. 麻花钻的尺寸

(1) 麻花钻直径公差按国标 GB/T 1438.1～1438.4—2008 和 GB/T 6135.1～6135.4—2008 规定，而其他尺寸极限公差的标定是根据相关工艺手册、工艺尺寸链计算及所使用机床的加工精度综合考虑后，确定的平衡值。

(2) 麻花钻工作部分直径倒锥度：每 100mm 长度上为 0.02～0.12mm，但麻花钻工作部分直径总倒锥量不应超过 0.25mm。

(3) 麻花钻工作部分钻心增量：每 100mm 长度上为 1.4～2.0mm；超长麻花钻每 100mm 长度上为 0.5～1.4mm。

(4) 锥柄麻花钻的锥柄为带扁尾的莫氏锥柄，莫氏锥柄按 GB/T 1443—2016 中的规定，圆锥公差为 IT7。

(5) 麻花钻总长及沟槽长度公差按 GB/T 1804—2000 最粗级规定(特殊情况下，麻花钻总长及沟槽长度的极限尺寸允许是上、下相邻麻花钻长度范围内的基本尺寸)。

2. 麻花钻的材料和硬度

(1) 麻花钻工作部分采用 W6Mo5Cr4V2 或其他同等性能的普通高速钢(代号 HSS)制造，直径 $d \geqslant 3$mm 的麻花钻应经蒸汽表面处理或其他表面强化处理(如麻花钻未经表面强化处理，沟槽表面须磨光或抛光)，麻花钻工作部分也可采用高性能高速钢(代号 HSS-E)制造。

(2) 焊接麻花钻柄部用 45 钢或同等性能的其他钢材制造。

(3) 麻花钻硬度规定。

① 淬硬范围：整体麻花钻在离钻尖 4/5 刃沟的长度上，允许整体淬硬；焊接麻花钻在离钻尖 3/4 刃沟的长度上。

② 工作部分硬度：普通高速钢(HSS) 780～900HV(或 62.5～66.5HRC)；高性能高速钢(HSS-E) 820～950HV(或 64～68HRC)；硬度试验载荷根据麻花钻的直径选择，在刃带或靠近刃带的刃背上测量。

③ 柄部硬度：整体麻花钻不低于 289HV(30～55HRC)；焊接麻花钻在柄端不小于 1/2 柄部长度的范围内不低于 289HV；柄部的最高硬度不应大于工作部分硬度，硬度试验载荷根据麻花钻的直径选择。

④ 锥柄扁尾硬度($d>10mm$)；不低于 255HV(25HRC)。

3. 麻花钻的外观和表面粗糙度

(1) 麻花钻切削刃不应有崩刃、钝口、裂纹、显著的凹凸以及磨削烧伤等影响使用性能的缺陷，焊接麻花钻在焊缝处不应有砂眼和未焊透现象。

(2) 麻花钻表面粗糙度的限定(μm)：①切削刃后面 $Rz6.3$；②刃带 $Rz6.3$；③沟槽 $Rz12.5$；④柄部表面 $Ra0.8$。

4. 麻花钻的标志和包装

(1) 产品标志：①制造厂或销售商的商标；②麻花钻的直径；③高速钢代号。(标记应持久，标记凸出量不大于 0.03mm。)

(2) 包装盒标志：①制造厂或销售商的名称、地址和商标；②麻花钻的标记；③高速钢的牌号和代号；④件数；⑤制造年月。

(3) 麻花钻在包装前应经防锈处理，包装应牢靠并防止运输过程中的损伤。

3.2 麻花钻的制造工艺

3.2.1 直柄麻花钻的加工工艺

目前，直柄麻花钻加工工艺方法有三种：铣制加工方法、磨制加工方法和轧制加工方法。

(1) 铣制直柄麻花钻工艺过程。

拉丝→冲料→校直→磨两端倒角→荒磨外圆→铣沟槽→铣清边→荒磨毛刺→热处理→喷砂校直→粗磨外圆→半精磨外圆→开刃→精磨外圆→标志→表面强化处理→防锈包装。

(2) 磨制直柄麻花钻工艺过程。

拉丝→冲料→校直→磨两端倒角→荒磨外圆→热处理→喷砂校直→粗磨外圆→半精磨外圆→磨沟槽→磨清边→开刃→精磨外圆→标志→表面强化处理→防锈包装。

(3) 轧制直柄麻花钻工艺过程。

拉丝→冲料→校直→倒角→荒磨外圆→清洗→轧沟槽及刃背→切尖磨尖→荒磨毛刺→热处理→喷砂校直→粗磨外圆→开刃→精磨外圆→标志→表面强化处理→防锈包装。

本章以铣制加工为例，详细介绍直柄麻花钻的加工工艺特点及要求。

1. 直柄麻花钻螺旋槽铣制加工的特点

对于以成形钻头刃沟铣刀铣切成形的麻花钻螺旋槽应该满足以下特点：①直柄麻花钻上的两个螺旋槽等分；②螺旋槽的旋向由直柄麻花钻的螺旋角确定；③螺旋槽的形状由麻花钻

的容屑、排屑功能以及与切削性能相关的参数和要求确定;④螺旋槽一般由前刀面、槽底圆弧和齿背副后面构成;⑤螺旋槽在圆柱面上的位置主要由麻花钻的前角和齿数确定。

2. 直柄麻花钻螺旋槽铣削加工的基本原理

数控铣床是当前实现麻花钻螺旋槽成形加工的主要机床,铣床加工前,需先将数控铣床的工作台旋转一个螺旋角 β_o,工作台的转动方向和转动角度依据螺旋角的方向和角度而定:铣右螺旋槽时,工作台逆时针转动一个螺旋角,左旋则相反,如图 3-1 所示。

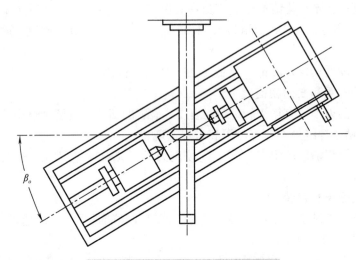

图 3-1　铣右螺旋槽时工作台搬动方向

直柄麻花钻螺旋槽铣切成形的运动简图如图 3-2 所示,铣床加工时,成形铣刀的位置固定且保持自转,钻头毛坯通过顶尖夹具定位装夹在数控铣床工作台上,在铣床工作台轴向进给的同时,带动钻头毛坯自身也在保持匀速转动,成形铣刀与机床工作台在加工过程中始终保持一定的角度 β_o,即螺旋角;由于麻花钻有两个对称螺旋槽,当铣床完成钻头一侧的开槽加工后,通过铣床分度装置带动钻头毛坯对称转动(即旋转 180°)再加工,即可完成麻花钻螺旋槽的加工。因此,为实现直柄麻花钻螺旋槽的铣切成形,在铣床铣切钻头毛坯时,工件应当由三个运动组成:①工件绕自身轴线的等速转动;②依靠工作台纵向进给作等速直线运动;③铣多头螺旋槽时的分度运动。

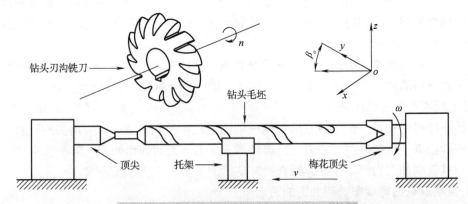

图 3-2　直柄麻花钻螺旋槽铣切成形的运动简图

此外，在螺旋槽铣切加工时，必须保证两切削刃平直并对称于麻花钻工作部分的中心线；钻头芯厚 K 应逐渐向柄部方向递增，一般 100mm 长度上为 1.4～2.0mm。

直柄麻花钻钻坯夹在分度头中间作等速旋转的同时还要沿着钻坯轴线作直线运动，钻坯旋转一周，工件直线运动的距离即螺旋槽的导程 L（图 3-3），即导程 $L = 2\pi R / \tan\beta_o$，其中 R 为钻头半径；β_o 为螺旋角；分度头转的角度=360°/槽数。

3．铣切螺旋槽的操作及注意事项

(1) 在铣削钻头螺旋槽前校对机床时，两切削刃常会产生凹凸不直的现象，如图 3-4 所示，而产生这种现象的主要因素大致有三种。

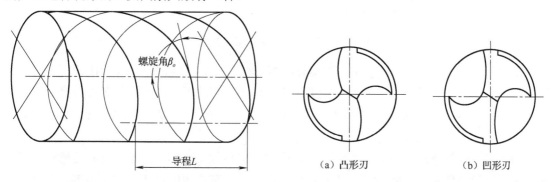

图 3-3　螺旋角和导程的形成　　　　　图 3-4　钻头主刃的刃型

① 铣削时设定的导程与麻花钻应有导程不相匹配。一般在铣削时用的导程比麻花钻导程大时，切削刃会产生凸形刃，反之会产生凹形刃。对此，可以通过试铣改变导程来解决。

② 麻花钻刃沟铣刀和麻花钻坯料轴线的交角与钻头螺旋角不相适应。对此，一般只要在数控铣床上使工作台旋转的角度大于理论角度 1°～3°即可。

③ 麻花钻刃沟铣刀和钻坯轴线的相对偏心位置不对。钻头直径不同导致相对应的钻头刃沟成形铣刀规格不同，因此在加工时铣刀与工件的偏心也不同。当偏心尺寸不对时，需重新校对，一般刃口有外凸现象多数是偏心过小所引起的，需加大一些偏心量，如有内凹现象则偏心过大，可减小偏心来获得平直刃口。

(2) 在数控铣床上加工时工作台的方向必须和麻花钻螺旋角方向一致。

(3) 在数控铣床上为了保证麻花钻钻心渐增量，通常把钻坯固定成钻尖处高、向柄部方向低，与麻花钻增量相匹配的锥度。具体来讲是在工作台上加一带有依据钻心增厚的函数换算出来的很小角度的垫板。

(4) 为了提高铣削表面粗糙度，一般采用顺铣加工。

(5) 大直径的麻花钻成形铣刀在切削过程中，被切去的面积很大，所需的切削功率也大，会使机床振动。为了降低铣削力和减少铣床铣削时引起振动，以提高铣削的表面粗糙度，常在麻花钻铣槽刀的刀齿刃背面上铲磨出断屑槽，从而减少切削面积，增加切削层厚度和减少切削力。

4．钻头刃沟成形铣刀设计

对于麻花钻螺旋槽钻头刃沟成形铣刀的设计，一般采用近似计算及作图法来求出铣刀的截形。本章以一种较为常见的三段圆弧铣刀举例说明，其铣刀截形及三维模型如图 3-5 所示。

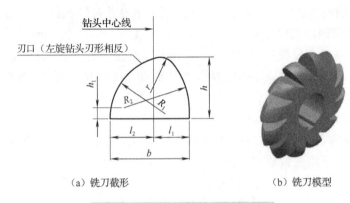

(a) 铣刀截形　　　　　　(b) 铣刀模型

图 3-5　钻头刃沟三段圆弧成形铣刀

图中 R_1、R_2 分别表示麻花钻钻刃曲线一侧的螺旋表面与槽底曲线一侧的螺旋表面，r 为连接两圆弧曲线的过渡圆弧，同时是铣刀顶刃和钻头横刃附近的螺旋槽。各参数经验近似计算公式：$b=0.8d$；$l_1=0.32d$；$l_2=0.48d$；$R_1=0.65d$；$R_2=0.5d$；$r=0.1d$；$h=0.5d$；$h_1=0.1d$（d 为钻头直径）。

为了减少螺旋槽成形铣刀的数量及制造成本，提高加工效率，通常一把螺旋槽成形铣刀通过调整铣刀与钻头毛坯的位置可用于铣切规格在一定范围内的钻头，且对角度不会有很大的影响。图 3-6 所示的成形铣刀截形是目前国内刀具制造厂应用最为广泛的几种。此外，本章对于不同成形铣刀铣切的钻头截形也在后续章节进行了介绍分析。

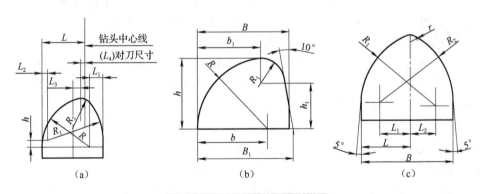

图 3-6　钻头刃沟成形铣刀截形

3.2.2　麻花钻的热处理

热处理是麻花钻刀具制造中的一个重要工序，热处理质量对钻头的使用寿命、钻削效率及其钻削性能起着至关重要的作用，所以制定正确合理的热处理工艺对麻花钻刀具制造有着重要的意义。

1．麻花钻的热处理技术要求

标准麻花钻根据使用条件不同，分别采用普通型高速钢、低合金高速钢和高性能高速钢材料制造。而对于麻花钻热处理的技术要求如下。

1) 工作部分硬度要求

整体麻花钻在离钻尖 4/5 刃长上，焊接麻花钻在离钻尖 3/4 刃长上。

(1) 普通高速钢和低合金高速钢：①规格≤Φ5mm 的硬度为 62.5～65.5HRC；②规格>Φ5mm 的硬度为 63.0～66.0HRC。

(2) 高性能高速钢：①规格≤Φ5mm 的硬度为 64.5～68.0HRC；②规格>Φ5mm 的硬度为 65.0～68.0HRC。

2) 柄部硬度要求

(1) 整体麻花钻柄部硬度：距柄端 1/3 柄长处≤45HRC；距柄端 2/3 柄长处≥30HRC。

(2) 焊接麻花钻柄部硬度：柄端向上 20mm 处 30～45HRC。

(3) 柄部硬度(扁尾至锥柄长度的 1/3 范围内)：30～45HRC。

2. 麻花钻热处理工艺

目前针对直柄麻花钻的热处理工艺主要有盐浴热处理或真空热处理。

1) 盐浴热处理工艺

(1) 盐浴热处理工艺流程。

装卡→预热→加热→冷却→金相检查→清洗→喷砂→校直→回火→清洗→柄部处理→检查→喷砂→防锈。

(2) 麻花钻工作部分盐浴热处理工艺参数如表 3-1 所示，柄部热处理工艺参数如表 3-2 所示。

表 3-1 麻花钻工作部分盐浴热处理工艺参数

材料	预热		加热		盐浴冷却		回火		
	温度/℃	时间/s	温度/℃	时间/s	温度/℃	时间/s	温度/℃	时间/s	次数
W4Mo3CrVSi	800～900	20～30	1170～1190	10～15	500～600	10～15	540～560	1～1.5	3
W6Mo5Cr4V2		20～30	1215～1230	10～15		10～15			3
W9Mo3Cr4V		20～30	1215～1235	10～15		10～15			3
W18Cr4V		20～30	1270～1285	10～15		10～15			3
W6Mo5CrV3		20～30	1200～1230	10～15		10～15			3
W6Mo5Cr4V2Co5(M35)		20～30	1210～1230	10～15		10～15			3
W2Mo9Cr4VCo8(M42)		20～30	1165～1190	10～15		10～15			3

表 3-2 麻花钻柄部热处理工艺参数

材料	规格/mm	加热		冷却		快速回火(硝盐浴)	
		温度/℃	时间/s	介质	时间/s	温度/℃	时间/s
45 钢	Φ10～Φ14	910～930	60～80	流动水(≤60℃)	4～6	540～560	20～25
	Φ14.25～Φ23		80～100		6～8		30～35
	Φ23.25～Φ31.75		100～120		10～12		40～45
	Φ31.8～Φ50.5		120～140		12～15		50～60
40Cr 钢	Φ10～Φ14	910～930	90～100	三硝水(≤80℃)	30～50	540～560	20～25
	Φ14.25～Φ23		100～120		50～60		30～35
	Φ23.25～Φ31.75		120～150		60～80		40～45
	Φ31.8～Φ50.5		150～180		80～100		50～60

2) 真空热处理工艺

真空热处理具有工件表面质量好、无氧化脱碳、强度与韧性高、综合力学性能好等特点。更重要的是宜于环保，减轻劳动强度。

(1) 真空热处理工艺流程。

去油→清洗→烘干→装卡→入炉→真空淬火→金相检查→蒸汽炉回火→检查。

(2) 麻花钻真空热处理工艺参数如表 3-3 所示。

表 3-3 麻花钻真空热处理工艺参数

材料	一次预热		二次预热		加热		冷却		蒸汽回火
	温度(时间)	真空度/mbar	温度(时间)	真空度/mbar	温度(时间)	真空度/mbar	氮气压力/MPa	时间/min	温度(时间/次数)
W6Mo5Cr4V2	840~850℃ (60~80min)	0.01~0.1	1050℃ (40~50min)	1~3	1215~1225℃ (35~50min)	1~3	0.5~0.8	快冷 10~15 慢冷 20~30	540~560℃ (3h/ 3~4 次)
W9Mo3Cr4V					1215~1225℃ (35~50min)				
W6MoCr4V2Co5 (M35)					1210~1225℃ (35~50min)				
W2Mo9Cr4VCo8 (M42)					1160~1180℃ (35~50min)				

(3) 真空热处理工艺说明。第一次预热在 850℃ 以下升温速度为 5~10℃/min，第二次预热 850~1050℃ 升温速度为 10~15℃/min，1050℃ 以上至淬火加热温度的升温速度为 15~20℃/min。气淬时，先快冷，风机处于高速旋转状态，慢冷时，降低风机转速或采用分级等温冷却，冷至≤65℃出炉。

3.3 麻花钻后刀面的成形方法

3.3.1 平面成形法

直径 3mm 以下的小直径麻花钻多采用以砂轮端平面刃磨钻头后刀面的平面成形法。根据刃磨次数，平面成形法又可分为单平面成形法和双平面成形法。

单平面成形法即每个刃瓣单独进行刃磨，其刃磨原理如图 3-7(a)、(b) 所示。刃磨时，钻头初始旋转角为 β，而砂轮磨削表面与钻头轴线的夹角为 θ。调整好这两个角度后，麻花钻沿钻头进给方向进行磨削，刃磨出的后刀面为平面，而磨削另一侧后刀面的方法相同。两个平面后刀面的交线即与钻轴相交并垂直的横刃，麻花钻的主切削刃即平面后刀面与前刀面的交线。刃磨过程中通过对两个刃磨参数(β、θ) 的设定可较好地控制钻头后角的合理分布。

双平面成形法是指两刃瓣一次成形的方法，即使用两片砂轮同时刃磨，如图 3-7(c) 所示。这种方法刃磨出的平面钻尖有两个后面，即在第一后面的基础上再用平面成形法刃磨出第二后面，第二后面的刃磨方法与上述单平面成形法类似。刃磨时，设第一后面的刃磨参数为 θ_1、β_1，钻头在第一后面刃磨后的基础上再回转 β_2，此时砂轮磨削表面与钻头轴线的夹角为 θ_2，即可实现第二后面的刃磨。这种两刃瓣一次成形的刃磨方法简单高效，但无法控制钻头后角的合理分布，磨削出的麻花钻切削性能欠佳，且因为对两个磨削砂轮要求位置精确，所以钻头加工行程长，刃磨设备尺寸较大。

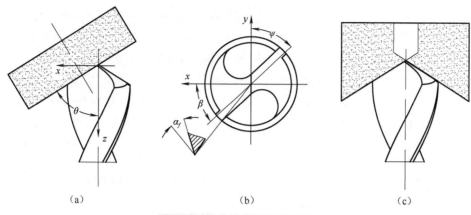

图 3-7 平面成形法刃磨原理图

采用平面成形法刃磨后刀面时,砂轮磨削表面与钻头的磨削区域为整个后刀面,不同于其他刃磨方法的线接触,所以采用该方法刃磨时后刀面的磨削温度较高,需要冷却设备进行冷却,且由于不能控制后角的分布,因而更适应磨削小直径麻花钻。该方法得到的钻头横刃较长,增加了钻削过程中麻花钻所受的轴向力,特别是对于小直径的钻头会产生影响,需要进一步对横刃进行修磨。

3.3.2 锥面成形法

锥面成形法是当前麻花钻后刀面最常用的成形方法之一,刃磨形成的后刀面是圆锥面。按其成形原理可分为外锥面成形法和内锥面成形法。

外锥面成形法的刃磨原理如图 3-8 所示,其刃磨原理是钻头装夹在夹具上,以砂轮的回转运动作为主运动,钻头随夹具绕理想轴线(后刀面所在锥面的轴线)作往复摆动,其钻头后刀面的刃磨轨迹即圆锥面。此外,为去除钻头磨削余量,麻花钻还需一个沿钻头轴线方向的进给运动。在刃磨过程中,通过控制四个刃磨参数即可完成砂轮与钻头相对位置的调整实现钻头刃磨,从而获得钻头后角的合理分布(即麻花钻主刃上各点的后角分布越靠近钻心处其后角值越大),刃磨后形成较小的横刃负前角以及合理的钻心厚度,使得麻花钻的强度得到保障。四个刃磨参数分别为理想圆锥母线(圆锥母线与钻头主切削刃重合)与理想圆锥轴线的夹角为半锥角,记为 δ;理想圆锥轴线与麻花钻轴线的夹角为轴间角,记为 θ;理想圆锥锥顶到麻花钻轴线的垂直距离为锥顶距,记为 A;理想圆锥轴线与麻花钻轴线间的垂直距离为偏距,记为 e。

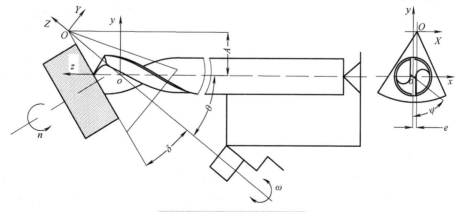

图 3-8 外锥面成形法原理图

由于外锥面成形法刃磨运动多,机床结构复杂,因此增大了刃磨后面数学建模的难度,且刃磨参数的调整大多取决于工人的经验与技术,加工效率较低,刃磨精度难以保证。此外,钻头两侧的后刀面上磨去的厚度不会完全相等,使得钻头两个主切削刃不对称,钻头钻削时两主刃因高度差而产生的钻削力也不相等,所以钻体容易颤动,影响被加工孔径表面粗糙度和圆柱度,所以在使用锥面麻花钻钻削时,通常会在工件表面先打定位孔或者使用钻模导套。

内锥面成形法针对外锥面成形法运动多、刃磨装置复杂等问题,通过将砂轮修磨成内锥面,来简化刃磨装置、减少刃磨运动,钻头放在砂轮的内锥面上磨削,从而形成麻花钻的锥面后刀面,其刃磨原理图如图 3-9 所示。其刃磨实质是钻头刃磨时,以砂轮的回转运动为主运动,并通过调整钻头在内锥面中的不同位置即可得到钻头所需的钻尖几何角度,其刃磨参数同样有半锥角 δ、轴间角 θ、锥顶距 A、偏距 e。

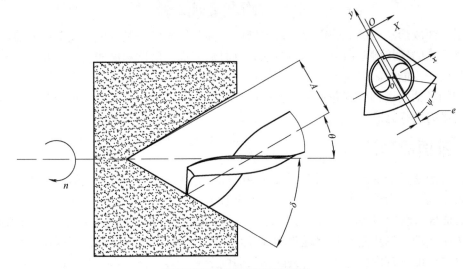

图 3-9 内锥面成形法原理图

相比外锥面成形法,内锥面成形法刃磨钻头无须摆动夹具,机床结构相对简单,刃磨运动少,且刃磨后的麻花钻钻尖几何角度分布较合理,刃磨精度较高。

3.3.3 新型锥面成形法

新型锥面成形法是基于传统锥面成形法的刃磨原理,在现有刃磨参数的基础上,再让钻头多附加了一个绕自身轴线逆时针旋转角 β,其目的是解决麻花钻后刀面在锥面刃磨过程中易出现的翘尾现象。

以传统锥面成形法刃磨时,若刃磨参数选择不当,或是以内锥面刃磨时所需的锥顶距 A 较大,麻花钻后刀面的尾部常会出现向上翘起的翘尾现象,如图 3-10(b) 所示。其翘尾减小了钻头后刀面与工件加工表面间的间隙,增大了刀具与工件之间的摩擦以及钻削扭矩,降低了钻孔质量,严重时甚至会导致钻削加工无法顺利进行。而要消除钻头后刀面的翘尾现象,往往需要对刃磨参数进行多次调整后试磨,其刃磨过程繁杂,效率较低,且刃磨后的钻头后刀面也未必能达到使用要求。

因此,在调整常规锥面刃磨参数之前,先让钻头绕自身轴线逆时针旋转一个 β 角,如图 3-11(b) 所示,其后续刃磨过程中则可以有效消除或避免钻头后刀面翘尾现象的产生。此外,新型锥面刃磨法不受钻头直径的限制,可使用范围较广。

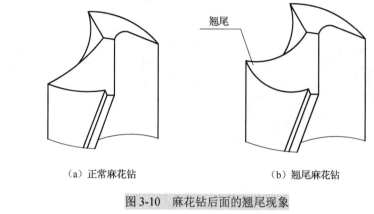

(a) 正常麻花钻　　　　　　(b) 翘尾麻花钻

图 3-10　麻花钻后面的翘尾现象

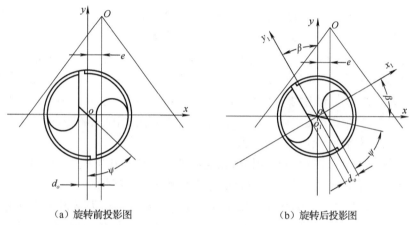

(a) 旋转前投影图　　　　　　(b) 旋转后投影图

图 3-11　麻花钻逆时针旋转示意图

3.3.4　螺旋面成形法

螺旋面成形法是为了解决麻花钻横刃较长、负前角过大而引起的轴向力过大及定心精度差等问题而设计的一种新的成形方法，其刃磨原理如图 3-12 所示，所形成的后刀面为螺旋面。

以标准麻花钻为例，刃磨钻头后刀面时，麻花钻的轴线与砂轮轴线的倾斜安装夹角为 59°，即半顶角 φ，确保钻头主切削刃与砂轮轴线平行且与砂轮外圆相切；以砂轮的回转运动 1 作为主运动，麻花钻沿着钻头轴线方向做往复直线进给运动 2 的同时，钻头绕自身轴线做旋转磨削运动 4，而各运动的合成即可实现麻花钻螺旋后刀面的刃磨，且刃磨出的钻头横刃不再是一条近似的直线刃，而是一条呈 S 形的曲线刃，如图 3-13(c) 所示，侧视为中央凸起的尖顶，如图 3-13(a) 所示，S 形横刃的两个半刃是由两条相交的弧线形成的，在钻尖末端相交为一条与钻头轴线相重合的尖点，如图 3-13(b) 所示。而当钻头多附加一个绕自身轴线的往复摆动 3 后，即可实现麻花钻变导程螺旋后刀面的刃磨。

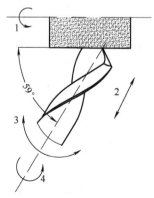

图 3-12　螺旋面成形法原理图

1-回转运动；2-直线进给运动；
3-往复摆动；4-旋转磨削运动

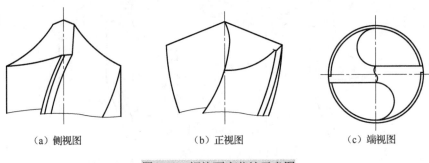

(a) 侧视图　　　　　　(b) 正视图　　　　　　(c) 端视图

图 3-13　螺旋面麻花钻示意图

与其他后刀面成形法相比,螺旋面成形麻花钻的优点主要包括以下几点。

(1) 在钻孔加工过程中具有良好的定心作用。通常采用锥面成形法刃磨麻花钻后刀面时,两后刀面的磨削余量实际上很难完全相等,影响横刃两端的对称性,从而促使钻头钻削时存在使钻头偏离加工中心的趋势,造成钻削后孔圆度较差、精度不太高。为消除或避免钻头在钻削时钻头轴线偏斜,往往需先在工件表面预打中心孔或使用钻模导套。而用螺旋面麻花钻钻孔时,由于钻头的钻尖末端为一个尖顶,且与钻头的轴线相重合,钻削时,基本不存在不对称的切削力引起钻头偏离孔中心,因此钻头容易顺利地沿中心线钻入被加工工件,不易发生锥面麻花钻产生偏离和"滑行"的现象。

(2) 提高了钻孔精度。螺旋面麻花钻的自定心作用,使钻孔精度大为改善。

(3) 降低了钻削力,提高了使用寿命。当螺旋面麻花钻外缘切削刃的前角与锥面麻花钻相同时,两者在钻心处的前角值仍存在较大差别。螺旋面麻花钻钻尖横刃处的前角接近 $-27°$,而锥面麻花钻钻尖横刃处的前角约为 $-56°$。显然,钻头横刃处的前角越大,其切削变形程度就越小,且排屑空间越大,故轴向力越小。当以孔的加工精度或加工工件的表面粗糙度作为钻头使用寿命的评定标准时,螺旋面麻花钻的寿命较锥面麻花钻提高了一倍以上。同时由于钻孔精度的提高,免去不必要的扩孔、铰孔等工序,从而显著提高了生产效率。

螺旋面麻花钻在提高钻头钻削性能的同时,由于刃磨后的钻头钻心厚度较薄,强度不高,故多适用于中等强度以下材料的钻削。

3.3.5　圆柱面成形法

麻花钻圆柱面成形法的刃磨原理如图 3-14 所示,其成形原理与锥面成形法相似,仅是将原来的圆锥面替换为圆柱面。麻花钻的两个后刀面可分别视为两个轴线交错的圆柱面 S_1 和 S_2 的一部分,而两个圆柱面的交线则形成钻头的横刃 l。此外,为使刃磨出的钻头主切削刃呈直线状,调整时需使钻头主切削刃与圆柱面的一条母线重合,如图 3-14(b) 所示。

与锥面成形法相比,圆柱面成形法更为简单,且调整参数少,但也存在一个较为严重的缺陷:钻头主切削刃的法后角 α_n 沿整个主切削刃都是相等的。而对于常规麻花钻,通常要求接近钻心的法后角 α_n 能比外缘大些,从而改善钻头的切削性能。因此,如果在圆柱面成形法的位置进行刃磨时,能让钻头自转 ω 角,则可以改善钻头主切削刃法后角 α_n 的分布,使之形成内大外小的规律。但值得注意的是,改进后的圆柱面成形法是以牺牲钻头主切削刃的直线性来改善后角分布的。主切削刃弯曲的程度与自转角 ω 有关,当 $\omega=0$ 时,主切削刃为直线刃;而 ω 越大,主切削刃的曲率越大。

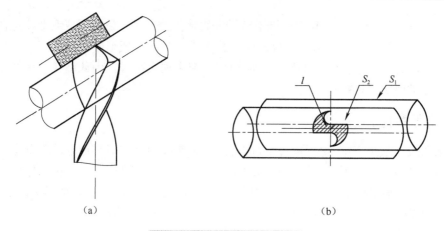

图 3-14 圆柱面成形法原理图

因此,圆柱面成形法主要用于局部刃口的刃磨,适应范围较小。但改进后的圆柱面成形法在一定范围内可以与其他后刀面成形法或其他刃磨方法组合起来应用,且调整简单,必要时可以代替锥面成形法。

3.3.6 双曲面成形法

麻花钻后面双曲面成形法就是以回转单叶双曲面的一部分作为钻头的后面。刃磨时,回转单叶双曲面与钻尖的相互位置关系如图 3-15 所示,其中 $o_o\text{-}x_oy_oz_o$ 为双曲面原始坐标系,$o_c\text{-}x_cy_cz_c$ 为钻头结构坐标系。

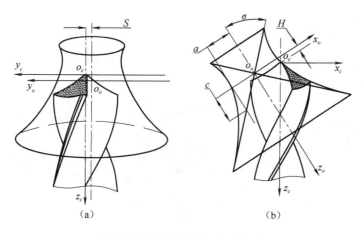

图 3-15 双曲面成形法刃磨原理图

钻头后刀面廓形取决于该回转单叶双曲面的形状特点(即取决于图 3-15 中参数 a、c 的选择)以及三个定位参数:H、S 和 σ(它们确定了钻心尖 o_c 和钻尖结构基面在回转单叶双曲面上的位置和转轴的方向;中心向距 H 是 $o_o o_c$ 在 z_o 轴上投影的长度;偏移向距 S 是 $o_o o_c$ 在 y_o 轴上投影的长度;σ 为回转轴倾斜角)。以上这几个用以描述后刀面在磨削双曲面上具体位置的参数,即 a、c、H、S、σ 称为双曲面法成形参数。

双曲面成形法可以得到锋角很小的钻尖,钻头主切削刃在钻心处呈凹形,主切削刃外缘处的锋角则逐渐增大。与传统锥面成形法相比,轴向力和扭矩均减小 24%~25%,并且钻头具有定心精度高、耐用度高等优点。然而,双曲面不像锥面后面那样有直母线(可得到直线主切削刃），可以利用普通圆形砂轮的外圆面或端面直接刃磨成形。像椭圆或双曲线这样的非直线切削刃须用成形砂轮进行刃磨，不仅砂轮修整困难，且一种成形砂轮只能刃磨一种固定几何参数的钻型，这就给该类钻型的研究和应用推广带来很大困难，因此麻花钻后面双曲面成形方法的研究进展缓慢。

3.3.7　螺旋锥面成形法

螺旋锥面成形法是在综合变导程螺旋面刃磨法和锥面刃磨法成形原理的基础上，提出的一种新的麻花钻后刀面成形法。其成形原理是使靠近钻头钻心部分的后刀面以锥面刃磨法成形为主，而靠近钻头主切削刃外缘处部分则以螺旋刃磨法成形为主。在锥面刃磨法的基础上，圆锥母线绕圆锥轴线旋转的同时，与钻头轴线的夹角也在不断地减小。

螺旋锥面成形法兼顾了变导程螺旋面刃磨法和锥面刃磨法的优点，同时弥补了两者的不足，综合性能较好，但由于其刃磨参数多、刃磨机床结构复杂，目前依旧还处于理论研究的阶段。

3.4　横刃的形成

麻花钻的横刃即指钻尖两后刀面的交线。横刃作为钻尖结构中的一个重要组成部分，钻削时最先与被加工工件接触，并通过挤压产生轴向力切削工件，因而切削条件最为恶劣。横刃对钻削性能的影响主要取决于横刃的长短和横刃刃型，同时横刃在钻削过程中还具有重要的定心导向作用。

3.4.1　横刃成形的不同刃型

目前，修磨横刃的结构形式主要有 R 刃型、X 刃型、N 刃型、S 刃型、杯刃型和无横刃型，如图 3-16 所示。

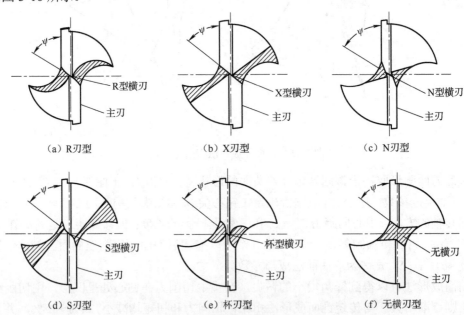

图 3-16　麻花钻横刃的修磨刃型

R 刃型的特点在于内刃与外刃上形成圆角过渡，能够有效提高内刃转点处的强度，提高刀具耐用度。

X 刃型(又称十字刃型)、N 刃型和 S 刃型都是分裂钻尖(SPLIT 钻尖)的修磨形式之一，其中 X 刃型适用于大芯厚钻头，N 刃型和 S 刃型适用于小芯厚钻头。比起后两种刃型，X 刃型修磨产生的横刃更短。S 刃型因修磨的深度较浅，故钻尖强度最好；与 X 刃型不同，S 刃型钻头具有大后角，横刃切削作用强于挤压作用，轴向力大为降低，故切削性能好；同时 S 刃型钻头的容屑槽采用较大的径向前角，有助于切屑的卷曲与断屑。但分裂钻尖横刃修磨对机床的要求较高，需采用专用机床刃磨，以保证横刃的对称性。

杯刃型横刃可有效缩短横刃长度，横刃处前角有所增大，修磨后主切削刃上形成的转折点能促进分屑和断屑。美国肯纳金属公司的 SE 钻头便采用了这种横刃修磨结构，该钻头加工铸铁时性能表现优异。

无横刃型修磨又称日略夫修磨法，采用这种修磨方式的钻头由于横刃被修穿，在钻削加工中可大大降低轴向力，从而提高进给量，钻头适用于铸铁的钻削，但由于麻花钻的钻尖强度弱，钻入过程中定心能力较差，故需要用钻模定位。

上述横刃刃型中，X 刃型和 N 刃型是当前国内刀具制造厂应用最为广泛的横刃修磨方式。然而，这两种修磨方式在内刃和外刃转折处形成了尖点，容易因应力集中造成崩缺破损，故对于横刃成形的研究有待于进一步深入分析与合理改进。

3.4.2　横刃有无的影响

钻头横刃是钻削时轴向力产生的主要来源，横刃钻削时恶劣的切削条件对钻孔的尺寸精度和表面质量有着直接或间接的影响。因此，对于横刃的去留问题一直都是诸多学者研究讨论的重点。

有研究认为，随着钻心厚度、横刃长度的增大，横刃上楔劈齿所起到的作用越强烈，轴向力越大。试验证明，单位长度轴向力沿横刃上的分布是较为平缓均匀的，钻心尖并不存在突出的轴向力尖峰。要减小横刃的轴向力，对其合理的修磨不应该是取消钻心尖，而应是缩短横刃长度、加大其前角，保留一小段钻心，从而才能保证钻入时的良好定心、切削稳定。

也有研究认为，横刃完全磨去的无横刃麻花钻，可以大大降低轴向力，比普通麻花钻要小 66%～75%，因此可提高进给量。但这种钻头多适用于钻削铸铁，并要用钻模，以进行钻孔定位，应用范围较为局限。

对于麻花钻横刃结构的改进，我们应综合考虑加工材料、刀具的使用寿命及钻削效率等各方面因素，修磨合理的横刃长度与横刃刃型，以求获得最优钻削条件，减轻切削负荷，提高刀具耐用度。

3.5　麻花钻的刃磨装置

3.5.1　麻花钻的手工刃磨

1. 刃磨方法与步骤

钻头的刃磨质量直接关系到钻削效率及钻孔加工精度与表面粗糙度。通常手工刃磨普通高速钻头时，其砂轮材料一般采用白刚玉、棕刚玉、黑碳化硅及绿碳化硅等。

(1) 刃磨前，钻头的主切削刃应大致摆平，并向砂轮靠近，且应与砂轮的中心位置保持水平。

(2) 钻头的轴线与砂轮外圆表面在水平面内的夹角应等于钻头顶角的 1/2。

(3) 右手握住钻头的头部，刃磨时使钻头绕其轴线略作转动；左手握住柄部做扇形上下摆动；同时向砂轮靠近，磨出后刀面，得出后角值；钻尾摆动时，不能高出砂轮中心的水平位置，以防止磨出负后角。

(4) 刃磨时将主切削刃在略高于砂轮水平中心平面处先接触砂轮，右手缓慢地使钻头绕自身轴线由下向上转动，同时施压，左手配合右手做缓慢的同步下压运动，压力逐渐增大，其下压的速度及幅度随要求的后角大小而变。按此法不断反复，两后刀面轮换刃磨，直至达到刃磨要求。刃磨时要观察火花的均匀性，要及时调整压力大小，并注意钻头的冷却。

2. 刃磨要点

麻花钻是复杂的双槽螺旋体结构，两条切削刃必须对称于钻头的轴线。因而在刃磨过程中应时刻注意以下几点。

(1) 钻尖中心应与钻头轴线重合。

(2) 两条切削刃与钻头轴线之间的夹角应相等。

(3) 两条切削刃的长度与高度应相等。

(4) 横刃相对于钻轴应保持左右对称，且不得有偏斜。

(5) 后角应保持左右相等，后刀面应在同一曲面上。

(6) 刃磨时，要避免因磨削温度过高而引起刃磨烧伤和钻尖缺损。

3.5.2 简易麻花钻刃磨装置

目前，国内大多数刀具制造厂对麻花钻的刃磨主要有两种：手工刃磨或在万能工具磨床上刃磨。手工刃磨质量取决于工人技术水平，刃磨精度难以保证，劳动强度大，切削刃对称性差。万能工具磨床上刃磨，机床调整较为复杂，刃磨效率低下，实际应用较少。

针对手工刃磨钻头存在的不足，在现今实际生产中通常采用麻花钻刃磨装置辅助刃磨钻头。麻花钻刃磨装置是基于麻花钻后刀面的成形原理设计研制的，可直接固定在机床工作台上，操作者可以根据麻花钻的大小，调整刃磨装置的各个部分。通过机床工作台的运动与刃磨装置的运动以及砂轮的转动，实现所需的成形运动，再调整钻头与砂轮的相对位置，从而完成钻头的刃磨。麻花钻刃磨装置有效解决了手工修磨钻头带来的一些问题，极大地提高了钻头刃磨的效率与精度。因此，本章介绍一种基于锥面成形法自主设计的简易麻花钻刃磨装置，该装置可以直接安装在外圆磨床或者平面磨床上使用，装置结构简单，刃磨参数少，刃磨精度较高，可适用于多种规格钻头的刃磨。

1. 简易麻花钻刃磨装置的结构

简易麻花钻刃磨装置如图 3-17 所示，其结构设计主要包括刃磨支撑机构 T 和钻头夹持机构 B 两部分。刃磨支撑机构 T 的结构如图 3-18 所示，包括底座 6 和设置于底座上的立柱 4，径向穿过立柱 4 设置有固定轴，固定轴由穿过立柱 4 的定位轴 9 和套在定位轴 9 一端的第二螺栓 10 组成，定位轴 9 紧靠立柱 4 的另一端连接锁紧块 8，锁紧块 8 连接有第二手柄 13，定位轴 9 通过第二螺栓 10 紧固在立柱 4 上，第二螺栓 10 尾部卡在立柱 4 上的凹槽内防止锁紧块 8 绕立柱 4 转动，定位轴 9 靠近第二螺栓 10 的一端套设有贯通腔体的连接体 11，连接体 11 具有与燕尾槽形状相匹配的凸部，径向穿过连接体 11 设置有偏心套筒 1，偏心套筒 1 内套设有定位轴3，连接体11远离定位轴9的腔体内紧挨偏心套筒1设置有柱塞12。偏心套筒1连接有第一手柄5。立柱4可以通过螺母7旋转安装于底座6上。

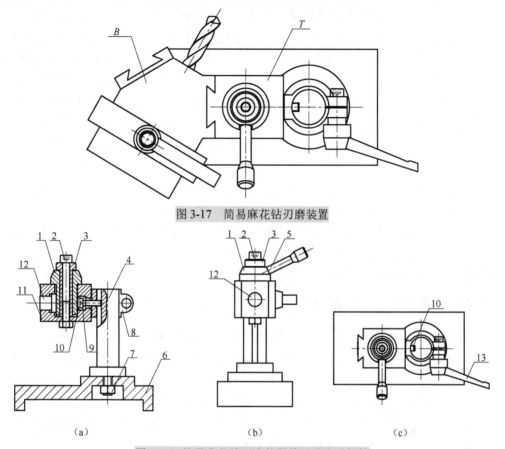

图3-17　简易麻花钻刃磨装置

图3-18　简易麻花钻刃磨装置的刃磨支撑机构

1-偏心套筒；2-第一螺栓；3-定位轴；4-立柱；5-第一手柄；6-底座；7-螺母；
8-锁紧块；9-定位轴；10-第二螺栓；11-连接体；12-柱塞；13-第二手柄

钻头夹持机构 B 的结构如图 3-19 所示，包括连接板 18 以及其上设置的与凸部结构相匹配的燕尾槽 16，连接板 18 上还设置有用于夹持麻花钻钻头的夹持部件，夹持部件包括相对设置的上夹板 15 和下夹板 17 以及调节它们之间距离的调节件，调节件通过第三手柄 14 进行调节。

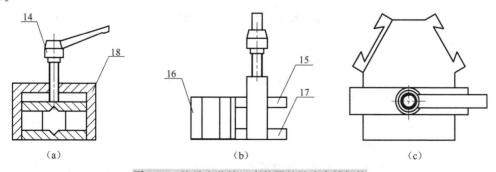

图3-19　简易麻花钻刃磨装置的钻头夹持机构

14-第三手柄；15-上夹板；16-燕尾槽；17-下夹板；18-连接板

2. 简易麻花钻刃磨装置的工作原理

麻花钻由钻头夹持机构 B 夹持，通过控制麻花钻相对于上夹板 15 的伸出量（即麻花钻的夹持长度）来间接控制刃磨参数锥顶距 A；将麻花钻绕自身轴线旋转一定的角度，完成对刃磨参数旋转角 β 的调整，拧紧第三手柄 14 使麻花钻夹紧于上夹板 15 与下夹板 17 之间；转动手柄 5 带动偏心套筒 1 旋转，从而控制柱塞 12 对燕尾槽 16 的顶紧或松开。调整燕尾槽的相对配合高度，完成对麻花钻轴线与定位轴 9 轴线之间距离的调整，即完成对刃磨参数偏距 e 的调整；钻头夹持机构 B 通过燕尾槽 16 与连接体 11 相连接，连接体 11 套在由定位轴 9 与第二螺栓 10 组成的固定轴上，定位轴 9 通过第二螺栓 10 固定在锁紧块 8 上，第二螺栓 10 尾部卡在立柱 4 上的凹槽内防止锁紧块 8 绕立柱 4 转动，锁紧块 8 通过第二手柄 13 锁紧在立柱 4 上，立柱 4 通过螺母 7 安装在底座 6 上，松开螺母 7 通过旋转立柱 4 完成对刃磨参数半锥角 δ 的调整；刃磨参数轴间角 θ 由钻头夹持机构的上、下夹板的固有几何角度确定；完成对麻花钻刃磨参数的调整后，通过手动的方法来让钻头夹持机构 B 绕着定位轴 9 往复摆转，完成对麻花钻一侧锥面后面的刃磨，然后旋转第一手柄 5 取下钻头夹持机构，将钻头夹持机构翻转 180°由另一侧燕尾槽进行定位，旋转第一手柄 5 对其进行夹紧，让钻头夹持机构继续绕着定位轴 9 往复摆转，完成对麻花钻侧后面的刃磨。

3.5.3 数控麻花钻成形机床

数控工具磨床是加工精度高、生产效率高、刃磨修磨范围广泛的刀具刃磨机床。它相对于手动工具磨床最大的区别是抛弃了手动工具磨床上的手摇滑台、特制的复杂工艺装备附件，机械结构大为简化。手动工具磨床通常由人为操纵来实现对刀具的刃磨，在数控工具磨床上则通过数控系统控制联动轴之间的运动实现对刀具的刃磨。一般数控工具磨床至少要具备三轴联动，目前比较流行的数控工具磨床多为五轴联动的，它可以用来加工任何形状的刀具。本章介绍一种基于锥面成形法的数控麻花钻成形机床。

1. 数控麻花钻成形机床的结构

数控麻花钻成形机床简图如图 3-20 所示，其机床结构设计主要包括钻头 1、机床底座 9、砂轮 14、钻夹及砂轮进给机构、钻夹及砂轮转动机构。钻头 1 由钻夹头 2 夹持，并通过钻头转盘 3 安装在钻夹装置 4 上；钻夹装置 4 通过钻夹转盘 5 与横向滑块 6 连接组成钻夹转动机构；横向滑块 6 滑动连接于横向滑轨 7 上，而横向滑轨 7 滑动连接于纵向滑轨 8 上组成钻夹进给机构，且安装在机床底座 9 上；竖向滑轨 10 也安装固定在机床底座 9 上，竖向滑块 11 滑动连接在竖向滑轨 10 上组成砂轮进给机构；砂轮转动机构由砂轮夹头 13 夹持砂轮 14，并安装在砂轮转盘 12 上。

2. 数控麻花钻成形机床的工作原理

如图 3-21 所示，通过钻夹头 2 装夹钻头 1，并测量钻头 1 未夹持长度，保证刃磨余量，再通过钻头转盘 3 安装在钻夹装置 4 上，调整钻头 1 角度，保证钻头 1 与纵向滑轨 8 方向水平，并移动至初始位置；砂轮 14 由砂轮夹头 13 夹持，并安装在砂轮转盘 12 上，旋转砂轮转盘 12，调整砂轮 14 与纵向滑轨 8 方向成 β_o 角（螺旋角 β_o）；横向滑轨 7 带动横向滑块 6 在纵向滑轨 8 上滑动，调整钻头 1 与砂轮 14 在水平方向的距离；竖向滑块 11 在竖向滑轨 10 上滑动，调整砂轮 14 与钻头 1 在垂直方向上的相对位置；钻头 1 与砂轮 14 接触，砂轮 14 定位转动，钻头 1 在纵向滑轨 8 上保持匀速进给的同时，钻头转盘 3 带动钻头 1 保持匀速转动，实现麻花钻螺旋槽的磨削成形;完成一侧刃磨,砂轮 14 退至安全位置,钻头转盘 3 带动钻头 1 旋转 180°,再次刃磨。

如图 3-22 所示,完成钻头螺旋槽刃磨后,钻头 1 与砂轮 14 移动至安全位置,再调整钻头 1 与纵向滑轨 8 方向成 θ 角(轴间角 θ),砂轮 14 与纵向滑轨 8 方向成 δ 角(半锥角 δ);砂轮 14 通过竖向滑块 11 在竖向滑轨 10 上垂直运动,调整砂轮 14 与钻头 1 的偏距 e,钻头 1 在水平方向上移动调整锥顶距 A;钻头 1 与砂轮 14 接触前,钻头 1 还需通过钻头转盘 3 逆时针旋转 β 角(逆转角 β),再利用钻头 1 在横向滑轨 7 上的滑动与砂轮 14 在竖向滑轨 10 上的滑动形成圆弧插补运动,实现麻花钻后刀面的刃磨。

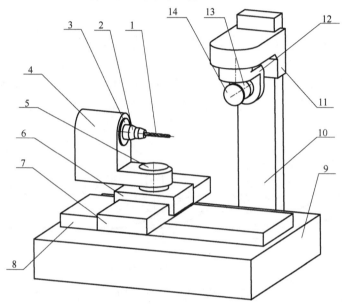

图 3-20 数控麻花钻成形机床简图

1-钻头;2-钻夹头;3-钻头转盘;4-钻夹装置;5-钻头转盘;6-横向滑块;7-横向滑轨;8-纵向滑轨;9-机床底座;
10-竖向滑轨;11-竖向滑块;12-砂轮转盘;13-砂轮夹头;14-砂轮

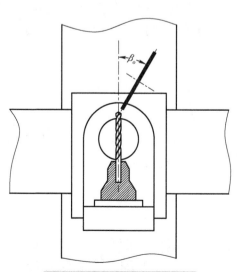

图 3-21 钻头螺旋槽成形加工

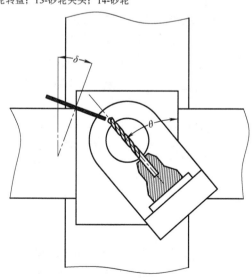

图 3-22 钻头后刀面成形加工

该数控麻花钻成形机床,简化了操作编程,解决了现有钻头刃磨机刃磨运动多、结构复杂的问题。同时通过对螺旋角 $β_o$ 的调整可实现对不同角度麻花钻螺旋槽的砂轮成形,此外,在一定参数范围内,通过对轴间角 $θ$、半锥角 $δ$、偏距 e、锥顶距 A 及逆转角 $β$ 的调整,可刃磨有不同钻尖几何参数的麻花钻后刀面,提高了适用程度和生产效率。

3.6 麻花钻的检测

3.6.1 钻头结构参数与钻尖几何角度的测量

1. 钻头结构参数测量

(1) 工作部分直径:应利用外径千分尺在靠近刀尖处测量其对称角。

(2) 工作部分直径倒锥度:如图 3-23 所示,用外径千分尺测量三点直径,A 点在刀尖处,C 点在距刃带收尾 5mm 处,B 点在 A、C 点中间。AB 间、AC 间的倒锥度都应满足要求,即 $d_A > d_B > d_C$,倒锥的数值按 100mm 长度直径差计算,倒锥度分别为 $[(d_B - d_A)/AB] \times 100$、$[(d_C - d_A)/AC] \times 100$。

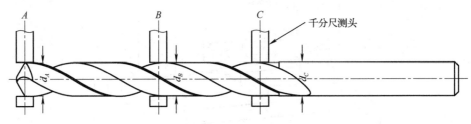

图 3-23 外径倒锥度的测量

(3) 柄部直径:直柄刀具用外径千分尺在其柄部上取三至五个位置测量,取最大偏差值;锥柄刀具用外径千分尺在锥柄的大端处测得一个数据,旋转 90°再测得一个数据,取最大值。

(4) 刀具总长及工作部分长度:用游标卡尺沿刀具轴向测量刀具两端及相应部位的长度。根据被测刀具的精度,允许用钢板尺测量。

(5) 钻心厚度及增量:如图 3-24 所示,用双尖头千分尺直接在靠近钻尖处测量钻心厚度。用双尖头千分尺在靠近钻尖处和工作部分有正常槽形长度钻心上平均取三至五个位置测量钻心增量,其读数值应从钻尖处向柄部方向逐步增大。

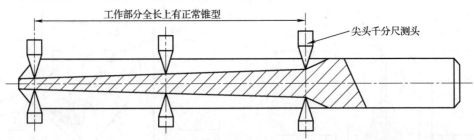

图 3-24 钻心厚度及增量的测量

(6) 刃背直径、刃带宽度及刃瓣宽度:在麻花钻工作部分靠近刀尖处,用游标卡尺直接测量刃背直径,垂直于螺旋线方向测量刃带宽度与刃瓣宽度。也可用工具显微镜或尖头千分尺测量。

2. 钻尖几何角度测量

(1) 顶角：对于麻花钻的顶角，通常可用角度极限样板或万能角度尺进行测量，其角度数值在两极限偏差内顶角即合格，如图 3-25(a) 所示。此外，也可将麻花钻水平放置在 V 形块上，利用工具显微镜对顶角进行测量，如图 3-25(b) 所示，当工具显微镜目镜米字线中心使其顶角在水平面内投影最大时，将一米字线与顶角一射线重合，再与另一射线重合，其测得值为顶角值。

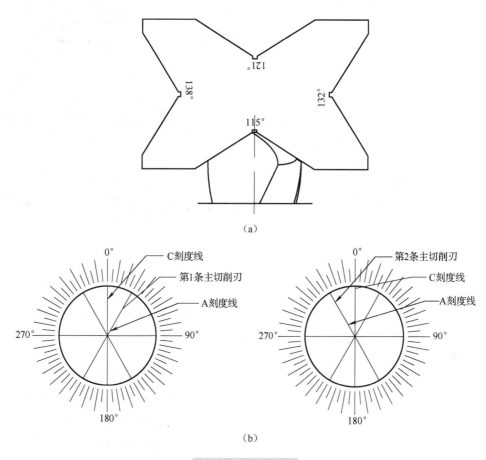

图 3-25 顶角的测量

(2) 后角：如图 3-26(a) 所示，在已知钻头螺旋角 β_o 的情况下，通过测量楔角 ω，计算出后角的数值，但这种方法只是间接测量。为准确地测量后角，应在钻头的主切削刃上任一点的柱剖面内进行。

如图 3-26(b) 所示，利用钻头的柄部定位，百分表指在主切削刃上（测量时应将表头放在钻头直径的最外缘），然后慢速转动钻头，表头从钻头主切削刃到后面最低点时，表头的被压缩量应该是逐渐减小的，而当表头指示出现压缩量增大的现象时，可能是钻头后面在刃磨过程中产生了翘尾现象，钻头需重新刃磨。如果表针指示的压缩量为每转过 1mm 时压缩量假定为 0.175mm，则可利用公式求得后角大小，即 $\tan\alpha_f = K$，当 $K=0.175$mm 时，$\alpha_f = \arctan K = \arctan 0.175 \approx 10°$。

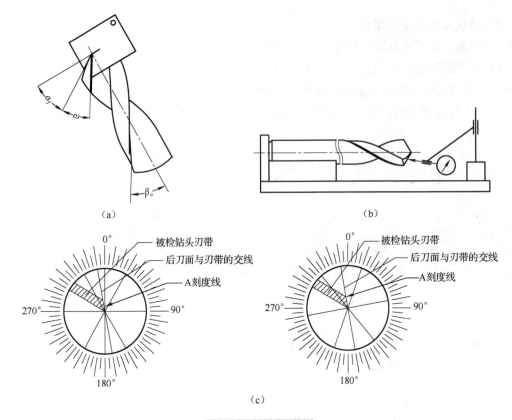

图 3-26 后角的测量

此外，也可将麻花钻水平放在 V 形铁上，利用工具显微镜，使刀尖对准工具显微镜目镜米字线中心，然后转动米字线使其与后面和刃带的交线相切，其测得值为后角值，如图 3-26(c) 所示。

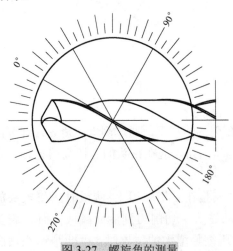

图 3-27 螺旋角的测量

(3) 横刃：横刃的测量包括横刃斜角的测量和横刃宽窄的测量，横刃斜角可用样板测量，横刃宽窄可用游标卡尺测量。此外，也可将麻花钻水平放置在 V 形铁上，利用工具显微镜，用 45°反光镜使麻花钻后面呈水平投影，将影像中的横刃同切削刃的交点与米字线的中心重合，并使目镜的纵向米字线与主切削刃重合，再转动目镜使纵向米字线与横刃重合，其测得值为横向角度。

(4) 螺旋角：如图 3-27 所示，将麻花钻水平放置在 V 形铁上，使目镜的横向米字线与麻花钻的轴线重合，然后转动米字线与刃带相切所得的角度为螺旋角 β_o。

3.6.2 钻头几何公差的测量

1. 工作部分对柄部轴线的径向圆跳动

如图 3-28 所示，将麻花钻柄部放在 V 形铁上，柄部顶靠一个定位块（锥柄麻花钻端部与定位块间加一个钢珠），将指示表测头触靠在转角处的刃带上，读取指示表的读数，然后旋转麻花钻 180°，读取另一刃带上的指示表读数，取其差值。再将测头触靠在距转角为 1/4 螺旋槽导程的刃带上，重复前述操作，取两处差值的最大值。

2．钻心对工作部分轴线的对称度

如图 3-29 所示，麻花钻工作部分放在 V 形块上，钻尖横刃顶靠一个定位块，将指示表测头触靠在钻尖处的螺旋槽槽底上，稍左右旋转麻花钻，读取指示表上最小读数，然后将麻花钻旋转 180°，读取另一槽底的指示表读数，取其差值。再将测头触靠在距钻尖为 1/4 螺旋槽导程的沟底上，重复前述操作，取两处差值的最大值。

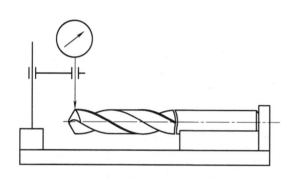

图 3-28　工作部分对柄部轴线的径向圆跳动　　　图 3-29　钻心对工作部分轴线的对称度

3．切削刃对工作部分轴线的斜向圆跳动

如图 3-30 所示，将麻花钻工作部分放在 V 形铁上，钻尖横刃顶靠一个定位块，将指示表测头垂直触靠在靠近转角处的切削刃上，读取指示表读数。旋转麻花钻，重复测量另一切削刃，读取指示表读数，取其差值。

4．螺旋槽分度误差

如图 3-31 所示，将麻花钻工作部分放在 V 形块上，钻尖横刃顶靠一个定位块，并使另一定位块顶靠在一螺旋槽周刃处，指示表测头触靠在另一螺旋槽周刃处，读取指示表读数，重复测量另一螺旋槽，读取指示表读数，取其差值。

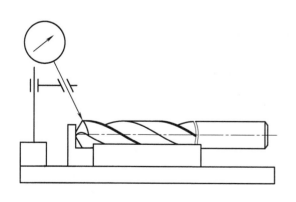 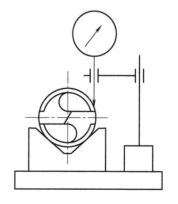

图 3-30　切削刃对工作部分轴线的斜向圆跳动　　　图 3-31　螺旋槽分度误差

3.7 本章小结

本章介绍了麻花钻的技术参数,并对麻花钻的制造工艺进行了简单分析;详细阐述了麻花钻后刀面的成形方法,并分析了这些成形方法的优缺点;重点阐述了麻花钻横刃的形成及其不同刃型的结构特点;随后,介绍了麻花钻的手工刃磨过程、刃磨装置与数控成形机床;最后介绍并分析了麻花钻的检测方法。

参 考 文 献

白海清, 高飞, 沈钰, 2018. 麻花钻刃磨装置[P]. 中国专利: CN108705385A, 2018-10-26.
白海清, 沈钰, 2018. 一种数控麻花钻成形机床[P]. 中国专利: CN208034281U, 2018-11-02.
蔡运飞, 段建中, 2008. 图解普通麻花钻与倪志福钻头[M]. 北京: 机械工业出版社.
曹正铨, 1993. 钻尖的数学模型与钻削试验研究[M]. 北京: 北京理工大学出版社.
代雪峰, 2015. 机床刀具刃磨中心的研究[D]. 汉中: 陕西理工学院.
戴俊平, 2003. 麻花钻内锥面刃磨试验[J]. 陕西理工学院学报(自然科学版), 19(01): 7-9.
傅蔡安, 时林, 郑小虎, 2007. 麻花钻后面螺旋锥面刃磨法的研究[J]. 工具技术, 41(12): 57-61.
郭延文, 黄祯祥, 2007. 不同的刃磨方法对钻头性能影响的分析[J]. 工具技术, 41(06): 85-87.
李超, 陈玲, 包进平, 2004. 麻花钻双曲面刃磨的数学模型及参数方程建立[J]. 工具技术, 38(08): 37-40.
李信能, 1992. 麻花钻后面平面磨法研究[J]. 工具技术, (05): 46-48.
罗伯勋, 1985. 麻花钻后面圆柱面刃磨法的几何分析[J]. 华中工学院学报, (02): 95-100.
倪志福, 陈璧光, 1999. 群钻——倪志福钻头[M]. 上海: 上海科学技术出版社.
王春月, 白海清, 荆浩旗, 等, 2014. 麻花钻后面螺旋面刃磨法的三维实体建模[J]. 机械设计与制造, (06): 185-187.
王忠魁, 何宁, 戴俊平, 1997. 麻花钻内锥面刃磨法[J]. 工具技术, (10): 13-16.
王忠魁, 刘忠仁, 黎汉杰, 1998. 麻花钻锥面刃磨中翘尾现象的研究[J]. 陕西理工学院学报(自然科学版), (02): 3-8.
肖思来, 2013. 一种变参数螺旋槽深孔麻花钻及其钻削实验研究[D]. 长沙: 湖南大学.
杨洁淑, 1985. 刀具刃磨技术[M]. 北京: 中国农业机械出版社.
杨柳, 2016. 麻花钻后面线切割成形机的设计与研究[D]. 汉中: 陕西理工学院.
袁哲俊, 刘华明, 2008. 金属切削刀具设计手册[M]. 北京: 机械工业出版社.
赵建敏, 查国兵, 2014. 常用孔加工刀具[M]. 北京: 中国标准出版社.
周志雄, 2001. 一种新型钻头及其刃磨技术的研究[D]. 长沙: 湖南大学.

第 4 章 麻花钻的数学模型

数学模型是利用数学语言,通过抽象与简化的方式,近似反映特定的几何问题或客观事物之间关系的数学结构。它对于我们理解事物本身以及推导事物发展的客观规律都具有十分重要的意义。因此,在对麻花钻的几何结构与钻尖几何角度深入分析的基础上,结合麻花钻的成形原理,对麻花钻的几何参数进行细致的定量分析,确立完善的麻花钻前刀面与后刀面数学模型,建立准确的数学关系式,是我们在麻花钻刀具学习过程中必不可少的环节之一。

4.1 麻花钻前刀面的数学模型

麻花钻的前刀面是由特定的端截形沿钻头轴线作螺旋运动形成的螺旋面,它与后刀面的交线构成了麻花钻的主切削刃。因而,前刀面的形状和大小对主切削刃的形状及钻头的切削性能都有着直接影响,同时也影响着麻花钻容屑、排屑能力以及刀具自身的强度和刚度。此外,麻花钻前刀面形状的复杂程度也取决于加工前刀面的刀具形状及加工方法。目前,大多数刀具制造厂多是通过不同的钻头刃沟铣刀和机床调整参数,以加工出相同的螺旋槽,其加工过程极大地依赖操作人员的技术与经验,刀具制造精度及生产效率低下,且机床调整复杂、难度大。

通常对于麻花钻前刀面数学模型的讨论主要可分为两个方面:一是给定钻头刃沟铣刀轴向截形求解螺旋槽径向截形,称为正问题;二是根据所需螺旋槽的径向截形求解钻头刃沟铣刀的轴向截形,称为反问题。而实际上,反问题的求解方法在当前刀具制造生产中的应用最为广泛。对此,建立严谨、准确的螺旋槽径向截形的数学模型则显得十分重要。

4.1.1 麻花钻的端面截形

过钻头的工作部分且垂直于钻头轴线的截平面,即钻头螺旋槽的径向截形。目前,钻头刀具制造中最为典型的钻头端截形主要包括:圆弧刃背型、菱形等前角型、增大钻心型、菱形直线刃型、传统型,如图 4-1 所示。本章以传统型为例,分析麻花钻端面截形的轮廓特征,

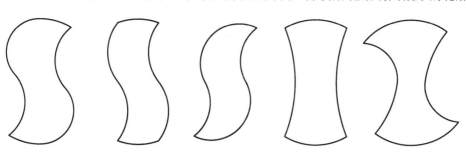

(a) 圆弧刃背型　　(b) 菱形等前角型　　(c) 增大钻心型　　(d) 菱形直线刃型　　(e) 传统型

图 4-1　钻头的典型端面截形

如图 4-2 所示。由图 4-2 分析可知，线段 AB 为钻刃曲线，BC 为槽底曲线，CD 为刃背曲线，DE 为刃带曲线。按照标准麻花钻的习惯称呼，将线段 AB、BC 合称为钻槽部分，CD、DE 合称为钻背部分，而 BC、CD 又可称为钻瓣。

对于麻花钻螺旋槽径向截形钻槽部分的实际轮廓曲线，其实质上是由一段或多段相切圆弧组成的，目的是构成平滑的曲线，避免钻头因热处理而产生裂纹，同时也为了便于钻削加工时切屑的排出。本章通过三段相切圆弧建立了麻花钻螺旋槽径向截形的数学模型，如图 4-3 所示。

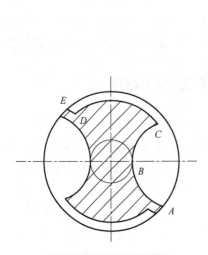

图 4-2 钻头端截面截形

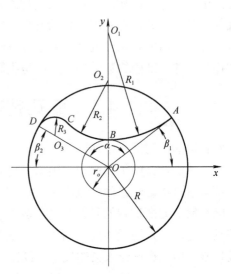

图 4-3 三圆弧螺旋槽径向截形简图

由图 4-3 可知，圆弧 AB、BC 相切于点 B 且与基圆相切。为了便于数学模型的公式推导，故将圆弧 CD 反向相切圆弧 BC 于点 C，圆弧 CD 和钻头外圆切于点 D。已知钻头半径 R，钻心半径 r_o，OA 与 X 轴的夹角 β_1，A、D 两点的中心角 α，圆弧 CD 的半径 R_3。可求出 OD 与 X 轴负方向的夹角 $\beta_2 = \pi - \beta_1 - \alpha$，其三圆弧螺旋槽数学模型如下。

圆弧 AB：

$$\begin{cases} x_1 = R_1 \cos u_1 \\ y_1 = R_1 + r_o + R_1 \sin u_1 \end{cases} \tag{4.1}$$

圆弧 BC：

$$\begin{cases} x_2 = R_2 \cos u_2 \\ y_2 = y_{O_2} + R_2 \sin u_2 \end{cases} \tag{4.2}$$

圆弧 CD：

$$\begin{cases} x_3 = x_{O_3} + R_3 \cos u_3 \\ y_3 = y_{O_3} + R_3 \sin u_3 \end{cases} \tag{4.3}$$

式中，R_1 为圆弧 AB 的半径，且 $R_1 = \dfrac{2Rr_o \sin \beta_1 - R^2 - r_o^2}{2r_o - 2R \sin \beta_1}$；$R_2$ 为圆弧 BC 的半径，且 $R_2 = y_{O_2} - r_o$；

R_3 为圆弧 CD 的半径；y_{O_2} 为 O_2 点的纵坐标，且 $y_{O_2} = \dfrac{(R-R_3)^2 - (R_3-r_o)^2}{2(R_3-r_o) + 2\sin\beta_2(R-R_3)}$；$x_{O_3}$ 为 O_3 点的横坐标，且 $x_{O_3} = -(R-R_3)\cos\beta_2$；$y_{O_3}$ 为 O_3 点的纵坐标，且 $y_{O_3} = (R-R_3)\sin\beta_2$；$u_1$ 为圆弧 AB 的圆心角，其取值范围为 $[\dfrac{3\pi}{2}, \dfrac{3\pi}{2} + \arccos\dfrac{R_1^2 + (R_1+r_o)^2 - R^2}{2R_1(R_1+r_o)}]$；$u_2$ 为圆弧 BC 的圆心角，其取值范围为 $[\dfrac{3\pi}{2} - \arcsin\dfrac{\cos\beta_2(R-R_3)}{R_2+R_3}, \dfrac{3\pi}{2}]$；$u_3$ 为圆弧 CD 的圆心角，其取值范围为 $[\arcsin\dfrac{y_{O_2} - (R-R_3)\sin\beta_2}{R_2+R_3}, \pi - \beta_2]$。

根据上述三圆弧螺旋槽截形的推导延伸可知，当 $R_3=0$，$\beta_1 \neq \beta_2$ 时，为两圆弧模型；当 $R_3=0$，$\beta_1 = \beta_2$ 时，为一圆弧模型。

4.1.2 麻花钻的钻刃曲线方程

通常当麻花钻的顶角 $2\varphi=118°$ 时，钻头主切削刃呈直线刃型。在麻花钻的钻尖处建立 $o\text{-}xyz$ 坐标系，y 轴平行于主切削刃投影方向，z 轴与钻头轴线重合，如图 4-4 所示。

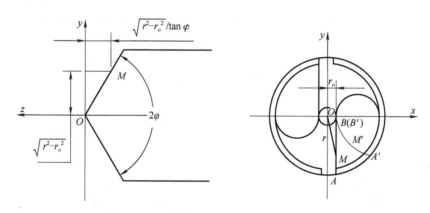

图 4-4 钻头投影图

在钻头主切削刃 AB 上任取一点 M 的坐标为

$$\begin{cases} x = r_o \\ z = y/\tan\varphi \end{cases} \quad (4.4)$$

式中，r_o 为钻心半径；φ 为钻头半顶角。

为建立钻刃曲线的参数方程，将钻头直线主切削刃 AB 看作点的组合，再将组合点沿螺旋面旋进到钻头($z=0$)截面，重新连接成的新曲线 $A'B'$ 即钻刃曲线。设主切削刃上任意一点 M，由初始位置沿螺旋面旋进到钻头截面 M' 点位置，M 点沿 z 轴移动距离为 $\sqrt{r^2 - r_o^2}/\tan\varphi$，绕 z 轴逆时针转过的角度为 u（麻花钻螺旋槽多为右旋，u 值正负根据右手螺旋定则判断，顺时针为正，逆时针为负），如图 4-5 所示，则

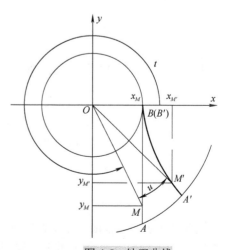

图 4-5 钻刃曲线

$$\begin{cases} u = -z/p \\ z = \sqrt{r^2 - r_o^2}/\tan\varphi \\ p = L/2\pi \\ L = 2\pi R/\tan\beta_o \end{cases}, \quad u = -\frac{\tan\beta_o}{R\tan\varphi}\sqrt{r^2 - r_o^2} \tag{4.5}$$

式中，z 为 M 点沿 z 轴移动距离(mm)；r 为钻头主切削刃上点 M 的半径(mm)；r_o 为钻心半径(mm)；φ 为钻头半顶角(°)；p 为螺旋参数，即螺旋线绕 z 轴转过单位角度时，沿轴线方向移动的距离(mm)；L 为钻头螺旋槽导程(mm)；R 为钻头半径(mm)；β_o 为螺旋角(°)。

根据图 4-5 与向量旋转公式可知，M' 点的坐标为

$$x_{M'} = |OM'|\cos(t+u) = |OM'|\cos t \cos u - |OM'|\sin t \sin u$$

式中，t 为麻花钻主切削刃上选定点 M 的角度参数。

因为

$$|OM| = |OM'|, \quad |OM'|\cos t = x_M = r_o, \quad |OM'|\sin t = y_M = \sqrt{r^2 - r_o^2}$$

则

$$x_{M'} = r_o \cos u - \sqrt{r^2 - r_o^2} \sin u \tag{4.6}$$

同理

$$y_{M'} = |OM'|\sin(t+u) = |OM'|\sin t \cos u + |OM'|\cos t \sin u$$

则

$$y_{M'} = r_o \sin u + \sqrt{r^2 - r_o^2} \cos u \tag{4.7}$$

联立式(4.6)与式(4.7)，则钻刃曲线参数方程为

$$\begin{cases} x_{M'} = r_o \cdot \cos u - \sqrt{r^2 - r_o^2} \cdot \sin u \\ y_{M'} = r_o \cdot \sin u + \sqrt{r^2 - r_o^2} \cdot \cos u \end{cases} \tag{4.8}$$

将式(4.5)代入式(4.8)得

$$\begin{cases} x_{M'} = r_o \cdot \cos\left(\dfrac{\tan\beta_o}{R\cdot\tan\varphi}\sqrt{r^2 - r_o^2}\right) + \sqrt{r^2 - r_o^2}\cdot\sin\left(\dfrac{\tan\beta_o}{R\cdot\tan\varphi}\sqrt{r^2 - r_o^2}\right) \\ y_{M'} = -r_o \cdot \sin\left(\dfrac{\tan\beta_o}{R\cdot\tan\varphi}\sqrt{r^2 - r_o^2}\right) + \sqrt{r^2 - r_o^2}\cdot\cos\left(\dfrac{\tan\beta_o}{R\cdot\tan\varphi}\sqrt{r^2 - r_o^2}\right) \end{cases} (r_o \leqslant r \leqslant R) \tag{4.9}$$

4.1.3 麻花钻螺旋槽的参数方程

麻花钻的刃沟由两个螺旋面组成，由图 4-2 可知，螺旋刃沟端截面廓形的一半(即 AB 段)构成了钻头主刃，其廓形应满足下述要求，即钻尖按预定的原始锋角 $2\varphi_o$ 进行刃磨时，应形成直线主刃；而另一半廓形(BC 段)则根据钻头刚度、强度、排屑空间以及其他特殊要求来进行设计。因此，钻头前刀面是以直线主刃 AB 作为母线沿钻轴作螺旋运动而形成螺旋面，其螺旋导程为 L。

如图 4-6 所示，设钻头有两个坐标系，一个为 $o_c\text{-}x_cy_cz_c$ 静止坐标系，即结构坐标系，其中 z_c 轴与钻轴重合，x_c 轴平行于结构基面；另一个为移动坐标系 $o\text{-}xyz$，初始时两坐标系相重合。此时，两坐标原点 o_c 与 o 并不是钻心尖 O(即横刃中点)，而是两钻头主刃在结构基面上的叠交点，O 与 o_c 的距离记为 Δ。

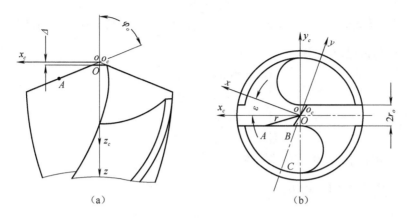

图 4-6 钻头前刀面坐标系与螺旋面形成

设 A 为母线上任意一点,则母线在移动坐标系中的方程为

$$\begin{cases} x = \sqrt{r^2 - r_o^2} \\ y = -r_o \\ z = \dfrac{\sqrt{r^2 - r_o^2}}{\tan \varphi_o} \end{cases} \tag{4.10}$$

设移动坐标系与母线一同作螺旋运动(右旋)、导程为 L,则转动 ε 角,相应沿 z 轴移动距离为 $\dfrac{L\varepsilon}{2\pi}$,母线相对静止坐标系的参数方程即麻花钻螺旋面(前刀面)的参数方程。利用矩阵变换,将移动坐标系转换到静止坐标系中,则坐标转换关系为

$$\begin{bmatrix} 1 \\ x_c \\ y_c \\ z_c \end{bmatrix} = \begin{bmatrix} 1 & 0 & 0 & 0 \\ 0 & \cos\varepsilon & -\sin\varepsilon & 0 \\ 0 & \sin\varepsilon & \cos\varepsilon & 0 \\ \dfrac{L\varepsilon}{2\pi} & 0 & 0 & 1 \end{bmatrix} \begin{bmatrix} 1 \\ x \\ y \\ z \end{bmatrix} \tag{4.11}$$

故麻花钻前刀面在 o_c-$x_c y_c z_c$ 静止坐标系中的参数方程为

$$\begin{cases} x_c = \sqrt{r^2 - r_o^2} \cos\varepsilon + r_o \sin\varepsilon \\ y_c = \sqrt{r^2 - r_o^2} \sin\varepsilon - r_o \cos\varepsilon \\ z_c = \dfrac{\sqrt{r^2 - r_o^2}}{\tan\varphi_o} + \dfrac{L\varepsilon}{2\pi} = \dfrac{\sqrt{r^2 - r_o^2}}{\tan\varphi_o} + \dfrac{r\varepsilon}{\tan\beta} \end{cases} \tag{4.12}$$

式中,r 为钻头切削刃上任一点的位置半径(mm),$r^2 = x_c^2 + y_c^2$;ε 为钻头切削刃母线的旋转角(°);φ_o 为钻头的原始半锋角(°);r_o 为钻心半径(mm);L 为螺旋槽导程(mm),$\dfrac{r}{\tan\beta} = \dfrac{L}{2\pi} = \dfrac{R}{\tan\beta_o}$,$\beta_o$ 为钻头的螺旋角(°),β 为螺旋面在该点的螺旋角(°),R 为钻头半径(mm)。

以上 r、ε 为参变量，且由于 $\cos\mu = \dfrac{\sqrt{r^2-r_o^2}}{r}$；$\sin\mu = \dfrac{r_o}{r}$，则麻花钻前刀面在 $O\text{-}x_c y_c z_c$ 坐标系中的参数方程还可以写成：

$$\begin{cases} x_c = r\cos(\varepsilon - \mu) \\ y_c = r\sin(\varepsilon - \mu) \\ z_c = \dfrac{r\cos\mu}{\tan\varphi_o} + \dfrac{r\varepsilon}{\tan\beta} - \Delta \end{cases} \qquad (4.13)$$

式中，μ 为钻头切削刃上选定点的钻心角(°)。

4.1.4 麻花钻主刃与前角的几何角度分析

麻花钻的切削性能取决于钻体刃沟形式、钻尖切削刃形以及前角的大小和分布情况。因此，深入研究分析钻体螺旋刃沟的结构特点以及钻尖前角与刃沟槽型、切削刃参数之间的关系，对提高钻头的切削性能具有重要意义。

1. 麻花钻的前角与结构前角

1) 结构法前角 γ_{nc}

根据前角定义可知，钻头主刃上任意一点 A 结构法前角是在主刃法平面 p_n 内前面的切线与结构基面(x_c-z_c)之间的夹角，如图4-7所示。利用矩阵变换，将 $o_c\text{-}x_c y_c z_c$ 坐标系变换到 $o_1\text{-}x_1 y_1 z_1$ 坐标系中，其坐标变换关系为

$$\begin{bmatrix} 1 \\ x_1 \\ y_1 \\ z_1 \end{bmatrix} = \begin{bmatrix} 1 & 0 & 0 & 0 \\ -\sqrt{r^2-r_o^2} & \sin\varphi_o & 0 & \cos\varphi_o \\ r_o & 0 & 1 & 0 \\ \dfrac{-\sqrt{r^2-r_o^2}}{\tan\varphi_o} & -\cos\varphi_o & 0 & \sin\varphi_o \end{bmatrix} \begin{bmatrix} 1 \\ x_c \\ y_c \\ z_c \end{bmatrix} \qquad (4.14)$$

故麻花钻前面在 $o_1\text{-}x_1 y_1 z_1$ 坐标系中的参数方程为

$$\begin{cases} x_1 = \sin\varphi_o\left(\sqrt{r^2-r_o^2}\cos\varepsilon + r_o\sin\varepsilon - \sqrt{r^2-r_o^2}\sin\varphi_o\right) + \cos\varphi_o\left(\dfrac{\sqrt{r^2-r_o^2}}{\tan\varphi_o} + \dfrac{r\varepsilon}{\tan\beta} - \cos\varphi_o\sqrt{r^2-r_o^2}\right) \\ y_1 = \sqrt{r^2-r_o^2}\sin\varepsilon - r_o\cos\varepsilon + r_o \\ z_1 = -\cos\varphi_o\left(\sqrt{r^2-r_o^2}\cos\varepsilon + r_o\sin\varepsilon - \sqrt{r^2-r_o^2}\right) + \sin\varphi_o\dfrac{r\varepsilon}{\tan\beta} - \dfrac{\sqrt{r^2-r_o^2}}{\tan\varphi_o} \end{cases}$$

$$(4.15)$$

A 点的结构法前角 γ_{nc} 应为 $\tan\gamma_{nc} = \dfrac{\partial y_1}{\partial z_1}$，则结构法前角公式为

$$\tan\gamma_{nc} = \dfrac{\partial y_1}{\partial z_1}\bigg|_{A(0,0,0)} = \left(\dfrac{\partial y_1}{\partial r}\cdot\dfrac{\partial r}{\partial z_1} + \dfrac{\partial y_1}{\partial \varepsilon}\cdot\dfrac{\partial \varepsilon}{\partial z_1}\right)\bigg|_{\varepsilon=0} = \dfrac{\sqrt{r^2-r_o^2}}{-\cos\varphi_o r_o + \sin\varphi_o\dfrac{r}{\tan\beta}} = \dfrac{\cos\mu\tan\beta}{\sin\varphi_o - \tan\beta\cos\varphi_o\sin\mu}$$

$$(4.16)$$

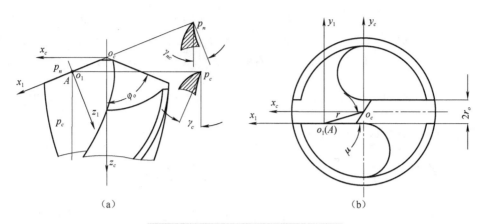

图 4-7 结构法前角与结构前角示意图

2) 结构前角 γ_c

结构前角 γ_c 是在平行于钻轴且垂直于结构基面的轴向测量平面内前面的切线与结构基面 (x_c-z_c) 之间的夹角，如图 4-7 所示。

根据麻花钻前面在 o_c-$x_c y_c z_c$ 坐标系中的参数方程式(4.12)，其坐标变换关系为

$$\tan\gamma_c = \left.\frac{\partial y_c}{\partial z_c}\right|_{A(x_{cA}, y_{cA}, z_{cA})} = \left.\left(\frac{\partial y_c}{\partial r}\cdot\frac{\partial r}{\partial z_c} + \frac{\partial y_c}{\partial \varepsilon}\cdot\frac{\partial \varepsilon}{\partial z_c}\right)\right|_{\varepsilon=0} = \sqrt{r^2 - r_o^2}\cdot\frac{\tan\beta}{r} = \cos\mu\tan\beta \quad (4.17)$$

2. 麻花钻前刀面的通用公式

由前述可知，麻花钻的前刀面是一条与钻心圆柱面相切直线主刃作螺旋运动所形成的螺旋面。但当钻头主刃为一空间曲线时，要研究它所形成的螺旋面，则需要分析它的通用数学表达式，进而研究其前角的变化情况，为创新和分析新型前刀面的麻花钻结构提供有效途径。

当钻头切削刃为空间曲线 Γ 作螺旋运动所形成的螺旋面(图 4-8)，其参数方程可表示为

$$\Gamma\begin{cases} x(u), y(u), z(u) \\ x(u,\varepsilon), y(u,\varepsilon), z(u,\varepsilon) \end{cases}$$

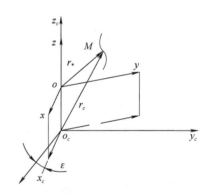

图 4-8 螺旋面与形成母线

此曲线(母线 Γ)在移动坐标中的参数方程用曲线上任一点 M 的向径 r_* 来表示，则有

$$r_*(u) = \begin{bmatrix} x(u) \\ y(u) \\ z(u) \end{bmatrix} \quad (4.18)$$

式中，u 为母线的参变数。

当此母线随同移动坐标系(o-xyz)对静止坐标系(o_c-$x_c y_c z_c$)作螺旋运动时，即原点 o，沿 z_c 轴匀速移动($p\varepsilon$)，同时绕 z_c 轴匀速转动，旋转角为 ε(右旋)，p 为螺旋参数，则母线对静止坐标系以 u、ε 为参数变量的矢量表达式即螺旋面的矢量方程。利用矩阵变换，将移动坐标系变换到静止坐标系中，即可得到麻花钻螺旋面的矢量方程为

$$r_c(u,\varepsilon) = \begin{bmatrix} \cos\varepsilon & -\sin\varepsilon & 0 \\ \sin\varepsilon & \cos\varepsilon & 0 \\ 0 & 0 & 1 \end{bmatrix} \begin{bmatrix} x(u) \\ y(u) \\ z(u) \end{bmatrix} + \begin{bmatrix} 0 \\ 0 \\ p\varepsilon \end{bmatrix} = \begin{bmatrix} x(u)\cos\varepsilon - y(u)\sin\varepsilon \\ x(u)\sin\varepsilon + y(u)\cos\varepsilon \\ z(u) + p\varepsilon \end{bmatrix} \quad (4.19)$$

式中，p 为螺旋槽螺旋参数，$p = \dfrac{L}{2\pi} = \dfrac{r}{\tan\beta}$；$L$ 为螺旋槽导程(mm)；r 为钻头主刃上任一点的位置半径(mm)；β 为该点的螺旋角(°)。

4.2 麻花钻后刀面平面成形法的数学模型

根据麻花钻后刀面平面成形法的成形原理建立 $O\text{-}XYZ$ 正交坐标系，如图 4-9 所示，坐标原定 O 为两主刃在结构基面上的叠交点，Z 轴与钻头轴线重合，X 轴平行于结构基面；另外，再建立 $o\text{-}xyz$ 正交坐标系，其中原点 o 为钻心尖，z 轴为钻轴，x 轴与 X 轴平行于同一平面且两轴间的投影夹角为 β。砂轮磨削表面与钻头轴线的夹角为 θ。

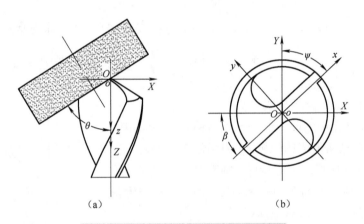

图 4-9 麻花钻后刀面平面成形法原理图

原点 O 与 o 初始不重合，当两原点重合时，麻花钻后刀面为平面，左右两刃平面后刀面在 $O\text{-}XYZ$ 坐标系中的方程分别为

$$X = \pm Z\tan\theta \quad (4.20)$$

利用矩阵变换，原点不动，将 $O\text{-}XYZ$ 正交坐标系绕钻轴旋转一个 β 角，变换到 $o\text{-}xyz$ 正交坐标系中，则坐标变换关系为

$$\begin{bmatrix} X \\ Y \\ Z \end{bmatrix} = \begin{bmatrix} \cos\beta & \sin\beta & 0 \\ -\sin\beta & \cos\beta & 0 \\ 0 & 0 & 1 \end{bmatrix} \begin{bmatrix} x \\ y \\ z \end{bmatrix} \quad (4.21)$$

将式(4.21)代入式(4.20)，则得到麻花钻平面后刀面的方程分别为

$$x\cos\beta + y\sin\beta = \pm z\tan\theta \quad (4.22)$$

两个刃磨平面相交形成的交线即横刃，则横刃斜角 ψ 为

$$\psi = \frac{\pi}{2} - \beta \tag{4.23}$$

钻头前刀面与磨削面的交线为直线切削刃，两条主刃在结构基面上投影的夹角为锋角 $2\varphi_o$，其表达式为

$$\tan\varphi_o = \frac{\tan\theta}{\sin\psi} = \frac{\tan\theta}{\cos\beta} \tag{4.24}$$

平面钻头的横刃斜角 ψ 与锋角 $2\varphi_o$ 的大小取决于刃磨参数 θ 和 β。此外，钻头的横刃前、后角与刃磨参数 θ 有关，当刃磨参数给定时，其表达式为

$$\gamma_\psi = -\theta \tag{4.25}$$

$$\alpha_\psi = \frac{\pi}{2} - \theta \tag{4.26}$$

在钻头主刃上任取一点 A，其进给方向后角 α_f 求解过程如下。过点 A 且垂直于位置半径并与钻头平行的假定进给平面的参数方程为

$$x - \sqrt{r^2 - r_o^2} = \tan\mu(y + r_o) \tag{4.27}$$

联立式(4.22)和式(4.27)求解：

$$\tan\alpha_f = \cos\mu \left.\frac{\mathrm{d}Z}{\mathrm{d}Y}\right|_A = \frac{\cos(\psi - \mu)}{\tan\varphi_o \sin\psi} = \frac{\cos(\psi - \mu)}{\tan\theta} = \frac{\sin(\beta + \mu)}{\tan\theta} \tag{4.28}$$

式中，μ 为钻头切削刃任一选定点的钻心角(°)，$\cos\mu = \frac{\sqrt{r^2 - r_o^2}}{r}$，$\sin\mu = \frac{r_o}{r}$，$r$ 为切削刃选定点的位置半径(mm)，r_o 为钻心半径(mm)。

由式(4.28)可知，切削刃处后角 α_f 是由刃磨参数(θ、β)及其选定点的位置半径 r 决定的。θ 越大，则 α_f 减小；β 越大，则 α_f 越大；r 越大，则 μ 越小，进而 α_f 越小，即后角值符合内大外小的分布变化规律，与锥面刃磨法类似。

4.3 麻花钻后刀面锥面成形法的数学模型

4.3.1 锥面后刀面的数学模型

1. 锥面后刀面方程

根据麻花钻后刀面锥面刃磨法的成形原理建立 O-XYZ 正交坐标系，如图 4-10 所示，坐标原点 O 为理想圆锥面锥顶，Z 轴与圆锥面的轴线重合，Y 轴与圆锥面轴线垂直；另外，再建立 o-xyz 正交坐标系，其中原点 o 为钻头轴线与 Z 轴的交点，z 轴即钻头轴线，y 轴与麻花钻中剖面重合且与钻头轴线垂直，砂轮轴线与 Z 轴负方向的夹角即半锥角 δ。

在坐标系 O-XYZ 中，由几何关系得到麻花钻后刀面的锥面方程为

$$X^2 + Y^2 = Z^2 \tan^2\delta \tag{4.29}$$

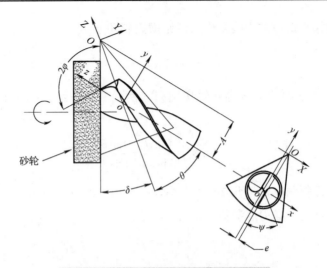

图 4-10 麻花钻后刀面锥面刃磨法原理图

令坐标系 $O\text{-}XYZ$ 先沿 Z 轴负方向平移 $A/\sin\theta$ 的距离，再沿 X 轴负方向平移 e 的距离，使两坐标系原点重合，即 O 点与 o 点重合，然后让 $O\text{-}XYZ$ 绕 OX 轴逆时针旋转角度 θ（θ 为轴间角，即钻头轴线与圆锥面的轴线之间的夹角，当钻头为标准麻花钻时，$\theta+\delta=59°$），经过平移和旋转变化使两坐标重合，坐标变换关系为

$$\begin{bmatrix} X \\ Y \\ Z \end{bmatrix} = \begin{bmatrix} -e \\ 0 \\ -\dfrac{A}{\sin\theta} \end{bmatrix} + \begin{bmatrix} 1 & 0 & 0 \\ 0 & \cos\theta & -\sin\theta \\ 0 & \sin\theta & \cos\theta \end{bmatrix} \begin{bmatrix} x \\ y \\ z \end{bmatrix} \tag{4.30}$$

将式(4.30)代入式(4.29)中，可得到麻花钻后刀面的方程为

$$(x-e)^2 + (y\cos\theta - z\sin\theta)^2 = \left(y\sin\theta + z\cos\theta - \frac{A}{\sin\theta}\right)^2 \tan^2\delta \tag{4.31}$$

同理可知麻花钻对侧后刀面坐标系的变化，其坐标变换矩阵为

$$\begin{bmatrix} X \\ Y \\ Z \end{bmatrix} = \begin{bmatrix} e \\ 0 \\ -\dfrac{A}{\sin\theta} \end{bmatrix} + \begin{bmatrix} 1 & 0 & 0 \\ 0 & \cos\theta & \sin\theta \\ 0 & -\sin\theta & \cos\theta \end{bmatrix} \begin{bmatrix} x \\ y \\ z \end{bmatrix} \tag{4.32}$$

将式(4.32)代入式(4.29)中，可得麻花钻对侧后刀面的方程为

$$(x+e)^2 + (y\cos\theta + z\sin\theta)^2 = \left(-y\sin\theta + z\cos\theta - \frac{A}{\sin\theta}\right)^2 \tan^2\delta \tag{4.33}$$

2. 直圆柱剖面中后角的方程

麻花钻的后角是在以钻头轴线为轴心的直圆柱剖面内测量的，如图 4-11 所示，对于钻头主切削刃上的任意一点 A，麻花钻锥面后刀面与过 A 点的直圆柱剖面的交线 AC，与过 A 点的切削速度方向 AB 的夹角即 A 点的后角 α。

在坐标系 $o\text{-}xyz$ 中，直圆柱面的方程表示为

$$x^2 + y^2 = r^2 \tag{4.34}$$

式中，r 为钻头主切削刃上点 A 的半径。

如图 4-12 所示，设钻头主切削刃上 A 点的角度参数为 t，联立式(4.31)与式(4.34)，则麻花钻直圆锥面与直圆柱面交线的参数方程为

$$\begin{cases}(x-e)^2+(y\cos\theta-z\sin\theta)^2=\left(y\sin\theta+z\cos\theta-\dfrac{A}{\sin\theta}\right)^2\tan^2\delta\\ x=r\cos t,\ y=r\sin t\end{cases} \quad (4.35)$$

式中，t 为麻花钻主切削刃上选定点的角度参数。

点 A 在圆柱剖面中的后角 α 为

$$\tan\alpha=\frac{\mathrm{d}z}{\mathrm{d}(r\cdot t)}=\frac{1}{r}\cdot\frac{\mathrm{d}z}{\mathrm{d}t} \quad (4.36)$$

由式(4.35)求出 $\dfrac{\mathrm{d}z}{\mathrm{d}t}$，将其代入式(4.36)求得

$$\tan\alpha=\frac{1}{\sqrt{x^2+y^2}}\cdot\frac{(y\cos\theta-z\sin\theta)x\cos\theta-y(x-e)-\tan^2\delta\left(z\cos\theta+y\sin\theta-\dfrac{A}{\sin\theta}\right)x\sin\theta}{(y\cos\theta-z\sin\theta)\sin\theta+\tan^2\delta\left(z\cos\theta+y\sin\theta-\dfrac{A}{\sin\theta}\right)\cos\theta} \quad (4.37)$$

式中，x、y、z 为麻花钻主切削刃上 A 点的坐标。

设：
$$\begin{cases}Q=y\sin 2\theta+2\cos\theta\tan^2\delta\left(y\sin\theta-\dfrac{A}{\sin\theta}\right)\\ R=\sin^2\theta-\cos^2\theta\tan^2\delta\\ H=(x-e)^2+y^2\cos^2\theta-y^2\sin^2\theta\tan^2\delta+2yA\tan^2\delta-\tan^2\delta\dfrac{A^2}{\sin^2\theta}\end{cases} \quad (4.38)$$

则式(4.38)中的 z 为

$$z=\frac{Q+\sqrt{Q^2-4RH}}{2R} \quad (4.39)$$

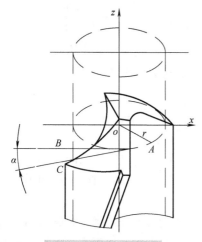

图 4-11 麻花钻的后角

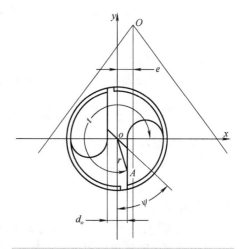

图 4-12 麻花钻直圆锥面与直圆柱面的交线

3. 横刃斜角方程

横刃是由两个锥面后刀面相交形成的,如图 4-13 所示,在钻头的端面视图中,横刃与中剖面的夹角称为横刃斜角 ψ。联立两个后刀面的方程:

$$\begin{cases}(x-e)^2+(y\cos\theta-z\sin\theta)^2=\left(y\sin\theta+z\cos\theta-\dfrac{A}{\sin\theta}\right)^2\tan^2\delta \\ (x+e)^2+(y\cos\theta+z\sin\theta)^2=\left(-y\sin\theta+z\cos\theta-\dfrac{A}{\sin\theta}\right)^2\tan^2\delta\end{cases} \quad (4.40)$$

将式(4.40)中的 z 消去,则麻花钻横刃在其端面视图内的投影方程为

$$(x+e)^2+\left[y\cos\theta+\dfrac{A\tan^2\delta}{\cos\theta(1+\tan^2\delta)}-\dfrac{xe}{y\cos\theta(1+\tan^2\delta)}\right]^2 \\ -\left[\dfrac{A\tan^2\delta}{\sin\theta(1+\tan^2\delta)}-\dfrac{xe}{y\cos\theta(1+\tan^2\delta)}-y\sin\theta-\dfrac{A}{\sin\theta}\right]^2\tan^2\delta=0 \quad (4.41)$$

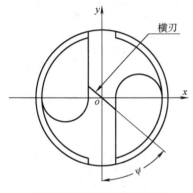

图 4-13 横刃斜角示意图

由于钻头存在容屑槽,因此对于普通标准麻花钻,钻头的横刃实际存在于和钻心 d_o 圆相切的两条主切削刃之间。那么在这个区间内,钻头横刃的投影基本上可以认为是一条直线。

如图 4-13 所示,容易求得横刃斜角为

$$\tan\psi=-\dfrac{\mathrm{d}x}{\mathrm{d}y}\bigg|_{\substack{x=0\\y=0}} \quad (4.42)$$

式中,$\dfrac{\mathrm{d}x}{\mathrm{d}y}$ 可由式(4.41)中通过 x 对 y 求导得到,结果如下:

$$\tan\psi=\dfrac{z_0\sin\theta\cos\theta(1+\tan^2\delta)-A\tan^2\delta}{e} \quad (4.43)$$

式中,z_0 为 $x=0$,$y=0$ 时钻头横刃上该点的 z 坐标值,可通过式(4.39)求得

$$z_0=\dfrac{A\cos\theta\sin^2\delta-\cos\delta\sqrt{\sin^2\theta(e^2\cos^2\theta+A^2\sin^2\delta+e^2\cos^2\delta)}}{(-\cos^2\theta+\cos^2\delta)\sin\theta} \quad (4.44)$$

式(4.43)便是横刃斜角的计算公式,其本质是关于刃磨参数的一个表达式,这也为今后通过研究修正刃磨参数来获得具有合理横刃斜角的麻花钻提供了依据。

4.3.2 新型锥面后刀面的数学模型

1. 麻花钻锥面后刀面的方程

新型锥面成形法是基于传统锥面成形法的刃磨原理,在现有刃磨参数的基础上,再让钻头多附加了一个绕自身轴线逆时针旋转角 β,其目的是解决麻花钻后刀面在锥面刃磨过程中易出现的翘尾现象。

麻花钻与直圆锥面的空间关系如图 4-14(a)所示。为了避免翘尾现象,将钻头再绕自己的轴线逆时针旋转,即将坐标系 $o\text{-}xyz$ 绕 oz 轴逆时针旋转 β 角到 $o_1\text{-}x_1y_1z_1$。此时,麻花钻与直圆锥面的空间关系如图 4-14(b)所示,且坐标二次旋转的关系为

$$\begin{bmatrix} x \\ y \\ z \end{bmatrix} = \begin{bmatrix} \cos\beta & -\sin\beta & 0 \\ \sin\beta & \cos\beta & 0 \\ 0 & 0 & 1 \end{bmatrix} \begin{bmatrix} x_1 \\ y_1 \\ z_1 \end{bmatrix} \tag{4.45}$$

将式(4.45)代入式(4.31)，可得到麻花钻后刀面的方程：

$$\begin{aligned}(x_1\cos\beta - y_1\sin\beta - e)^2 + [(x_1\sin\beta + y_1\cos\beta)\cos\theta - z_1\sin\theta]^2 \\ = \left[(x_1\sin\beta + y_1\cos\beta)\sin\theta + z_1\cos\theta - \frac{A}{\sin\theta}\right]^2 \tan^2\delta\end{aligned} \tag{4.46}$$

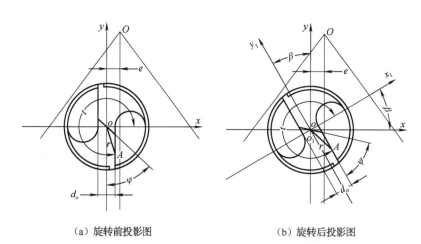

(a) 旋转前投影图　　　　(b) 旋转后投影图

图 4-14　麻花钻与直圆锥面的空间关系示意图

2. 麻花钻直圆柱剖面中后角 α 的方程

在坐标系 $o_1\text{-}x_1y_1z_1$ 中，直圆柱面的方程为

$$x_1^2 + y_1^2 = r^2 \tag{4.47}$$

式中，r 为麻花钻主切削刃上选定点 A 的半径。

联立式(4.46)和式(4.47)，则钻头直圆锥面与直圆柱面的交线方程为

$$\begin{cases} (r\cos t\cos\beta - r\sin t\sin\beta - e)^2 + [(r\cos t\sin\beta + r\sin t\cos\beta)\cos\theta - z_1\sin\theta]^2 \\ \quad = \left[(r\cos t\sin\beta + r\sin t\cos\beta)\sin\theta + z_1\cos\theta - \dfrac{A}{\sin\theta}\right]^2 \tan^2\delta \\ x_1 = r\cos t \\ y_1 = r\sin t \end{cases} \tag{4.48}$$

式中，t 为麻花钻主切削刃上选定点的角度参数。

钻头主切削刃上的 A 点在直圆柱剖面中的后角 α 为

$$\tan\alpha = \frac{\mathrm{d}z_1}{\mathrm{d}(r\cdot t)} = \frac{1}{r}\cdot\frac{\mathrm{d}z_1}{\mathrm{d}t} \tag{4.49}$$

由式(4.48)求出 $\dfrac{\mathrm{d}z_1}{\mathrm{d}t}$，并代入式(4.49)可得

$$\tan\alpha = \frac{1}{\sqrt{x_1^2 + y_1^2}} \cdot \frac{\begin{array}{l}(x_1\cos\beta - y_1\sin\beta - e)\cdot(-y_1\cos\beta - x_1\sin\beta) + [(x_1\sin\beta \\ + y_1\cos\beta)\cos\theta - z_1\sin\theta]\cos\theta(-y_1\sin\beta + x_1\cos\beta) - \tan^2\delta\Big[(x_1\sin\beta \\ + y_1\cos\beta)\sin\theta + z_1\cos\theta - \dfrac{A}{\sin\theta}\Big]\sin\theta(-y_1\sin\beta + x_1\cos\beta)\end{array}}{\sin\theta[(x_1\sin\beta + y_1\cos\beta)\cos\theta - z_1\sin\theta] + \tan^2\delta\Big[(x_1\sin\beta \\ + y_1\cos\beta)\sin\theta + z_1\cos\theta - \dfrac{A}{\sin\theta}\Big]\cos\theta} \quad (4.50)$$

式中, x_1、y_1、z_1 为钻头主切削刃上选定点的坐标。

设:
$$\begin{cases} R = \sin^2\theta - \cos^2\theta\tan^2\delta \\ Q = 2\cos\theta\dfrac{A}{\sin\theta}\tan^2\delta - \sin 2\theta(x_1\sin\beta + y_1\cos\beta) \\ \quad - \tan^2\delta\sin 2\theta(x_1\sin\beta + y_1\cos\beta) \\ H = (x_1\cos\beta - y_1\sin\beta - e)^2 + (x_1\sin\beta + y_1\cos\beta)^2\cos^2\theta - (x_1\sin\beta \\ \quad + y_1\cos\beta)^2\sin^2\theta\tan^2\delta + 2A(x_1\sin\beta + y_1\cos\beta)\tan^2\delta - \tan^2\delta\dfrac{A^2}{\sin^2\theta} \end{cases} \quad (4.51)$$

式(4.51)中的 z_1 的计算公式为
$$z_1 = \frac{-Q + \sqrt{Q^2 - 4RH}}{2R} \quad (4.52)$$

3. 麻花钻横刃斜角 ψ 的方程

在麻花钻的端面投影图中,钻头中剖面与横刃的夹角即横刃斜角 ψ,如图 4-14(a)所示。联立两后刀面可求得横刃方程:

$$\begin{cases} (x_1\cos\beta - y_1\sin\beta - e)^2 + [(x_1\sin\beta + y_1\cos\beta)\cos\theta - z_1\sin\theta]^2 \\ \quad = \Big[(x_1\sin\beta + y_1\cos\beta)\sin\theta + z_1\cos\theta - \dfrac{A}{\sin\theta}\Big]^2\tan^2\delta \\ (x_1\cos\beta - y_1\sin\beta + e)^2 + [(x_1\sin\beta + y_1\cos\beta)\cos\theta + z_1\sin\theta]^2 \\ \quad = \Big[(x_1\sin\beta + y_1\cos\beta)\sin\theta - z_1\cos\theta + \dfrac{A}{\sin\theta}\Big]^2\tan^2\delta \end{cases} \quad (4.53)$$

将式(4.53)中的 z_1 消去,则可求得横刃在其端面投影的参数方程为

$$(x_1\cos\beta - y_1\sin\beta + e)^2 + \Big[(x_1\sin\beta + y_1\cos\beta)\cos\theta \\ + \frac{A\tan^2\delta}{\cos\theta(1+\tan^2\delta)} + \frac{-x_1\cos\beta\cdot e + y_1\sin\beta\cdot e}{(x_1\sin\beta + y_1\cos\beta)\cos\theta(1+\tan^2\delta)}\Big]^2 \\ = \Big[(x_1\sin\beta + y_1\cos\beta)\sin\theta - \frac{-x_1\cos\beta\cdot e + y_1\sin\beta\cdot e}{(x_1\sin\beta + y_1\cos\beta)\sin\theta(1+\tan^2\delta)} \\ - \frac{A\tan^2\delta}{\sin\theta(1+\tan^2\delta)} + \frac{A}{\sin\theta}\Big]^2\tan^2\delta \quad (4.54)$$

由横刃斜角的定义可得其求解方程为

$$\tan\psi = -\frac{dx_1}{dy_1}\bigg|_{\substack{x_1=0 \\ y_1=0}} \tag{4.55}$$

而式中的 $\dfrac{dx_1}{dy_1}$ 可由式(4.54)中 x_1 对 y_1 的求导得到，求解如下：

设：

$$\begin{cases} M = (x_1\sin\beta + y_1\cos\beta)\cos\theta + z_1\sin\theta \\ N = (x_1\sin\beta + y_1\cos\beta)\sin\theta - z_1\cos\theta + \dfrac{A}{\sin\theta} \end{cases} \tag{4.56}$$

$$\frac{dx_1}{dy_1} = \frac{(x_1\cos\beta - y_1\sin\beta + e)\sin\beta - M\cos\beta\cos\theta - M\dfrac{x_1 e}{(x_1\sin\beta + y_1\cos\beta)^2\cos\theta(1+\tan^2\delta)}}{(x_1\cos\beta - y_1\sin\beta + e)\cos\beta + M\sin\beta\cos\theta - M\dfrac{y_1 e}{(x_1\sin\beta + y_1\cos\beta)^2\cos\theta(1+\tan^2\delta)}} \\ \dfrac{+\tan^2\delta\cdot N\cos\beta\sin\theta - \tan^2\delta\cdot N\dfrac{x_1 e}{(x_1\sin\beta + y_1\cos\beta)^2\sin\theta(1+\tan^2\delta)}}{-\tan^2\delta\cdot N\sin\beta\sin\theta - \tan^2\delta\cdot N\dfrac{y_1 e}{(x_1\sin\beta + y_1\cos\beta)^2\sin\theta(1+\tan^2\delta)}}$$

$$\tag{4.57}$$

4. 麻花钻顶角 2φ 的方程

新型锥面刃磨法基于锥面刃磨法的成形原理，在钻头上附加了一个逆时针旋转角 β，如图 4-15 所示，钻头沿 y_1 轴的中心平面不再与磨削直圆锥面的轴线 z 平行，因而刃磨成形的钻头顶角 $2\varphi \neq 2(\theta+\delta)$，为此，须对顶角重新计算。

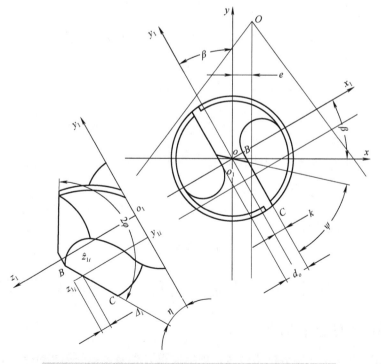

图 4-15　新型锥面刃磨法时钻头与磨削直圆锥的位置关系

1) 主切削刃的方程

如图 4-15 所示，过主切削刃 BC 作一平面，该平面与磨削直圆锥面的交线即钻头主切削刃。该平面的方程为

$$x_1 = k = \frac{d_o}{2} \tag{4.58}$$

式中，k 为常量，其值等于钻心半径。

将式(4.58)代入后刀面的方程，即式(4.46)，可得麻花钻的主切削刃方程为

$$(k\cos\beta - y_1\sin\beta - e)^2 + [(k\sin\beta + y_1\cos\beta)\cos\theta - z_1\sin\theta]^2$$
$$= \left[(k\sin\beta + y_1\cos\beta)\sin\theta + z_1\cos\theta - \frac{A}{\sin\theta}\right]^2 \tan^2\delta \tag{4.59}$$

2) 麻花钻主切削刃的拟合回归直线

由图 4-15 可知，主切削刃 BC 不过磨削锥体的锥顶 o，此时的主切削刃不再是圆锥母线。所以，它从理论上不再是一条直线，而是一条曲线。该曲线经上机计算作图，近似为一条直线。因此，可利用最小二乘法原理拟合出较为精确的回归直线。

设在主切削刃上按照式(4.59)取 n 个点，它们的坐标分别为 (y_{11}, z_{11}), …, (y_{1i}, z_{1i}), …, (y_{1n}, z_{1n})，与之拟合的直线方程为

$$\hat{z}_1 = a + by_1 \tag{4.60}$$

各点与回归直线的偏差 Δ_i 为

$$\Delta_i = z_{1i} - \hat{z}_{1i} = z_{1i} - a - by_{1i}$$

各点偏差的平方和为

$$F(a,b) = \sum_{i=1}^{n}(z_{1i} - a - by_{1i})^2 \tag{4.61}$$

按极值原理，将式(4.61)分别对 a、b 求偏导，并令其为零，则可求得 $F(a,b)$ 为最小值的 a、b 值：

$$\begin{cases} \dfrac{\partial F}{\partial a} = -2\sum_{i=1}^{n}(z_{1i} - a - by_{1i}) = 0 \\ \dfrac{\partial F}{\partial b} = -2\sum_{i=1}^{n}(z_{1i} - a - by_{1i})y_{1i} = 0 \end{cases} \tag{4.62}$$

根据式(4.62)求解 a、b，可得拟合回归直线的方程 $\hat{z}_1 = a + by_1$，且式中 b 为拟合直线的斜率，则有

$$\tan\eta = b \tag{4.63}$$

故麻花钻的顶角 2φ 为

$$2\varphi = 2(90° - \eta) \tag{4.64}$$

4.4 麻花钻后刀面螺旋面成形法的数学模型

4.4.1 螺旋后刀面的数学模型

如图 4-16(a)所示，z 轴为钻头轴线，坐标原点 o 为两主切削刃在过钻头轴线且平行于两主切削刃的平面上的投影的交点。点 A 为主切削刃的延长线与钻心直径在空间的交点，点 B

为主切削刃的外缘点。在后刀面刃磨时,直线 AB 绕 z 轴转动,点 A 和点 B 分别沿半径为 r(钻心半径)和 R(钻头半径)的螺旋线作螺旋运动。因为是普通螺旋面法刃磨(即导程相同),所以设点 B 每转过一个弧度,沿轴线下降距离 P,同样点 A、C 也沿轴线下降距离 P。

如图 4-16(b)所示,对标准麻花钻,在直线刃 AB 上取一点 C,其半径为 r_c,取值范围 $r_c \in [r, R]$,则点 C 坐标为

$$(\sqrt{r_c^2 - r^2},\ r,\ -\sqrt{r_c^2 - r^2} / \tan 59°)$$

当点 C 绕 z 轴旋转过弧度 θ 时,沿 z 轴下降的距离 $d = \theta \cdot P$,故螺旋线的方程为

$$\begin{cases} x = r_c \cos\left[\theta - \arctan\left(\dfrac{r}{\sqrt{r_c^2 - r^2}}\right)\right] \\ y = r_c \sin\left[\theta - \arctan\left(\dfrac{r}{\sqrt{r_c^2 - r^2}}\right)\right] \\ z = -\left(\dfrac{\sqrt{r_c^2 - r^2}}{\tan 59°} + \theta \cdot P\right) \end{cases} \quad (4.65)$$

当点 C 的半径 r_c 在 $[r, R]$ 上变化时,螺旋线变为螺旋面,其方程为

$$\begin{cases} x = r_c \cos\left[\theta - \arctan\left(\dfrac{r}{\sqrt{r_c^2 - r^2}}\right)\right] \\ y = r_c \sin\left[\theta - \arctan\left(\dfrac{r}{\sqrt{r_c^2 - r^2}}\right)\right], \quad r_c \in [r, R] \\ z = -\left(\dfrac{\sqrt{r_c^2 - r^2}}{\tan 59°} + \theta \cdot P\right) \end{cases} \quad (4.66)$$

由此可知,点 C 的半径为 r_c,点 C 的导程为 $P_c = P \cdot 2\pi$,点 C 的后角为 $\tan \alpha = \dfrac{P_c}{2\pi \cdot r_c} = \dfrac{P}{r_c}$。

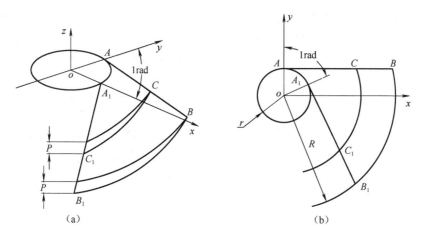

图 4-16 麻花钻螺旋后刀面的成形原理

4.4.2 变导程螺旋后刀面的数学模型

变导程螺旋面刃磨法的后刀面的形成如图 4-17 所示。

变导程螺旋面刃磨法基于螺旋刃磨法的成形原理，在刃磨时，直线 AB 绕 z 轴转动，点 A 和点 B 分别沿半径为 r（钻心半径）和 R（钻头半径）的螺旋线作螺旋运动，而点 A、点 B 在转过相同弧度后下降的距离却不同。点 A 每转过一个弧度，沿轴线下降 P_1，点 B 每转过一个弧度，沿轴线下降 P_3。P_1、P_3 的大小可实现对点 A 和点 B 后角大小的控制，且 $P_1 < P_3$，其目的是防止点 A 的后角过大，产生翘尾。

如图 4-17(b) 所示，对标准麻花钻，在直线刃 AB 上任取一点 C，且点 C 在 AB 上的位置比例系数为 $t(0 \leqslant t \leqslant 1)$，则点 C 每转过一弧度，其沿轴线的下降值为 $P_2 = t \cdot (P_3 - P_1)$。故点 C 的坐标为

$$(t \cdot \sqrt{R^2 - r^2},\ r,\ -t \cdot \sqrt{R^2 - r^2} / \tan 59°)$$

当点 C 绕 z 轴旋转过弧度 θ 时，沿 z 轴下降的距离 $d = t \cdot (P_3 - P_1) \cdot \theta$，故点 C 的坐标变为

$$\begin{bmatrix} x \\ y \\ z \end{bmatrix} = \begin{bmatrix} \cos\theta & -\sin\theta & 0 \\ \sin\theta & \cos\theta & 0 \\ 0 & 0 & 1 \end{bmatrix} \begin{bmatrix} t \cdot \sqrt{R^2 - r^2} \\ r \\ -\left[\dfrac{t \cdot \sqrt{R^2 - r^2}}{\tan 59°} + t \cdot (P_3 - P_1) \cdot \theta\right] \end{bmatrix} = \begin{bmatrix} t \cdot \sqrt{R^2 - r^2} \cdot \cos\theta - r\sin\theta \\ t \cdot \sqrt{R^2 - r^2} \cdot \sin\theta + r\cos\theta \\ -\left[\dfrac{t \cdot \sqrt{R^2 - r^2}}{\tan 59°} + t \cdot (P_3 - P_1) \cdot \theta\right] \end{bmatrix} \qquad (4.67)$$

即螺旋面方程为

$$\begin{cases} x = t \cdot \sqrt{R^2 - r^2} \cdot \cos\theta - r\sin\theta \\ y = t \cdot \sqrt{R^2 - r^2} \cdot \sin\theta + r\cos\theta \\ z = -\left[\dfrac{t \cdot \sqrt{R^2 - r^2}}{\tan 59°} + t \cdot (P_3 - P_1) \cdot \theta\right] \end{cases} \qquad (4.68)$$

由上可知，点 C 的半径为 $r_c = \sqrt{r^2 + t^2 \cdot (R^2 - r^2)}$；点 C 的导程为 $P_c = t \cdot (P_3 - P_1) \cdot 2\pi$；点 C 的后角为 $\tan\alpha = \dfrac{P_c}{2\pi r_c} = \dfrac{t(P_3 - P_1)}{\sqrt{r^2 + t^2(R^2 - r^2)}}$。

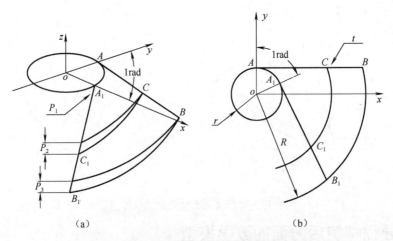

图 4-17　麻花钻变导程螺旋后刀面的成形原理

4.5 麻花钻后刀面螺旋锥面成形法的数学模型

麻花钻后刀面螺旋锥面的成形过程如图 4-18 所示。设麻花钻半径为 R，钻心半径为 r；点 A 为直线刃的延长线与另一侧直线刃在空间的交点，点 B 为直线刃的外缘点；坐标系原点 O（即圆锥顶点）为 BA 延长线上的一点，设 $OA=L$；点 D 为 AB 延长线上的一点，且 $BD=K$；T 为钻头的轴线，Z 轴与 T 平行。在刃磨时，OD 绕 Z 轴作旋转运动，并且设每转过 $1°$，OD 与 Z 轴的夹角减小 N。这样就建立了两个刃磨参数 L、N。

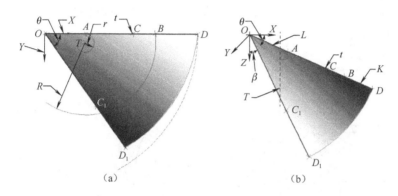

图 4-18 麻花钻螺旋锥面后刀面的成形原理

在 OD 上任取一长度比例点 C，并取一长度比例系数 $t(0 \leq t \leq 1)$。则 C 点的坐标为

$$\left[(L\sin 59° + K\sin 59° + \sqrt{R^2 - r^2}) \cdot t, 0, \left(L + \frac{\sqrt{R^2 - r^2}}{\sin 59°} + K\right)\cos 59° \cdot t\right]$$

令
$$\begin{cases} A = (L\sin 59° + K\sin 59° + \sqrt{R^2 - r^2}) \cdot t \\ B = \left(L + \dfrac{\sqrt{R^2 - r^2}}{\sin 59°} + K\right)\cos 59° \cdot t \end{cases}$$

由上述可知，AD 绕 Z 轴转过 θ 后，AD 与 Z 轴的夹角减小 θN，因此，C 点旋转过后的 C_1 点可视为：C 点绕 Y 轴负方向旋转 θN，然后再绕 Z 轴正方向旋转 θ。即 C_1 的坐标为

$$\begin{bmatrix} x \\ y \\ z \end{bmatrix} = \begin{bmatrix} \cos\theta & -\sin\theta & 0 \\ \sin\theta & \cos\theta & 0 \\ 0 & 0 & 1 \end{bmatrix} \cdot \begin{bmatrix} \cos(-\theta N) & 0 & \sin(-\theta N) \\ 0 & 1 & 0 \\ -\sin(-\theta N) & 0 & \cos(-\theta N) \end{bmatrix} \cdot \begin{bmatrix} A \\ 0 \\ B \end{bmatrix} = \begin{bmatrix} \cos\theta\cos(\theta N)\cdot A - \cos\theta\sin(\theta N)\cdot B \\ \sin\theta\cos(\theta N)\cdot A - \sin\theta\sin(\theta N)\cdot B \\ \sin(\theta N)\cdot A + \cos(\theta N)\cdot B \end{bmatrix}$$
(4.69)

则所求的后刀面方程为

$$\begin{cases} X = \cos\theta\cos(\theta N)\cdot A - \cos\theta\sin(\theta N)\cdot B \\ Y = \sin\theta\cos(\theta N)\cdot A - \sin\theta\sin(\theta N)\cdot B \\ Z = \sin(\theta N)\cdot A + \cos(\theta N)\cdot B \end{cases} \tag{4.70}$$

将此方程绕轴线旋转 $180°$ 即可求出另一侧后刀面方程，即先将此后刀面沿 X 轴负方向平移 $L\sin 59°$，接着沿 Y 轴负方向平移 r，然后绕 Z 轴正方向转动 $180°$，再沿 X 轴正方向平移 $L\sin 59°$，最后沿 Y 轴正方向平移 r 即可得到所求另一侧后刀面的方程：

$$\begin{cases} X = -\cos\theta\cos(\theta N)\cdot A + \cos\theta\sin(\theta N)\cdot B + 2L\sin59° \\ Y = -\sin\theta\cos(\theta N)\cdot A + \sin\theta\sin(\theta N)\cdot B + 2r \\ Z = \sin(\theta N)\cdot A + \cos(\theta N)\cdot B \end{cases} \quad (4.71)$$

4.6 麻花钻后刀面双曲面成形法的数学模型

麻花钻后刀面双曲面成形法刃磨时，回转单叶双曲面与钻尖的相互位置关系如图 4-19 所示，o_o-$x_o y_o z_o$ 为双曲面原始坐标系，o_c-$x_c y_c z_c$ 为钻头结构坐标系。其中 a、c 为回转单叶双曲面的形状参数，中心向距 H 是 $o_o o_c$ 在 z_0 轴上投影的长度，偏移向距 S 是 $o_o o_c$ 在 y_o 轴上投影的长度，σ 为回转轴倾斜角。

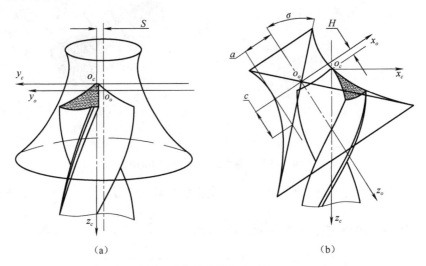

图 4-19 双曲面成形法刃磨原理

在坐标系 o_o-$x_o y_o z_o$ 中，麻花钻后刀面的双曲面通用方程为

$$\frac{x_o^2}{a} + \frac{y_o^2}{a} - \frac{z_o^2}{c} = 1 \quad (4.72)$$

为了求出麻花钻在结构坐标系中的双曲面后刀面方程，须先将双曲面坐标系原点 o_o 平移至 o_c，然后再将坐标系绕 y_c 轴在 x_c-z_c 平面内旋转 σ 角，即得到 o_c-$x_c y_c z_c$ 钻头结构坐标系，坐标系变换关系为

$$\begin{bmatrix} x_o \\ y_o \\ z_o \end{bmatrix} = \begin{bmatrix} \sqrt{a^2 + \dfrac{a^2}{c^2}H^2 - S^2} \\ S \\ H \end{bmatrix} + \begin{bmatrix} \cos\sigma & 0 & -\sin\sigma \\ 0 & 1 & 0 \\ \sin\sigma & 0 & \cos\delta \end{bmatrix} \begin{bmatrix} x_c \\ y_c \\ z_c \end{bmatrix} \quad (4.73)$$

将式(4.73)代入式(4.72)中，可得到麻花钻双曲面后刀面的方程为

$$\frac{1}{a^2}\left[x_c\cos\sigma - z_c\sin\sigma + \sqrt{a^2 + \frac{a^2}{c^2}H^2 - S^2}\right]^2 + \frac{1}{a^2}(y_c + S)^2 - \frac{1}{c^2}(x_c\sin\sigma + z_c\cos\sigma + H)^2 = 1$$

$$(4.74)$$

1. 顶角 2φ

对于双曲面钻头，由于其主切削刃是空间曲线，其上某一点的顶角无法代表整个钻尖的状态，因此有学者提出用钻尖主切削刃外缘转点与横刃转点(主切削刃和横刃的交点)这两点的顶角 2φ(或半顶角 φ)来表示双曲面钻头顶角的设计参数。

为求出主切削刃上任一点的顶角值，须先建立主切削刃曲线方程。主切削刃上某点的切线在结构基面(x_c-y_c 平面)内的投影与 z_c 轴的夹角即该点的顶角。麻花钻的前刀面是一条与钻头轴线成 φ 角的直线，绕基圆柱(即绕半径为 r_o 的钻心圆柱)作螺旋运动而形成的螺旋面，它与后刀面的交线即主切削刃曲线的方程，将其中的 y_c 消去，可得切削刃在平面 x_c-y_c 上的投影，而主切削刃上某点顶角的正切就是主切削刃在 x_c-y_c 上投影的 $\dfrac{\mathrm{d}x_c}{\mathrm{d}z_c}$ 值。由于该方程函数关系复杂，求解很困难，有学者提出一种近似算法：近似认为主切削刃是双曲面后刀面方程与 $y_c=-r_o$ 平面的交线(仅限于求主切削刃顶角时使用)，将 $y_c=-r_o$ 代入式(4.72)并求 $\dfrac{\mathrm{d}x_c}{\mathrm{d}z_c}$ 得

$$\frac{\mathrm{d}x_c}{\mathrm{d}z_c}\left[\cos\sigma\left(x_c\cos\sigma-z_c\sin\sigma+\sqrt{a^2+\frac{a^2}{c^2}H^2-S^2}\right)-\frac{a^2}{c^2}\sin\sigma(z_c\cos\sigma+x_c\sin\sigma+H)\right] \quad (4.75)$$
$$=\frac{a^2}{c^2}\cos\sigma(z_c\cos\sigma+x_c\sin\sigma+H)+\sin\sigma\left(x_c\cos\sigma-z_c\sin\sigma+\sqrt{a^2+\frac{a^2}{c^2}H^2-S^2}\right)$$

1) 主切削刃外缘转点的半顶角 φ_1

将外缘转点的坐标 $x_{c1}=\sqrt{R^2-r_o^2}$，$y_{c1}=-r_o$，代入双曲面方程(4.72)得

$$Az_{c1}^2+Bz_{c1}+C=0$$

其中，
$$\begin{cases}A=\sin^2\sigma-\dfrac{a^2}{c^2}\cos^2\sigma\\[4pt]B=2\sin\sigma\left(x_{c1}\cos\sigma+\sqrt{a^2+\dfrac{a^2}{c^2}H^2-S^2}\right)-\dfrac{2a^2}{c^2}\cos\sigma(x_{c1}\sin\sigma+H)\\[4pt]C=\left(x_{c1}\cos\sigma+\sqrt{a^2+\dfrac{a^2}{c^2}H^2-S^2}\right)^2+(S-r_o)^2-\dfrac{a^2}{c^2}(x_{c1}\sin\sigma+H)^2-a^2\end{cases}$$

在 z_{c1} 的两个解中，取 z_{c1} 为正值的解，得到主切削刃外缘转点处的顶角为

$$\tan\varphi_1=\left.\frac{\mathrm{d}x_c}{\mathrm{d}z_c}\right|_{\substack{x_c=x_{c1}\\z_c=z_{c1}}}$$

即
$$\varphi_1=f_1(a,c,H,S,\sigma) \quad (4.76)$$

2) 横刃转点的半顶角 φ_2

双曲面后刀面形成的横刃在钻心部分近似为直线。在主切削刃与横刃的交点处 x_c 坐标可近似取为

$$x_{c2}=\frac{r_o}{\tan\psi}=\frac{r_o S}{\dfrac{a^2}{c^2}H\sin\sigma-\cos\sigma\cdot\sqrt{a^2+\dfrac{a^2}{c^2}H^2-S^2}}$$

同样有 $Az_{c1}^2+B'z_{c1}+C'=0$，其中 B'、C' 是用 x_{c2} 代替 B、C 中的 x_{c1} 得到的。

取 z_{c2} 为正值的解。于是主切削刃内缘转点处的顶角为

$$\tan\varphi_2 = \frac{dx_c}{dz_c}\bigg|_{\substack{x_c=x_{c2}\\z_c=z_{c2}}}$$

即
$$\varphi_2 = f_2(a,c,H,S,\sigma) \tag{4.77}$$

2. 横刃斜角 ψ

钻头的左、右瓣后刀面分别由两个对称于钻头轴线的回转双曲面形成。用垂直于钻头轴线的端剖面去剖切，会得到左、右两个椭圆廓线。横刃斜角 ψ 是通过钻心尖(0,0,0)的端剖切平面内左、右椭圆廓线的公共切线与 x_c 轴的夹角，可用 $z_{ci}=0$，即原点 o_c 处的等高椭圆廓线的切线斜率求得

$$\tan\psi = \frac{dy_c}{dx_c}\bigg|_{z_c=0} = \frac{\frac{a^2}{c^2}H\sin\sigma - \cos\sigma\cdot\sqrt{a^2 + \frac{a^2}{c^2}H^2 - S^2}}{S}$$

即
$$\psi = f_3(a,c,H,S,\sigma) \tag{4.78}$$

3. 结构圆周后角 α_{fc}

结构圆周后角也是麻花钻主切削刃上选定点的理论后角。它是在以钻头轴线为轴线的圆柱面(或其切平面)内测量的切削平面与后刀面之间的夹角。设主切削刃上任一点 a，其中心半径为 r，oa 线与 x_c 轴的夹角为 u，根据后角 α_{fc} 的定义及坐标转换有

$$\alpha_{fc} = \arctan\left[\frac{G + (E\cos\sigma - F\frac{a^2}{c^2}\sin\sigma)\sin u}{E\sin\sigma + F\frac{a^2}{c^2}\cos\sigma}\right] \tag{4.79}$$

其中，
$$\begin{cases} E = (x_u\cos u + y_u\sin u)\cos\sigma - z_u\sin\sigma + \sqrt{a^2 + \frac{a^2}{c^2}H^2 - S^2} \\ F = z_u\cos\sigma + (x_u\cos u + y_u\sin u)\sin\sigma + H \\ G = [(y_u\cos u - x_u\sin u) + S]\cos u \end{cases}$$

当 a 为外缘转点时，有 $u_1 = \arcsin\frac{r_0}{R}$。把该点坐标($x_{c1}=R\cos u_1$，$y_{c1}=R\sin u_1$)代入后刀面方程求出 z_{c1}(取大于零的解)，则外缘转点的结构圆周后角 α_{fc1} 为

$$\alpha_{fc1} = \alpha_{fc}\bigg|_{\substack{x_c=x_{c1}\\y_c=y_{c1}\\z_c=z_{c1}}}$$

即
$$\alpha_{fc} = f_4(a,c,H,S,\sigma) \tag{4.80}$$

4.7 本章小结

本章从麻花钻的前刀面与后刀面两个方面，介绍了麻花钻的数学模型；对麻花钻的前刀面分别介绍了钻头的端截面截形、钻刃曲线方程及螺旋槽的参数方程，并对钻头主刃与前角的几何角度进行了分析；对麻花钻的后刀面根据不同的后刀面成形方法，分别介绍了其数学模型的推导过程。

参 考 文 献

白海清, 汤孝东, 2013. 基于电火花线切割的麻花钻后刀面螺旋面法刃磨装置研究[J]. 陕西理工学院学报(自然科学版), 29(03): 1-4.

曹昭展, 2006. 加工钻头螺旋槽用砂轮的数学模型及其 CAD 系统[D]. 长沙: 湖南大学.

戴俊平, 关文魁, 2012. 基于 Matlab 与 Pro/E 的麻花钻三维建模研究[J]. 煤矿机械, 33(01): 43-44.

戴俊平, 郭辉, 关文魁, 等, 2011. 麻花钻前刀面的研究[J]. 煤矿机械, 32(07): 100-102.

傅蔡安, 时林, 郑小虎, 2007. 麻花钻后刀面螺旋锥面刃磨法的研究[J]. 工具技术, 41(12): 57-61.

李超, 陈玲, 包进平, 2004. 麻花钻双曲面刃磨的数学模型及参数方程建立[J]. 工具技术, 38(08): 37-40.

李信能, 1992. 麻花钻后面平面磨法研究[J]. 工具技术, 2(05): 46-48.

刘世瑶, 耿芬然, 2002. 深孔麻花钻的端截形及螺旋面的加工[J]. 河北冶金, (04): 27-31.

刘亚卫, 蔡在亶, 1989. 钻头的截形问题[J]. 工具技术, (03): 24-29.

倪志福, 陈璧光, 1999. 群钻——倪志福钻头[M]. 上海: 上海科学技术出版社.

时林, 2006. 麻花钻结构参数及刃磨方法的研究[D]. 无锡: 江南大学.

王忠魁, 1993. 麻花钻后角的计算与研究[J]. 工具技术, (11): 13-17.

王忠魁, 1999. 麻花钻新型锥面刃磨法[J]. 陕西理工学院学报(自科版), (01): 1-6.

吴序堂, 2009. 齿轮啮合原理[M]. 2 版. 西安: 西安交通大学出版社.

周志雄, 袁建军, 林丞, 2000. 微钻头螺旋槽的数学模型及其 CAD 方法[J]. 中国机械工程, 11(11): 1284-1288.

第 5 章　电火花线切割成形麻花钻后刀面

为解决传统砂轮刃磨麻花钻后刀面时所需的成形运动多、刃磨装置结构复杂及超硬质类刀具材料难加工等问题，本章基于电火花线切割技术的原理以及加工特点，提出一种新的麻花钻锥面后刀面的成形方法。根据麻花钻锥面后刀面的成形原理及线切割机床的加工特点，设计线切割成形装置，并对其进行运动分析。利用 UG NX 软件建立线切割成形加工的虚拟样机，并结合 VERICUT 软件进行仿真与测量分析，检验线切割成形机仿真加工的有效性与准确性。研制线切割成形装置，并进行线切割成形试验，通过测量成形麻花钻的钻尖几何角度以及后刀面的表面粗糙度，验证麻花钻锥面后刀面线切割成形方法的可行性。

5.1　电火花线切割技术

5.1.1　概述

电火花加工（Electrical Discharge Machining，EDM）又称为电蚀加工或放电加工，是指在绝缘介质中，利用工具电极和工件之间的脉冲性火花放电所产生的局部、瞬时高温，对金属材料进行蚀除的一种加工方式。1943 年，苏联科学家拉扎林科夫妇发现了电火花放电原理，并发明了世界上第一台电火花加工机床，经过半个多世纪的研究和开发，电火花加工已成为一种重要的特种加工手段，在机械制造、航空航天、仪器仪表等领域的微纳加工、镜面加工、半导体和超硬材料加工中发挥越来越重要的作用。

电火花线切割加工（Wire Electrical Discharge Machining，WEDM）是基于电火花加工应用的特种加工方式之一，它是利用细金属线（常用钼丝、黄铜丝等）作为负极，工作台作为正极，在线电极和工件之间施加高频的脉冲电压，并置于乳化液或者去离子水等工作液中，使其不断产生火花放电，工件不断被电蚀，从而达到对工件进行加工的目的。数控电火花线切割加工的基本原理如图 5-1 所示。

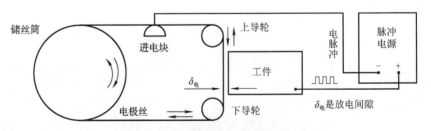

图 5-1　数控电火花线切割加工原理

电火花线切割加工作为一种非接触式、无显著机械切削力的特种加工方式，仅与材料的导电性能和热学性能有关，不受材料硬度限制，能加工传统方式难以加工或无法加工的高硬度、高强度、高脆性、高韧性等导电材料及半导体材料。由于电极丝细小，可以加工细微异形孔、窄缝和复杂形状零件，实际金属蚀除量很少，故材料利用率高，且加工精度高。它的出现为解决难加工材料及复杂形面的工艺问题提供了有效途径。

5.1.2 电火花线切割机床加工轨迹控制

1. 插补原理

插补（interpolation）是指机床数控系统依照一定方法确定刀具运动轨迹的过程，即数控机床在加工曲线时，用折线轨迹逼近所要加工的曲线。常用的机床插补方式有逐点比较法、数字积分插补法、数字脉冲乘法器法、数据采样插补法等，其中以逐点比较法应用最为普遍。

逐点比较法的插补原理是：计算机在控制加工过程中，能逐点地计算和判别加工偏差，以控制坐标进给，按规定图形加工出所需要工件，用步进电机拖动机床，其进给是步进式的，且每进给一步都需要完成四个工作步骤，如图5-2所示。

(1) 偏差判别：判别加工点对规定图形的偏离位置，决定拖板进给的走向。
(2) 坐标进给：控制某个坐标工作台进给一步，向规定的图形靠拢，缩小偏差。
(3) 偏差计算：计算新的加工点对规定图形的偏差，作为下一步判别的依据。
(4) 终点判别：判断是否到达终点，若到达则停止插补，如果没有到达终点，再回到第一步，如此不断重复上述循环过程，就能加工出所需要的轮廓形状。

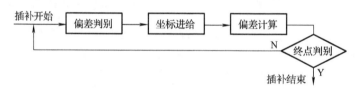

图5-2 逐点比较法进给的四个步骤

逐点比较法直线插补：当切割轨迹为斜线时，如图5-3(a)所示，若加工点在斜线的下方，计算机计算出的偏差为负，则操纵加工点沿Y轴正方向移动一步；若加工点在斜线的上方，计算机计算出的偏差为正，则操纵加工点沿X轴正方向移动一步，循环往复，逼近规定直线图形终点坐标。

逐点比较法圆弧插补：当切割轨迹为圆弧时，如图5-3(b)所示，若加工点在圆外，应操

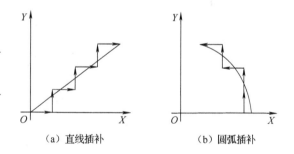

(a) 直线插补　　　　(b) 圆弧插补

图5-3 逐点比较法插补原理

纵加工点沿X轴负方向移动一步；若加工点在圆内，应操纵加工点沿Y轴正方向移动一步。据此，使加工点逐点逼近已给定的图线，直至整个图形切割完毕。

2. 锥度加工

锥度切割加工是通过锥度线架来实现的。锥度装置的移动轴称为U轴（平行于X轴）、V轴（平行于Y轴）。常见的锥度切割原理是：下线架固定不动，确保下导轮中心轴线固定不动，通过步进电机驱动，可以使锥度线架向左或向右移动，使上导轮带动电极丝发生偏移（即U轴可倾斜），如图5-4(a)所示，同理上导轮也可以带动电极丝进行前、后偏移（即V轴可倾斜），

如图 5-4(b)所示，因此电极丝与工作台之间便具有一定的夹角，切割成的工件断面就是带锥度的加工面。工作台和锥度装置同时移动，即 U、V、X、Y 四轴联动加工，便可实现工件的锥度切割，如图 5-5 所示。

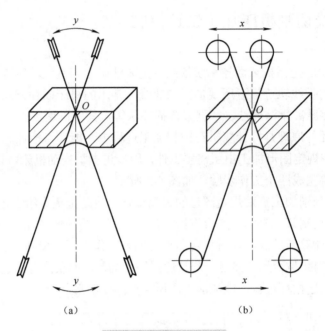

图 5-4　锥度加工原理图

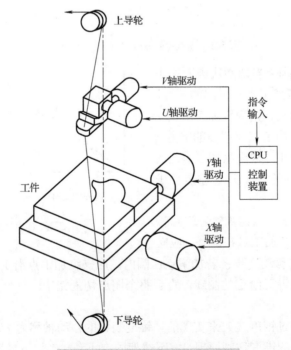

图 5-5　数控四轴联动锥度切割机构

5.1.3 电火花线切割加工工艺参数

1. 电火花线切割加工的主要工艺指标

(1) 切割速度：指在保持一定表面粗糙度的切削过程中，单位时间内电极丝中心线在工件上切过的面积总和，单位为 mm²/min；通常，加工一个工件的切割速度往往指的是平均切割速度。

(2) 加工精度：包括尺寸精度、形状精度和位置精度；加工精度受到机床本身固有精度的影响，同时也受到非机床因素的影响，如环境因素、操作人员的技术水平等。

(3) 表面粗糙度：指加工后表面微观不平度的程度，一般采用微观轮廓平面度的平均算术偏差 $Ra(\mu m)$ 来表示，其数值越大表面越粗糙，数值越小表面越光滑。

2. 电火花线切割加工的电参数

(1) 脉冲宽度 $T_{on}(\mu s)$：指加到电极丝与工件上放电间隙两端脉冲电压的持续时间，它主要影响切割速度和表面粗糙度。

(2) 脉冲间隔 $T_{off}(\mu s)$：指连接两个电压脉冲之间的时间；脉冲间隔直接影响平均电流，减小脉冲间隔，脉冲频率将提高，故单位时间内放电次数增加，平均电流增大，从而增大切割速度。

(3) 峰值电流 $I_p(A)$：指线切割加工时机床单个脉冲的瞬间最大电流，电流越大，切割速度越高，表面粗糙度值则增大，放电间隙变大。

(4) 开路电压 $U(V)$：指加工时，间隙两端电压的算术平均值。

(5) 脉冲频率 $f(Hz)$：指单位时间内电源发出的脉冲个数，它与脉冲周期互为倒数。

3. 电火花线切割加工的非电参数

(1) 工作液：电火花线切割加工时，工作液是放电加工的介质，对加工工艺指标影响很大，对加工效率、表面粗糙度、工作环境等都有影响。

(2) 电极丝：高速走丝电火花线切割机床的电极丝是快速往复运行的，电极丝在加工过程中要反复使用，常用的电极丝主要有钼丝、钨丝和钨钼丝。

5.2 麻花钻后刀面电火花线切割成形原理

5.2.1 麻花钻锥面后刀面线切割成形原理

锥面成形法是麻花钻后刀面最常用的成形方法，其成形原理是以直线型的主切削刃为母线形成直纹曲面，母线绕交叉导线(理想圆锥轴线)回转形成后刀面。本章基于麻花钻锥面刃磨法的成形原理，以电火花线切割机床的电极丝替代砂轮工具"刃磨"，并结合数控电火花线切割机床的加工特点，利用机床圆弧插补和锥度切割功能，实现锥面刃磨法中理想圆锥面的成形运动，从而实现对麻花钻锥面后刀面的成形加工，其成形原理如图 5-6 所示。

根据麻花钻锥面后刀面线切割成形原理图可知，半锥角 δ (后刀面所在锥面的半锥角)、轴间角 θ (后刀面锥面轴线与麻花钻轴线的夹角)、锥顶距 A (后刀面锥顶到麻花钻轴线的垂直距离)及偏距 e (后刀面锥面轴线与麻花钻轴线间的距离)四个成形参数的调整，是实现麻花钻锥面后刀面线切割成形的关键。此外，为了消除或避免成形后麻花钻后刀面产生"翘尾"现象，并确保横刃斜角 ψ 在规定的合理值范围内，在调整上述参数的同时，还需将钻头绕自身轴线逆时针旋转角度 β。

由于麻花钻锥面后刀面线切割成形需要调整的参数较多，且加工的空间锥面所需的机床运动较为复杂，需要多轴加工。因此，为了便于麻花钻后刀面复杂曲面的加工及成形参数的调整，根据线切割机床锥度切割的加工特点，并结合线切割成形装置，确保锥体的轴线始终保持在竖直方向，再调整线切割机床锥度调整装置，使电极丝与锥体轴线即 Z 轴成 δ 角度，利用线切割机床工作台的圆弧插补功能，实现麻花钻绕其后刀面所在锥体轴线的回转运动。

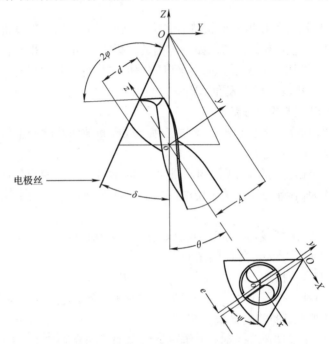

图 5-6　麻花钻锥面后刀面线切割成形原理

5.2.2 麻花钻螺旋面后刀面线切割成形原理

麻花钻螺旋面后刀面的成形原理如图 5-7(a) 所示，砂轮的旋转运动 1 为主运动，钻头的直线移动 2 和旋转运动 4 为进给运动。刃磨后，麻花钻主切削刃的后角由钻头的直线运动 2 和旋转运动 4 决定，且当附加钻头的摆动运动 3 之后，即可实现变导程螺旋面法刃磨。基于砂轮螺旋面刃磨法的成形原理，将砂轮替换为图 5-7(b) 所示的线切割电极丝，即电火花线切

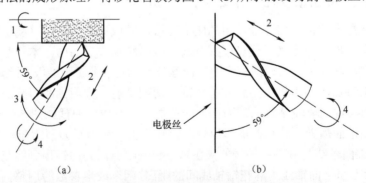

图 5-7　麻花钻螺旋面后刀面线切割成形原理图

1-砂轮的旋转运动；2-钻头的直线运动；3-钻头的摆动运动；4-钻头的旋转运动

割螺旋面法成形原理。为了实现线切割螺旋面法成形，在电极丝与钻头之间放电的同时，将使用两个步进电机分别控制麻花钻的直线进给运动和绕其轴线的旋转运动。当电火花线切割放电参数一定时，根据第 4 章螺旋面后刀面的数学模型可知，钻头主切削刃上各点的后角就由钻头旋转运动 2 和直线进给运动 1 决定。

5.3 麻花钻后刀面线切割成形装置

根据麻花钻后刀面线切割成形原理，对其成形运动进行设计分析，并设计研制麻花钻后刀面线切割成形装置。对于线切割成形装置成形运动的设计，既要保证线切割成形装置能实现对每个成形参数的准确调整，还需避免各部件间产生运动干涉，因此需对成形运动进行合理的分解。

5.3.1 麻花钻锥面后刀面线切割成形装置

1. 锥面后刀面线切割成形运动

根据线切割成形参数，设计锥面后刀面线切割成形运动方案，如图 5-8 所示。通过直线运动 1 调整麻花钻轴线与后刀面锥面轴线的偏距 e，通过直线运动 2 调整锥顶距 A，通过旋转运动 1 调整轴间角 θ，通过旋转运动 2 实现带动麻花钻绕后刀面所在锥面中心线的旋转运动，与电极丝干涉放电，即可腐蚀得到所需一侧的锥面后刀面。由于麻花钻有两个主切削刃，即两个对称的锥面后刀面，通过旋转运动 3 实现麻花钻 180°分度运动，进而再对另一侧后刀面进行加工。

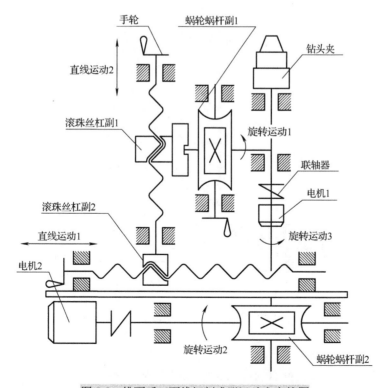

图 5-8 锥面后刀面线切割成形运动方案简图

2. 锥面后刀面线切割成形装置

麻花钻锥面后刀面成形装置的结构设计如图 5-9 所示,其成形装置的结构包括钻头夹持部 1,钻头夹持部 1 连接有分度转台 2,分度转台 2 连接有竖向导轨副 3,竖向导轨副 3 活动

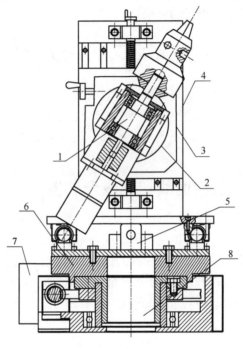

(a) 主视图

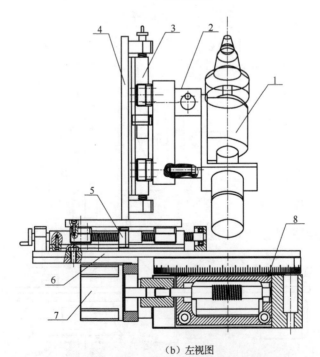

(b) 左视图

图 5-9 锥面后刀面线切割成形装置结构示意图

1-钻头夹持部;2-分度转台;3-竖向导轨副;4-立柱;5-水平丝杠螺母副;6-水平连接板;7-电机;8-水平旋转工作台

连接至立柱 4,立柱 4 连接有水平丝杠螺母副 5,水平丝杠螺母副 5 与立柱 4 相互垂直；水平丝杠螺母副 5 活动连接至水平连接板 6,水平连接板 6 连接有水平旋转工作台 8,水平旋转工作台 8 的一侧设置有电机 7。

如图 5-10(a)所示,钻头夹持部 1 包括钻夹头 101,钻夹头 101 的一端连接有回转轴 102,回转轴 102 的一端连接有步进电机 103,回转轴 102 的中部固定于固定座 104 上,固定座 104 与分度转台 2 相连。

如图 5-10(b)所示,分度转台 2 包括分度盘 201,分度盘 201 套合于箱体 202 的空腔中,箱体 202 的底部连接有竖直连接板 203,竖直连接板 203 的一侧设置有两个竖直导轨滑块 204,两个竖直导轨滑块 204 共同连接至竖向导轨副 3 上。

如图 5-10(c)所示,水平丝杠螺母副 5 包括丝杠 503,丝杠 503 的两端分别连接有轴承座 505,丝杠 503 穿过其中一个轴承座 505 与手轮 501 相连；丝杠 503 的一侧连接有两个水平导轨滑块 502,两个水平导轨滑块 502 共同连接至连接板 504,连接板 504 与立柱 4 相互垂直并且交叉连接,两个轴承座 505 共同连接至水平旋转工作台 8 上。

如图 5-10(d)所示,电机 7 包括电机本体 702,电机本体 702 的外侧设置有电机固定架 701,电机固定架 701 连接至水平旋转工作台 8。水平旋转工作台 8 包括水平箱体 803,水平箱体 803 的外侧通过固定螺钉 802 连接有刻度转盘 801,水平箱体 803 的内部并且沿平行于刻度转盘 801 的方向设置有蜗杆 804,蜗杆 804 的一端通过连接轴 805 连接至电机 7。

3. 锥面后刀面线切割成形装置的工作原理

麻花钻后刀面线切割成形加工时,先将钻头夹持部 1 对着大锥度线切割机床的电极丝设置好,并且保证电极丝与竖直平面呈 14°夹角；再将麻花钻安装于钻夹头 101 上,然后启动步进电机 103,步进电机 103 通过回转轴 102 带动钻夹头 101 旋转,进而带动麻花钻的回转运动；转动竖向导轨副 3,固定于竖向导轨副 3 上的竖直导轨滑块 204 随着竖向导轨副 3 的旋进而上下运动,使得分度转台 2 能够随着竖向导轨副 3 的运动而在立柱 4 上作上下运动,最终实现对于钻夹头 101 在竖直方向上坐标的调整。

转动手轮 501,手轮 501 的转动带动丝杠 503 转动,连接于丝杠 503 上的两个水平导轨滑块 502 随着丝杠 503 的旋进而左右移动,进而带动连接板 504 在水平方向上运动,最终实现对于钻夹头 101 在水平方向的坐标的调整。

启动电机 7,电机 7 转动,通过电机固定架 701 带动水平旋转工作台 8 中的蜗杆 804 转动,蜗杆 804 的转动进而带动连接于水平旋转工作台 8 上的水平丝杠螺母副 5 运动,这样就实现了麻花钻与电极丝的电腐蚀切削运动。

通过竖向导轨副 3 和丝杠 503 手动调整钻夹头 101 的水平以及竖直方向的位置后,麻花钻以分度转台 2 的轴线作为锥面法刃磨时的锥面母线,并在电机 7 的作用下,实现钻夹头 101 沿锥面的回转运动,再由电极丝放电产生电蚀,对麻花钻的后刀面进行锥面成形加工。

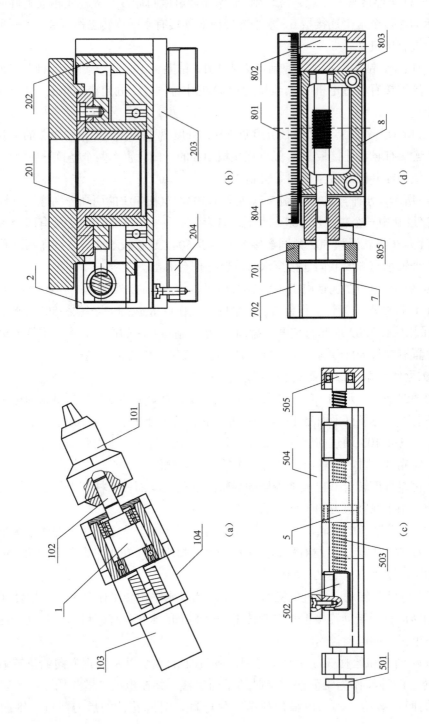

图 5-10 锥面后刀面线切割成形装置各部件的结构示意图

5.3.2 麻花钻锥面后刀面插补式线切割成形装置

1. 锥面后刀面插补式线切割成形运动

锥面后刀面插补式线切割成形运动方案如图 5-11 所示。由于该线切割成形装置是直接固定在线切割机床上的,因此可通过对机床 X、Y 轴的调整来确定成形装置与电极丝的相对位置,也可实现麻花钻轴线与后刀面锥面轴线偏距 e 的调整。通过手轮转动实现导轨块在丝杆导轨上的直线运动 1,调整锥顶距 A;利用转盘的旋转运动 1 转动钻夹头,调整轴间角 θ,钻夹头转动范围为 $0°\sim90°$;利用旋转运动 2 可调整麻花钻自身的转动(即逆转角 β);直线运动 2 由弹簧拉杆控制,并结合钻夹头自身旋转运动 2 形成分度装置,确保了麻花钻后刀面成形加工的对称性。

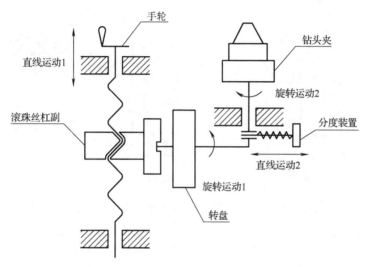

图 5-11 锥面后刀面插补式线切割成形运动方案简图

2. 锥面后刀面插补式线切割成形装置

麻花钻锥面后刀面插补式线切割成形装置的结构设计如图 5-12 所示,其成形装置的结构包括机架 12,机架 12 通过轴承座 1 和轴承 2,分别与滑动导轨 13 和丝杠 10 相连接,金属反向器螺母 8 安装在丝杠 10 上,丝杠 10 上设有锁紧机构 9,丝杠 10 端部装有手轮 11,手轮 11 转动带动丝杠 10 上的金属反向器螺母 8 沿滑动导轨 13 作直线运动。金属反向器螺母 8 通过螺钉与导轨块 7 连接,连接板 6 通过螺钉固定在导轨块 7 上,连接板 6 通过螺钉与转盘 3 连接,且转盘 3 能在连接板 6 的圆柱体上回转 $0°\sim90°$,分度装置 4 安装在转盘 3 上,并与钻夹头 5 连接。

3. 锥面后刀面插补式线切割成形装置的工作原理

麻花钻通过钻夹头 5 夹持,夹持时调整好麻花钻的初始位置,并通过分度装置 4 固定钻夹头 5,分度装置 4 设置在转盘 3 上,与转盘 3 一起绕连接板 6 的圆柱体回转,对于标准麻花钻应转过 $45°$,用螺钉上紧;连接板 6 通过螺钉与导轨块 7 连接,导轨块 7 通过螺钉与金属反向器螺母 8 连接,金属反向器螺母 8 安装在丝杠 10 上,转动丝杠 10 端部的手轮 11 可以使连接板 6 沿滑动导轨 13 实现上下移动,用于调整麻花钻相对线切割机床电极丝之间的相对位置,整个装置通过机架 12 与轴承座 1 固定在电火花线切割机床的工作台上。

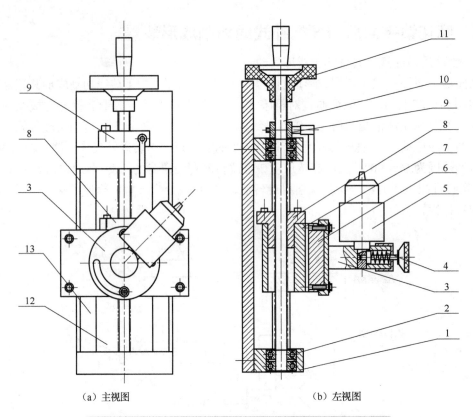

(a) 主视图　　　　　　　　　　(b) 左视图

图 5-12　麻花钻后刀面插补式线切割成形装置的结构示意图

1-轴承座；2-轴承；3-转盘；4-分度装置；5-钻夹头；6-连接板；7-导轨块；8-金属反向器螺母；
9-锁紧机构；10-丝杠；11-手轮；12-机架；13-滑动导轨

　　麻花钻后刀面线切割成形加工时，先调整麻花钻相对于竖直方向之间的夹角为 45°，利用线切割机床电极丝调锥度功能，调整线切割机床电极丝与竖直方向之间的夹角为 14°；通过手轮 11 调整麻花钻与线切割机床电极丝之间的距离；利用线切割机床工作台的直线移动功能，调整好麻花钻的回转中心与线切割机床电极丝之间的水平距离；然后利用线切割机床工作台的圆弧插补功能，线切割机床电极丝的放电电蚀，进行麻花钻锥面后刀面的成形加工。当麻花钻完成一侧后刀面的成形加工时，只需松紧分度装置 4，将钻夹头 5 对称旋转 180°后再固定，即可进行对侧麻花钻锥面后刀面的成形切割。

5.3.3　麻花钻螺旋面后刀面线切割成形装置

1. 螺旋面后刀面线切割成形运动

　　螺旋面后刀面线切割成形运动方案如图 5-13 所示。该线切割成形装置直接安装于线切割机床的工作台上，且麻花钻的轴线与线切割机床水平方向成 59°夹角。由电机 1 转动，通过联轴器带动钻夹头产生的旋转运动，可用以调整麻花钻自身的转动；利用电机 2 转动实现导轨滑块在丝杆导轨上的直线运动，可调整麻花钻的轴向进给运动。通过控制麻花钻自身的回转运动与轴向进给运动，调整与电极丝之间的干涉放电，即可实现麻花钻螺旋面后刀面的成形加工。

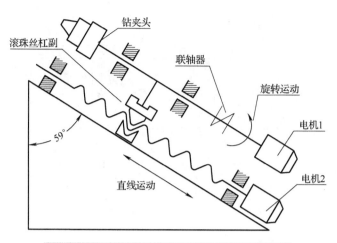

图 5-13 螺旋面后刀面线切割成形运动方案简图

2. 螺旋面后刀面线切割成形装置

麻花钻螺旋面后刀面线切割成形装置的结构设计如图 5-14 所示，其成形装置的结构主要包括麻花钻 12、回转轴 9、滚珠丝杠螺母副、滚动导轨副和机架 1。麻花钻 12 通过扳手三爪钻夹头 11 安装在回转轴 9 的一端，回转轴 9 的另一端通过联轴器 6 与第一步进电机 5 连接，第一步进电机 5 还与减速器连接；回转轴 9 通过滚动轴承 7 安装于轴承座 8 中，轴承座 8 上的轴承盖 10 用于轴向固定滚动轴承 7，轴承座 8 底部固定有连接板 4；滚珠丝杠螺母副由丝杠 15 和套在丝杠 15 上的螺母 3 组成，丝杠 15 连接在第二步进电机 2 上，螺母 3 与连接板 4 通过固定板 16 固定连接，固定板 16 固定在螺母 3 的外圆周面上，且与连接板 4 固定连接；滚动导轨副由设置在滚动导轨块 13 上的凹槽及嵌在凹槽内的导轨 14 组成，滚动导轨块 13 固定在连接板 4 的底部，导轨 14 固定在机架 1 上。

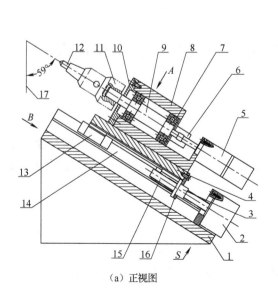
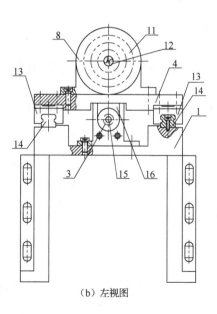

(a) 正视图　　　　　　　　　　　　(b) 左视图

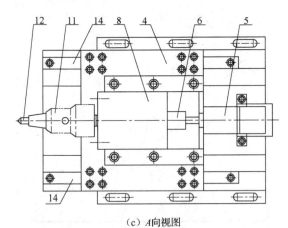

(c) A向视图

图 5-14　螺旋面后刀面线切割成形装置的结构示意图

1-机架；2-第二步进电机；3-螺母；4-连接板；5-第一步进电机；6-联轴器；7-滚动轴承；8-轴承座；9-回转轴；
10-轴承盖；11-扳手三爪钻夹头；12-麻花钻；13-滚动导轨块；14-导轨；15-丝杠；16-固定板；17-电极丝

3. 螺旋面后刀面线切割成形装置的工作原理

麻花钻后刀面线切割成形加工时，先将机架 1 的 S 面安装于电火花线切割机床的水平工作台上，保证麻花钻 12 的轴线与电火花线切割机床的电极丝 17 成 59°夹角，如图 5-14(a)所示；第一步进电机 5 及减速器转动，通过联轴器 6 带动回转轴 9 转动，回转轴 9 再通过扳手三爪钻夹头 11 带动麻花钻 12 转动实现麻花钻 12 的回转运动；第二步进电机 2 转动，带动丝杠 15 转动，螺母 3 通过固定板 16 带动连接板 4 直线移动，使得固定在连接板 4 底部的滚动导轨块 13 沿着导轨 14 移动，通过滚珠丝杠螺母副和滚动导轨副的设置实现了麻花钻 12 的轴向进给运动；麻花钻 12 在回转运动及进给运动的双重运动下，实现螺旋运动，再由电火花线切割机床的电极丝 17 放电产生电蚀，对麻花钻 12 的后刀面进行螺旋面法的刃磨。通过控制麻花钻的轴向进给运动，还可实现麻花钻后刀面变导程螺旋面法线切割刃磨。

5.4　麻花钻锥面后刀面线切割成形仿真研究

5.4.1　线切割成形机的设计

1. 二维模型的设计

根据麻花钻锥面后刀面的成形原理以及数学建模，优化麻花钻线切割成形参数，并结合麻花钻后刀面线切割成形装置的结构设计及其成形运动分析，设计麻花钻锥面后刀面插补式线切割成形机，其二维结构图如图 5-15 所示。

2. 三维模型的建立

根据麻花钻锥面后刀面线切割成形原理和电火花线切割机床的加工特点，参考相关《机械设计手册》，确定并选用线切割成形机床所需零部件产品样本的尺寸，利用 UG NX 软件建立各个零件的三维模型，经装配得到麻花钻锥面后刀面插补式线切割成形机的三维模型，如图 5-16 所示。

第 5 章 电火花线切割成形麻花钻后刀面

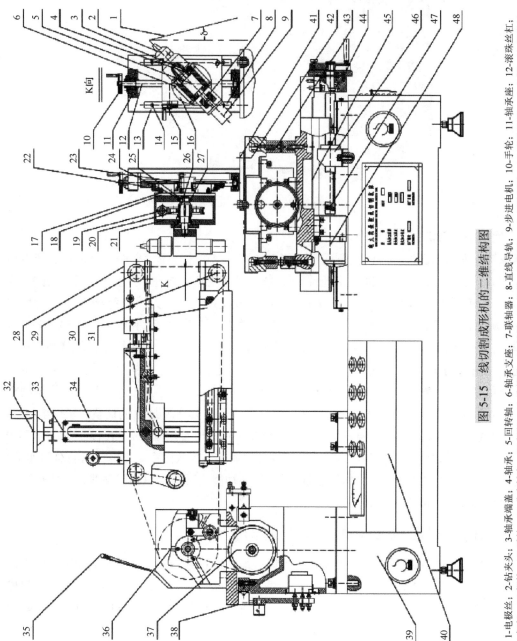

图 5-15 线切割成形机的二维结构图

1-电极丝；2-钻夹头；3-轴承端盖；4-轴承座；5-回转轴；6-轴承；7-联轴器；8-直线导轨；9-步进电机；10-手轮；11-轴承座；12-滚珠丝杠；13-机架；14-螺栓；15-手轮；16-分度转台；17-螺钉；18-连接板；19-蜗轮；20-蜗杆；21-箱杯；22-导轨滑块；23-滚珠丝杠螺母；24-卡簧；25-蜗轮轴；26-分度盘；27-轴承；28-上线架；29-上导轮；30-下导轮；31-下线架；32-手轮；33-刻度面板；34-线架立柱；35-挡板；36-丝筒；37-齿轮；38-拖板；39-导轨；40-操作板；41-连接板；42-Y工作台；43-导轨；44-手轮；45-X工作台；46-丝母座；47-丝杠；48-步进电机

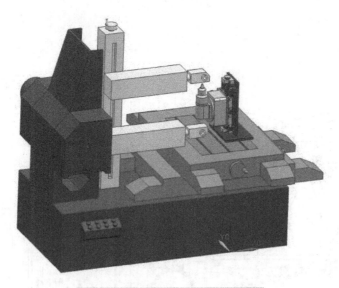

图 5-16 线切割成形机的三维模型图

3. 线切割成形机的工作原理

麻花钻锥面后刀面插补式线切割成形机的工作原理：机床成形部分的连接板和机床坐标工作台部分通过螺栓连接，电极丝 1 经过丝筒 36，穿过上线架 28 的导轮 29 和下线架 31 的导轮 30，丝筒 36 在电机的带动下，一方面自身作旋转运动，另一方面沿着导轨 39 做前后往复运动，从而使电极丝 1 能整齐地绕在丝筒的表面，同时对工件进行切割加工；转动手轮 15，带动蜗杆 19 和蜗轮 20 运动，而蜗轮轴 25 带动分度转台 16 转动，回转轴 5 的轴线与机床 Z 轴方向成 θ 角，实现对轴间角的调整；通过锥度机构使电极丝 1 上端发生偏移，与 Z 轴负方向成一个角度，实现对线切割成形参数半锥角 δ 的调整；转动手轮 10，丝杠导轨结构带动箱体 21 上下移动并结合 Y 工作台移动，完成对线切割成形参数锥顶距 A 的调整；步进电机 48 带动滚珠丝杠 47 转动，X 工作台发生偏移，实现线切割成形参数偏距 e 的调整；步进电机 9 通过联轴器 7 带动回转轴 5 转动，同时让钻夹头 2 跟着旋转，从而实现对麻花钻的对侧加工；钻头绕理想锥体轴线的回转运动则是由机床圆弧插补功能实现的，进而实现线切割成形方法对钻头毛坯的线切割成形加工。

5.4.2 线切割成形机虚拟机床模型的构建

虚拟机床是虚拟制造的基础，虚拟机床可以对加工过程进行仿真，并预测此过程中出现的问题。本章利用 VERICUT 软件对虚拟机床的工作过程进行仿真，建立了该机床的几何模型和运动学模型，同时对机床进行初始化工作，设置机床相关参数，并定制与机床相匹配的控制系统。

1. VERICUT 机床几何模型的建立

机床几何模型的建立主要分以下几个步骤：机床机构分析、机床模块分解、模块几何建模、运动学建模以及机床建模测试，具体步骤如图 5-17 所示。

图 5-17　机床建模步骤

根据麻花钻锥面后刀面线切割成形原理以及锥度加工的特点，本章采用具有锥度切割机构的 DK77 系列中走丝线切割机床对麻花钻后刀面进行线切割成形仿真研究。

根据机床运动关系，分解机床结构，并构建各部件简化模型，再按照部件之间的逻辑关系进行"装配"，并对机床进行简单的检验。由于线切割成形机床结构比较复杂，因此可先在 UG NX 三维软件中构建机床的各部分组件，再将创建好的机床部件模型以 stl 文件格式保存，以组件为单元逐个输出，注意输出时的组件模型参考坐标系应与 VERICUT 系统中的组件坐标系相匹配，然后再添加到 VERICUT 系统中。而各组件在添加的过程中，会自动保存其在 UG NX 软件中装配时的坐标位置，因此在 VERICUT 系统中会自动识别各组件之间的相对位置。然后在此基础上对每个部件进行适当的位置调整，最终构建出与真实机床相一致的虚拟机床模型，如图 5-18 所示。

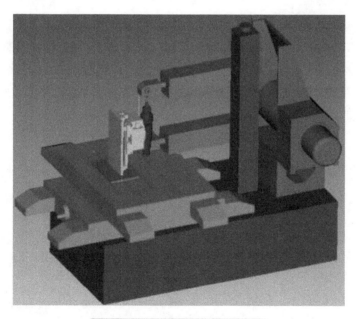

图 5-18　线切割成形机床虚拟模型

2．线切割成形机床相关参数的设定

创建好机床的运动关系且添加完模型之后，还要对机床的相关参数进行设置。选择菜单栏中的"配置"→"机床设定"选项，在弹出的"机床设定"对话框中勾选"碰撞检测"选项，然后根据需要对各组件两两进行检测，检测机床组件之间是否发生干涉现象。若在仿真中出现干涉现象则会显示红色报警，同时各组件与工件或夹具之间所发生的干涉也会出现在机床日志文件的记录中，如图 5-19 所示。

在"机床设定"对话框的"表"选项卡中设置机床初始位置，如图 5-20 所示。在"行程极限"选项卡中根据实际机床各运动轴的行程极限，设置机床运动轴的行程，如图 5-21 所示。

图 5-19 机床碰撞设置　　　图 5-20 机床初始位置设置　　　图 5-21 机床行程设置

此外，线切割机床还需设置其加工参数，主要包括电极丝的直径、工作台到 XY 面的距离、XY 面到 UV 面的距离、线切割的最大线角度等，如图 5-22 和图 5-23 所示。工作台到 XY 面的距离与 XY 面到 UV 面的距离之差的绝对值表示电极丝的有效长度，为了使电极丝能够在仿真加工时有效切割到钻头毛坯，可适当地将差值放大，以求达到最好的线切割加工效果。由于所使用的是线切割机床，所以要在 VERICUT 系统选择"文件"→"属性"→"一般"→"线切割"选项，经过这些操作，机床才会调整到线切割加工，如图 5-24 所示。

 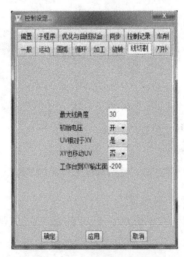 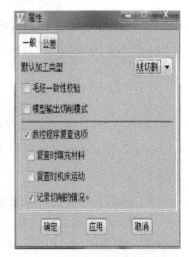

图 5-22 线切割机床参数设置　　图 5-23 线切割角度设置图　　图 5-24 属性设置

3. 线切割成形机床数控系统配置

建立好线切割成形机床结构并设置好相关的参数后，机床仍然不能运动，还必须添加配套的控制系统，才能使机床具备解读数控代码、插补运算以及仿真显示等功能，真正实现线切割的仿真加工运动。因此，选用 VERICUT 软件自带，由 CHARMILLES 公司研发的 chr200

控制系统，并对系统中部分字指令进行修改，从而定制出与所设计机床相匹配的数控系统，其操作均可通过 VERICUT 系统中的宏指令进行配置和调整。

VERICUT 控制系统对"G-代码"的解析过程和实际机床控制系统完全相同，配置一般分为两步：第一步是指令代码格式的定义；第二步是指令代码宏指令的配置。控制系统的每个指令都对字格式提出了较为严格的要求，同时为了真实且有效地仿真出 NC 程序的加工结果，VERICUT 软件提供了"字格式"窗口，表中列出了类型、次级类型、公制、英制、公尺格式、英寸格式等内容，为成功配置控制系统提供了便利，如图 5-25 所示。

在定义字符代码格式后，还需对具体的数控代码及含义进行设定，即进行宏指令的配置。在 VERICUT 系统中，选择"配置"→"G-代码处理"选项，在弹出的"添加/修改 字/地址"对话框中编辑文字地址，调用 CGTech 公司开发的相应控制系统"宏"指令文件，赋予字符代码某种运动操作指令，从而使机床能够识别数控程序中的代码，完成其指定的功能，如图 5-26 所示。

图 5-25　"字格式"窗口　　　　　图 5-26　"添加/修改 字/地址"对话框

chr200 控制系统与本章所设计的 DK77 系列线切割机床控制系统存在一些差异，因此根据线切割成形机床的加工要求，需在原有基础上进行修改，即添加或删除一些指令，如表 5-1 和表 5-2 所示。

表 5-1　添加的数控指令

类型	指令	宏文件	执行动作
Specials	0	Subroutine Sequence	子程序编号
States	G17	Motion Plane XY	XY 平面移动
States	G20	Units Inch	英制单位
States	G21	Units Metric	公制单位

续表

类型	指令	宏文件	执行动作
M_Misc	M40	Voltage Off	开启转轴
	M43	Coolant Off	关闭工作液
	M50	Cut Wire	断丝
	M98	Call Sub	调用子程序
	M99	End Sub	子程序结束
G_Prep	G40	Cutter Comp Off	取消补偿
	G41	Cutter Comp Left	左补偿
	G42	Cutter Comp Right	右补偿
	G54	Additional Work Coord	添加坐标系
	G158(X Y)	Cancel Shift Off set A	转换工件坐标系

表 5-2 删除的数控指令

类型	指令	宏文件	执行动作
Specials	无		
States	G70	Units Inch	公制单位
Registers	无		
M_Misc	M7	Coolant Flood	工作液开启
	M9	Coolant Off	工作液关闭
	M12	Cut Wire	断丝
	M20	Voltage On	开启转轴
	M21	Voltage Off	关闭转轴
G_Prep	无		

5.4.3 麻花钻锥面后刀面插补式线切割成形机模型

利用 UG NX 与 VERICUT 软件构建麻花钻锥面后刀面插补式线切割成形机模型，并根据设计机床的结构特点以及线切割成形原理，构建机床的组件树。组合机床的运动结构图如图 5-27 所示，由图可知线切割成形机床上有 U、V、X、Y、Z、W、B、C 轴，其中 U、V 用于四轴联动锥度切割机构调整电极丝的倾斜方向与角度，X 轴用于调整线切割成形参数偏距 e，Z 轴用于调整上下两线架之间的距离，W 轴和 Y 轴的共同作用来调整成形参数锥顶距 A，B 轴旋转用于调整成形参数轴间角 θ，C 轴用于实现钻头毛坯绕自身轴线的旋转运动，从而完成麻花钻锥面后刀面的成形加工并消除后刀面的"翘尾"现象。

在对机床进行数控仿真加工的时候，只需将主要的组件模型按照一定的运动逻辑关系构建起来即可，而本章所设计的线切割成形机床主要由床身、XY 坐标工作台、上下线架、四轴联动锥度切割机构的 U 轴和 V 轴、储丝筒等部件构成。在 VERICUT 系统中构建起机床的项目树，同时以 Base(床身)为基准，逐个定义机床的组成部分，次序为 Base→Z→V→U→Upper Head→Upper Guide，在 Base 上添加 Y 部件，顺序为 Y→X→Work Table→Attach→Fixture→Stock→Design，再在 Base 上添加 Lower Head→Lower Guide，由于使用的是线切割机床，还需要添加系统中的 Guide(引导)功能实现电极丝的添加，则最终构筑完成的线切割成形机床的项目树如图 5-28 所示。

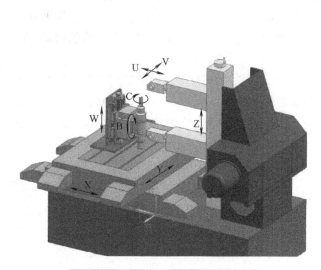

图 5-27 线切割成形机床运动结构图

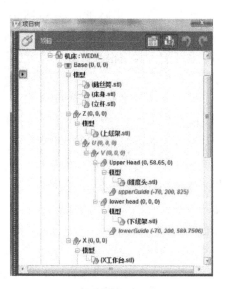

图 5-28 项目树

5.4.4 线切割成形机床设置

1. 机床参数设定

在建立好线切割成形机床的模型后，还需依据线切割成形原理调整机床的各运动轴与线切割成形参数之间的关系，使毛坯与电极丝接触并开始仿真加工。

根据麻花钻锥面后刀面线切割成形原理图，电极丝要倾斜一个角度即半锥角 δ，选用半径 $R=10$mm 的钻头作为试验毛坯（钻头毛坯建模方法详见第 6 章），半锥角 $\delta=14°$，线切割成形机床的电极丝是通过 VERICUT 系统中的 Guide 功能并捕捉上引导和下引导位置实现的，而电极丝上下引导之间的垂直距离为 $\Delta Z=(825-589.75)$mm $=235.25$mm，则电极丝上引导通过四轴联动锥度机构在 V 方向上的移动距离为 $\Delta V=\Delta Z\cdot\tan\delta=235.25mm\cdot\tan14°=58.65$mm，即下引导保持不动，上引导只需沿 V 轴的正方向移动 58.65mm，即可使电极丝倾斜一个半锥角 $14°$，则上引导点在机床基点的坐标为 (-70, 200+58.65, 825)，即 (-70, 258.65, 825)，则以倾斜后的上引导点作为理想锥体的锥顶。

而毛坯倾斜一个轴间角的转动是通过 B 轴分度盘的旋转带动钻夹头实现的，即 B 轴旋转 $45°$ 后完成成形参数轴间角 θ 的调整，那么麻花钻的轴线与电极丝的夹角即 $59°$，即标准麻花钻半顶角 φ 的值，此时让钻头毛坯的中心与理想锥体的锥顶重合。

线切割成形参数锥顶距 A 是通过 W 轴沿着机床 Z 轴方向的直线运动来实现的。由于仿真试验选用的是 $R=10$mm 的麻花钻，锥顶距 A 的值设为 22mm，以新得到的理想锥体锥顶作为移动的初始位置。根据几何关系的计算可知：使毛坯沿 Z 轴负方向向下移动 $W=A\cdot\cos14°/\cos31°=24.9$mm，然后沿着 Y 轴负方向移动 ΔY 的距离，而 $\Delta Y=A\cdot\sin14°/\cos31°=6.21$mm，即可完成锥顶距 A 的调整，此时电极丝在空间位置上仍然与钻头毛坯的中心处相交。

最后通过 X 工作台的直线移动实现偏距 e 的调整，即通过 X 轴的移动就可以调整理想锥体的轴线与钻头自身轴线间的距离，即偏距 e 为 2.25mm，得到的电极丝倾斜角度示意图如图 5-29 所示。

此外，由于实际加工中的钻头毛坯是通过手动将其装到钻夹头上的，因此需要在 VERICUT 系统的项目树中添加两个卡爪，即左卡爪（left）和右卡爪（right），从而利用夹具实现对毛坯的夹紧与松开，运动设置在子系统 2 中的 U 轴上，并定义其中一个卡爪的移动方向与另一个相反。

标准麻花钻具有两个锥面后刀面，因此在对麻花钻一侧的后刀面加工完毕后，还要加工其对侧的后刀面，这就需要使钻头绕自身轴线旋转 180°，为此设立一个旋转轴 C 轴。但是在操作过程中若选择了不恰当的线切割成形参数，钻头后刀面就会发生"翘尾"现象。这种现象往往在设计时是很难发现的，只有在加工完之后才会发现。为了避免"翘尾"现象，可以先使钻头绕自身的轴线逆时针旋转 β 角，这在 VERICUT 系统中可以直接通过 C 轴的旋转实现。为此可以在所设计的线切割成形机床的 C 轴处添加一个分度盘，作用类似于 B 轴旋转时用的分度盘，进而能够方便、快捷地调整钻头绕自身轴线的旋转角度 β（该仿真设置 $\beta=11°$）。通过上述的运动设置，就可以完成对麻花钻后刀面成形参数的调整，从而得到参数调整后的麻花钻后刀面线切割成形机床的最终模型，如图 5-30 所示。

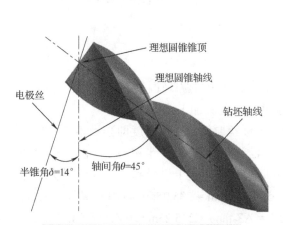

图 5-29 电极丝与钻头毛坯的角度关系

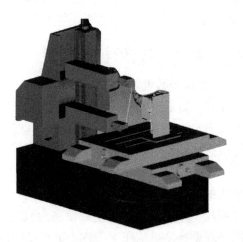

图 5-30 参数调整后的线切割成形机床模型

2. 机床数控系统配置

在设置完机床相关参数后，还需配置线切割成形机床的数控系统，先调用 VERICUT 系统中自带的关于线切割机床的 chr200 数控系统文件，其次通过对控制系统文件的适当修改，即可完成对机床运动轴的控制宏指令的配置。

首先选择"配置"→"文字格式"选项，然后对字格式进行编辑。单击"添加"按钮，依次在"名字"一栏中键入"V="，在"类型"下拉菜单中选择"宏"，在"次级类型"下拉菜单中选择"数字"，在"英制"下拉菜单中选择"小数"，在"英寸格式"一栏中键入 3.4，在"公制"下拉菜单中选择"小数"，在"公尺格式"一栏中键入 4.3。剩余的符号及格式设置与上面的操作类似，字格式设置完成后的效果如图 5-31 所示。

接下来还需对字格式代码地址及其概述设置，以使机床能够准确有效地识别程序中的代码。在 VERICUT 系统中，选择"配置"→"文字/地址"选项，打开"G-代码处理"对话框，该对话框由菜单和分类树结构显示两部分组成，单击点开 Registers 节点，右击选择"添加/修改"选项，弹出"添加/修改 字/地址"对话框，在"字"这一栏中键入"V="，"范围"一栏中键入"*",在"描述"一栏中键入"上引导调整线切割角度",在"宏名"滚动条中选择 V axis Motion,将其设置为 V 轴方向的运动,类似地,配置好 U、X、Y、B、C、W 等轴的宏指令,其最终的结果如图 5-32 所示。

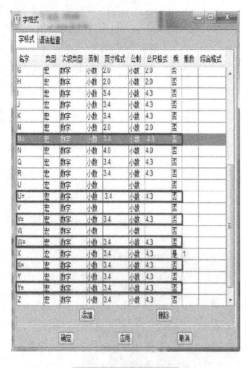

图 5-31　字格式设置

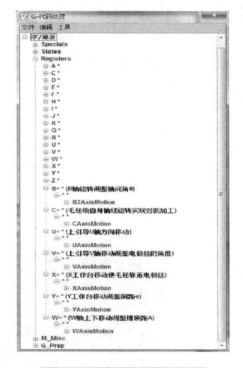

图 5-32　"G-代码处理"对话框

为了符合实际机床上的应用,在线切割成形机床上用 M=10 和 M=11 这两个指令控制卡盘三爪夹紧、松开钻头毛坯零件,通过添加 VERICUT 的宏指令来实现该指令的功能。首先在线切割成形机床组件树中的 Attach→Fixture 组件下添加两个 U 线性轴组件,命名为 U(left) 和 U(right),如图 5-28 所示。然后添加相应的模型文件同时调整好卡爪的安装位置。接着在"字格式"中对字地址进行设置,如图 5-31 所示。在主菜单中选择"配置"→"文字/地址"选项,弹出"G-代码处理"对话框,在"字/地址"节点中展开 M_Misc 节点,右击选择"添加/修改"选项,弹出"添加/修改 字/地址"对话框,在"字"一栏中键入"M=","范围"中键入"11",在"描述"一栏中输入"松开",在"宏名"滚动条中选择 U axis Machine Motion,该宏指令用于卡爪进行 U 方向的直线运动,并在"覆盖值"文本框中输入−45,设定卡爪的最大夹持直径,如图 5-33 所示。M=10 的夹紧指令设置与 M=11 类似,最终完成的 M=10、M=11 指令 G 代码处理,如图 5-34 所示。

最后使用 MDI(手工数据输入)功能测试,首先将钻头的毛坯(Stock)定义在钻夹头中合适的位置。在 VERICUT 系统工具栏中选择"手工数据输入"命令,弹出如图 5-35 所示的"手工数据输入"对话框,并勾选左上角的"去除材料"选项,在"单行程序"一栏中键入"M=11",并单击右侧的"添加到目录"按钮,卡爪松开状态如图 5-36(a)所示。同理,在"单行程序"一栏中键入"M=10",再次单击右侧的"添加到目录"按钮,卡爪夹紧状态如图 5-36(b)所示。

 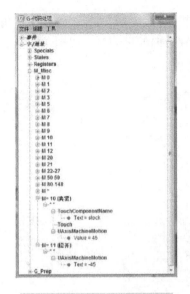 

图 5-33 配置 M=11 松开指令　　图 5-34 定义 M=10、11 指令　　图 5-35 MDI 功能

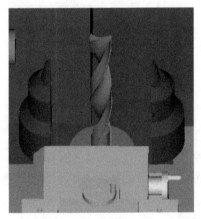 

(a) M=11 松开情况　　　　　　　　(b) M=10 夹紧情况

图 5-36 运行 M=11，M=10 松开和夹紧结果

3. 数控程序添加

完成机床参数的设定和数控系统的配置，也就利用了 VERICUT 构建起麻花钻后刀面线切割成形的虚拟机床模型，此时需要添加数控程序这个指令才能让机床工作起来，这样就可以对钻头毛坯进行仿真加工。由于 VERICUT 系统中带有多种坐标系，在进行以上设置时，必须保持钻头毛坯的组件坐标系 Z_{wp} 和工件坐标系 Z_c 相一致，否则就会导致电极丝不能接触到工件使得线切割动作无法继续进行。

对于数控程序编制的解释，可通过手工编程实现对轴间角 θ、电极丝偏移角度 δ、锥顶距 A、偏距 e 以及旋转角 β 的调整。由于标准麻花钻单侧后刀面是所在锥面的一部分，因此可以将线切割加工钻头后刀面看作加工圆台侧面的一部分。在 YOZ 平面内，上平面是过电极丝与麻花钻轴线的交点且以该点到理想锥体轴线垂直距离为半径的圆所在平面，下平面则是过电极丝与麻花钻外棱的交点且以该点到理想锥体轴线垂直距离为半径的圆所在平面，而两交点的距离即麻花钻的主切削刃的长度，如图 5-37 所示。

钻头毛坯是通过钻头截面曲线经扫掠得到的，而且有螺旋槽的存在，对于加工单侧麻花钻后刀面，只需让电极丝的位置从螺旋槽的一侧转移到另外一侧即可完成。因此，指定上表面为编程表面，电极丝与上表面在 *YOZ* 平面内的交点 *A* 点作为程序编制的原点，即圆弧插补的起点，以顺时针四分之一圆处的 *B* 点作为圆弧插补的终点，如图 5-38 所示。采用绝对坐标编程方法，首先通过 G92 指令指定编程的起点 *A*(0,0)，圆弧插补路径是从 $A \to B$，为顺时针方向，利用的是 G02 指令，圆心坐标为 *O*(0,6.21)，终点为 *B*(−6.21,6.21)。根据数控线切割编程步骤，利用 G41 指令对电火花线切割放电间隙进行补偿，补偿量为电极丝半径与放电间隙之和，即 $D=r+\delta$，放电间隙值通常取为 0.01mm，则 $D=(0.2/2+0.01)\text{mm}=0.11\text{mm}$，这样就完成了钻头毛坯单侧的线切割成形加工。为了完成对侧钻头毛坯后刀面的加工，只需将钻头绕自身的轴线旋转 180°即可，为此添加了“C=180”一行程序，手工编制完成的程序如图 5-39 所示。

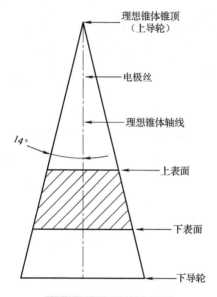

图 5-37　圆弧插补示意图

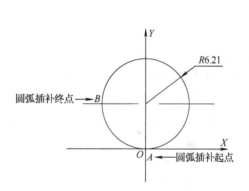

图 5-38　圆弧插补程序编制

```
手工编程代码.txt - 记事本
文件(F) 编辑(E) 格式(O) 查看(V) 帮助(H)
CGTECH_MACRO"SetSubsystemID""2"; 激活子系统2
CGTECH_MACRO"SetSubsystemID""1"; 激活子系统1
N010 M=11;          卡爪松开
N020 M=10;          卡爪夹紧
N030 B=45;          旋转分度盘调整轴间角 θ
N040 V=58.65;       调整电极丝的方向和角度
N050 W=-24.9;       上下移动调整锥顶距A
N060 Y=-6.21;       工作台移动让电极丝穿过毛坯中心
N070 X=-2.25;       工作台移动调整偏心距e
N080 C=-11;         毛坯逆时针旋转一个β角防止“翘尾”现象产生
N090  G92 X0 Y0;    定义程序原点
N0100 G41 D0.11;    左偏刀具间隙补偿
N0110 G90 G02 X-6.21 Y6.21 I0 J6.21;  顺时针圆弧插补实现单侧后刀面加工
N0120 C=180;        旋转180° 实现钻头毛坯的对侧加工
N0130 G92 X0 Y0;
N0140 G41 D0.11;
N0150 G90 G02 X-6.21 Y6.21 I0 J6.21;
N0160 M02;
```

图 5-39　数控程序

5.4.5 仿真加工结果分析

在完成所有的机床设置工作之后，就可以将手工编写的数控程序添加到 VERICUT 系统中，实现利用线切割对麻花钻后刀面的成形加工。运行完数控程序后，生成的线切割成形钻头后刀面模型如图 5-40 所示。

图 5-40　线切割成形加工后的钻头后刀面模型

线切割加工完钻头毛坯之后，从图 5-40 目测就可以判断出经线切割成形的麻花钻后刀面没有出现"翘尾"的现象。为了进一步验证上述线切割成形机床切割生成麻花钻后刀面的可行性，可对其仿真生成的麻花钻后角进行测量分析。首先将仿真生成的麻花钻以 stl 文件格式保存，再导入 UG NX 软件中进行钻尖几何角度的测量分析（测量方法详见 6.5 节）。

通过对所得线切割成形麻花钻后刀面模型的测量分析，其钻尖几何角度符合标准麻花钻相应的角度要求，因此可知所设计的麻花钻锥面后刀面插补式线切割成形机符合实际要求。将原有锥面刃磨法中的钻头绕理想锥体的转动通过机床的圆弧插补功能实现，不仅简化了线切割成形机床的结构，而且更能较为准确地利用线切割实现麻花钻后刀面的成形，验证了麻花钻锥面后刀面线切割成形方法的可行性。但限于数控仿真加工软件不能测量加工后毛坯的表面质量，因此在进行实际线切割加工成形时，可以从机床因素、工艺参数以及工作液三个方面着手来减小钻头后刀面的粗糙度，以满足麻花钻后刀面的实际要求，同时也可检验仿真加工的有效性和准确性。

5.5　麻花钻锥面后刀面线切割成形试验研究

为研究麻花钻锥面后刀面线切割成形方法的可行性以及所设计线切割成形装置的可靠性，本节通过线切割成形试验来进行验证，分析不同电参数对线切割成形麻花钻后刀面钻尖几何角度以及表面粗糙度的影响，以获得最优加工工艺组合参数，从而对优化线切割麻花钻后刀面的成形加工以及线切割成形装置的改良都具有重要的实际意义。

5.5.1　试验平台的搭建

试验采用苏州宝时格公司研制的 DK7732TM 型数控中走丝电火花线切割机床，如图 5-41 所示。中走丝电火花线切割机床在机械生产中的应用最广，且相较于快、慢走丝机床，中走丝机床加工效率高、运行稳定、加工质量较好。此外，该机床可实现 X、Y、U、V 数控四轴联动控制，从而机床具有锥度切割的功能，符合本试验研究的技术要求。机床电极丝选用直径 0.18 mm 的钼丝，切削液为 15%的水基工作液。根据试验机床自带的操作系统以及相关操作说明书设定参数，机床基本技术参数如表 5-3 所示，电参数范围如表 5-4 所示。

表 5-3　DK7732TM 型数控中走丝电火花线切割机床技术参数表

参数名称	数值	参数名称	数值
机床型号	DK7732TM	加工电压	70～110 V
电极丝直径	0.1～0.2 mm	锥度切割工件最大厚度	80 mm
最大加工范围	400 mm×320 mm	最大加工限速	500
最大切割厚度	500 mm	最大工作物重量	600 kg
最大加工锥度	±15°	最大进给速度	500 mm/min
X 轴最大行程	300 mm	工作液容量	80 L
Y 轴最大行程	400 mm	机床导轨	直线导轨
Z 轴最大行程	700 mm	辅助轴移动距离(U、V 轴行程)	±70 mm

表 5-4　DK7732TM 型数控中走丝电火花线切割机床加工电参数取值范围

参数名称	数值	参数名称	数值
脉冲宽度 T_{on}/μs	2～33	功放管数 N/个	1～6
脉冲间距 T_{off}/(倍 T_{on})	4～30	加工限速 V/Hz	2～200

注：倍 T_{on} 是指脉冲宽度的倍数；Hz 是指步每秒。

试验根据麻花钻锥面后刀面插补式线切割成形装置的成形运动分析以及结构设计，研制了相应的线切割成形实体装置，如图 5-42 所示。该成形装置导轨上下移动行程为 100mm，分度装置旋转角度为 0°～90°。麻花钻线切割成形加工试验前，需先将麻花钻通过钻夹头夹持，并调整好麻花钻的初始位置，钻夹头安装在分度装置上，与分度装置一起绕连接板的圆柱体回转，调整好成形角度后，用螺钉拧紧固定。连接板通过螺母与丝杠连接，转动手轮可以实现连接板沿导轨上下移动，调整麻花钻与线切割机床电极丝之间的相对位置，整个装置通过机架固定在电火花线切割机床的工作台上，如图 5-43 所示。

图 5-41　DK7732TM 型数控中走丝电火花线切割机床

图 5-42　线切割成形装置

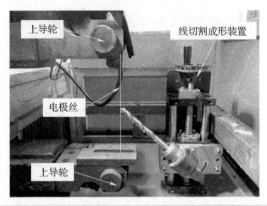

图 5-43 线切割成形装置在线切割机床上的安装位置

5.5.2 试验方案设计

在电火花线切割加工过程中，脉冲宽度、脉冲间隙、峰值电流、开路电压等电参数是影响工件材料去除率及表面粗糙度的主要因素，但对于不同材料，选择的电参数也不同。因此，本试验选用钻头材质为高速钢(HSS)、钻头直径为 10mm 的钻头毛坯进行成形加工，如图 5-44 所示，并测量线切割成形麻花钻后刀面的钻尖几何角度，验证其成形方法的可行性；分别采用单因素试验与正交试验的设计方法，着重研究分析脉冲宽度、脉冲间距、功放管数和加工限速四个电参数对线切割成形麻花钻后刀面表面粗糙度的影响规律；采用 TR210 型台式粗糙度检测仪对表面粗糙度进行检测。

图 5-44 钻头毛坯棒料

5.5.3 线切割电参数的设置

根据线切割成形设计方案，利用机床自带的 Auto Cut 系统中的"工艺库"对话框，设置试验所需考虑研究的各项线切割电参数，如图 5-45 所示，其他参数不变，即加工余量设为 0，

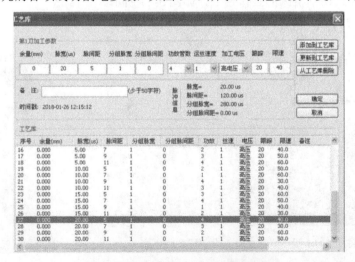

图 5-45 线切割成形工艺电参数设置

分组脉宽设为 1,分组脉间距设为 0,运丝速度设为 1,加工电压为高电压,跟踪设为 20(跟踪是指线切割的变频跟踪速度,其作用是保证加工的稳定性)。

5.5.4 电极丝运动轨迹规划

在线切割成形加工之前,需先调整好钻头毛坯与电极丝的相对位置,并利用机床自带的 Auto Cut 系统控制生成电极丝的运动轨迹。通过对电极丝轨迹路径规划与机床实际加工参数的设置完成对线切割成形参数的调整。

基于锥面刃磨法加工成形的麻花钻单侧后刀面,其实质上是所在圆锥面的一部分,故可把麻花钻后刀面的成形切割看作圆台侧面的切割加工。电极丝与钻头毛坯的相对位置在机床 XU 平面上的投影,如图 5-46 所示,图中剖面线部分即假想的圆台,圆台上表面是过电极丝与麻花钻轴线的交点,且以该点到理想锥体轴线垂直距离为半径的圆所在平面,圆台下表面则是过电极丝与麻花钻外棱的交点,且以该点到理想锥体轴线垂直距离为半径的圆所在平面,而两交点之间的距离即麻花钻的主切削刃的长度。麻花钻后刀面的成形切割即可由电极丝绕理想锥体轴线旋转扫掠得到。

试验以假想圆台的下表面为编程平面,预设生成的电极丝运动轨迹如图 5-47 所示,其运动轨迹由直线运动轨迹和锥度运动轨迹两部分组成,直线运动轨迹的作用是使电极丝由对刀点移动到锥度切割起点,其中 e 为偏距、R 为圆锥底面半径(即下表面所在圆半径 L_1)、L 为对刀点到理想锥体轴线间的垂直距离 L_2。电极丝锥度运动轨迹的生成,可通过在编程平面上绘制与圆锥底面半径相同的半圆(绘制时需注意系统坐标系方向与机床坐标方向的一致性),拾取半圆为机床锥度加工路径。而该路径是以电极丝倾斜后设计的,因此还需调整电极丝倾斜前与钻头毛坯的相对位置,即对刀。

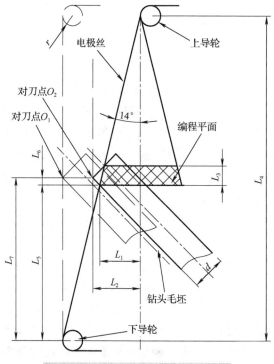

图 5-46 电极丝与麻花钻的相对位置

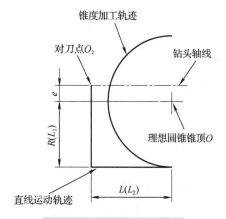

图 5-47 电极丝的运动轨迹

由图 5-46 可知，对刀时，电极丝与钻头毛坯最先接触对刀点 O_1，但对于实际锥度加工过程，电极丝常以下导轮固定，上导轮倾斜实现锥度切割，因此图 5-46 中的对刀点 O_2 才是本试验所需的实际对刀点。为了满足电极丝倾斜后，钻头毛坯与实际对刀点的重合，需对上下导轮、对刀点以及编程平面之间的距离等锥度加工参数进行测量与设置，如图 5-48 所示，并结合机床工作台的圆弧插补运动，实现钻头毛坯的偏移。

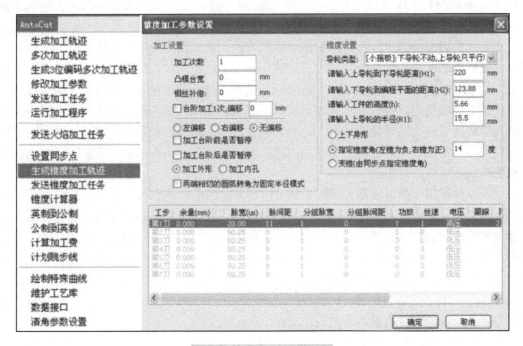

图 5-48 锥度加工参数设置

为实现锥度切割，需设置的相关锥度加工参数如下。

(1) 导轮类型：选择"小拖板"。

(2) 上下导轮的距离 L_4：通过测量线切割机床上下导轮实际距离得到。

(3) 下导轮到编程平面之间的距离 L_5：根据机床锥度加工参数设置调整下导轮到编程平面之间的距离，间接完成对成形参数锥顶距 A 的调整，由于编程平面是虚拟的，故在实际中难以测量，在实际成形对刀过程中，通过测量对刀点到下导轮的距离 L_7，然后在成形原理图中由几何关系得到对刀点到编程平面之间的距离 L_6，最终用对刀点到下导轮的距离 L_7 减去对刀点到编程平面的距离 L_6 得到编程平面到下导轮的距离 L_5。

(4) 工件高度 L_3（圆台上下表面之间的距离）：在成形原理图中，由几何关系测量得到。

(5) 导轮的半径 r：根据机床所使用的导轮型号，查取导轮半径。

(6) 锥度角度（即半锥角 δ）：根据机床实际锥度加工倾斜角度范围以及成形麻花钻钻尖几何角度需求设定，本试验所用的 DK7732TM 线切割机床的最大加工锥度为 15°，且标准麻花钻半顶角为 59°，因此利用线切割机床锥度加工功能，调整线切割机床电极丝与竖直方向之间的夹角为 14°，调整麻花钻（钻夹头）与竖直方向之间的夹角为 45°，即分度装置应转动 45°。

完成锥度加工参数设置后，利用 Auto Cut 系统控制生成电极丝的锥度切割轨迹如图 5-49 所示。

在完成电极丝与钻头毛坯相对位置的调整以及机床参数设置之后，进行麻花钻锥面后刀面的线切割成形加工，其加工现场示意图如图 5-50 所示，加工生成的线切割成形麻花钻，如图 5-51 所示。

图 5-49　锥度加工轨迹图

图 5-50　试验加工现场示意图

图 5-51　线切割成形麻花钻

5.5.5　试件钻尖几何角度的测量

麻花钻的主要钻尖几何角度有顶角 2φ、横刃斜角 ψ 和外缘后角 α_f，查阅相关刀具设计手册，标准麻花钻的钻尖几何角度值范围如表 5-5 所示。为了验证电火花线切割成形麻花钻后刀面的合理性，选择部分线切割成形质量较优的成形麻花钻，利用深圳市鑫隆基仪器设备有限公司生产的 LJ-DJ01 型刀具测量仪对钻尖的几何角度进行测量，其测量值如表 5-6 所示。

表 5-5　标准麻花钻的钻尖几何角度值范围

参数	顶角 $2\varphi/(°)$	横刃角度 $\psi/(°)$	外缘后角 $\alpha_f/(°)$
数值	118±3	50～55	8～14

注：不同直径的麻花钻其外缘后角的合理范围也有所不同。

表 5-6 试件钻尖几何角度测量值

试验编号	测量参数		
	顶角 $2\varphi/(°)$	横刃斜角 $\psi/(°)$	外缘后角 $\alpha_f/(°)$
1	120.27	52.11	10.34
2	119.82	54.80	10.99
3	119.16	54.09	11.35
4	117.22	54.06	12.25
5	121.92	59.78	13.19
6	120.97	52.35	12.86
7	119.32	53.92	17.13
8	117.94	41.71	14.37

由表 5-6 可知，经测量大部分线切割成形麻花钻的钻尖几何角度在合理范围内，说明了本试验研究的麻花钻锥面后刀面线切割成形方法是可行的，但也存在差异较大的数值，其原因主要存在于两个方面：机床自身的系统误差和人为操作的随机误差。

1．机床自身的系统误差

由于麻花钻锥面后刀面的成形特点，需具有锥度切割机构的线切割机床才能满足试验需求，而此类机床对性能要求相对较高，各坐标轴之间插补运动的精度直接影响线切割的锥度成形；此外，机床的工艺参数、电极丝的性能以及其偏移量、走丝机构的传动精度、切削液等，都是直接或间接影响线切割成形工件加工效率与质量的重要因素。

2．人为操作的随机误差

在线切割成形试验过程中，对于线切割成形装置在机床上的固定，钻头毛坯的装夹以及与电极丝之间相对位置的调整，上下导轮与对刀点、编程平面之间的测量等都是人为控制的，所以难免会存在人为主观因素产生的随机误差，从而造成线切割成形麻花钻钻尖几何角度的误差。

然而，随着对线切割成形装置的进一步优化与改良，通过不断试验调整钻头毛坯与电极丝的相对位置及其加工工艺参数，其线切割成形麻花钻钻尖几何角度的合理性必然有所改观。

5.5.6 后刀面表面粗糙度分析

1．单因素试验设计

在多因素影响的试验中，只改变单个影响因素而控制其他影响因素不变的试验称为单因素试验。单因素试验确定影响因素取值范围的方法主要包括等分法、对分法、黄金分割法和分数法等。

(1) 等分法：是将试验范围等分为若干份，将各个等分点设定为试验点。等分法的优点：只要把需要改变的影响因素的数值放在等分点上，试验操作简单，灵活性强。缺点：试验次数太多，时间花费较大。

(2) 对分法(中点取点法)：即每一次试验的试验点都取在试验范围的中点处。对分法的优点为每次试分析后可去掉试验范围的一半，且试验点选取容易，试验次数较少。但对分法多适用于预先已了解所考察因素对性能指标的影响，可以从试验结果中分析出试验点的选取过大还是过小,即每做一次实验,可根据试验结果确定下次试验取值的方向,因此对分法的应用受到限制。

(3)黄金分割法(0.618法):指标函数在某一区间内只有一个极小或极大点为最佳试验点,即指标函数是一个单峰函数。黄金分割法的优点:每组试验可以去掉试验范围的0.382,且试验范围缩小比例相同(即0.618),除第一次试验需选取两个试验点外,之后每次试验都只需取一个试验点,因而操作方便,可有效减少试验次数并快速找到试验的最佳点。适用指标函数为单峰函数。

(4)分数法:又称为斐波那契搜索(Fibonacci search),它与黄金分割法的原理基本相同,不同地方是,黄金分割法区间缩小的比例是一定的,而分数法区间缩小的比例是按照斐波那契序列{Fn}产生的分数序列进行的。

2. 单因素试验分析

单因素试验以等分法研究分析脉冲宽度、脉冲间距、功放管数和加工限速四个电参数对线切割成形麻花钻后刀面表面粗糙度的影响。

1) 脉冲宽度对性能指标的影响

脉冲宽度 T_{on} 是指电流或电压随时间有规律变化的时间宽度或持续时间,其取值范围可根据工艺要求、加工材料以及工件的厚度来确定。脉冲间距 T_{off} 为 9 倍 T_{on},功放管数 N 为 3 个,加工限速 V 为 50Hz,不同脉冲宽度对试件表面粗糙度的影响如图 5-52 所示。

由图 5-52 可知,表面粗糙度随脉冲宽度的增加呈现波动上升的趋势。电火花线切割加工是以金属电极丝作为电极,通过对工件进行脉冲放电,蚀除金属而切割成形的。因此,随着脉冲宽度的增大,单个脉冲的放电能量增大,从而导致工件材料被电蚀的凹坑尺寸也随之增大,工件的表面质量不断下降。

2) 脉冲间距对性能指标的影响

脉冲间距 T_{off} 是指相邻两个电压脉冲之间的间隔时间,同时脉冲间距也是影响切割速度的主要因素。脉冲宽度 T_{on} 为 15μs,功放管数 N 为 3 个,加工限速 V 为 50Hz,不同脉冲间距对试件表面粗糙度的影响如图 5-53 所示。

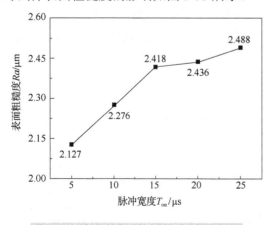

图 5-52 脉冲宽度对性能指标变化趋势图

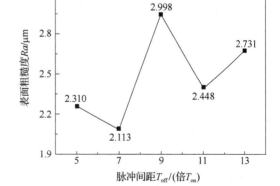

图 5-53 脉冲间距对性能指标变化趋势图

由图 5-53 可知,随着脉冲间距的增大,表面粗糙度呈现上下波动的变化趋势。说明在其他电参数恒定的情况下,脉冲间距过大或过小时都会对加工零件的表面粗糙度造成严重影响。

脉冲间距减小能增加脉冲放电的频率，提高切割速度。但脉冲间隙过小会不利于电蚀产物的排出和极间介质的消电离，更容易引起电弧和断丝，同时也会使加工过程不稳定，增大工件的表面粗糙度。而脉冲间距过大，则会延长脉冲放电间隔的时间，同时也易造成短路，影响加工效率。

3) 功放管数对性能指标的影响

功放管数 N 的增加或减少对于线切割加工过程的稳定性及加工零件的表面粗糙度都有着直接影响。脉冲宽度 T_{on} 为 15μs，脉冲间距 T_{off} 为 9 倍 T_{on}，加工限速 V 为 50Hz，不同功放管数对试件表面粗糙度的影响如图 5-54 所示。

由图 5-54 可知，在其他电参数不变的情况下，表面粗糙度随功放管数的增加呈上升趋势。这是由于功放管数的增加促使平均电流增大，因而单位时间内的脉冲放电能量及电蚀产物的体积不断增大，影响了加工过程的稳定性，降低了加工工件的表面质量。

4) 加工限速对性能指标的影响

加工限速 V 是在加工时，电机所允许的最大运行速度。脉冲宽度 T_{on} 为 15μs，脉冲间距 T_{off} 为 9 倍 T_{on}，功放管数 N 为 3 个，不同加工限速对试件表面粗糙度的影响如图 5-55 所示。

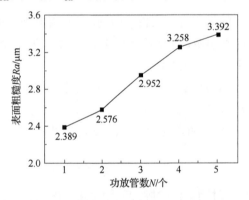

图 5-54 功放管数对性能指标变化趋势图

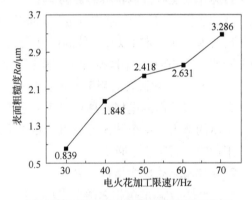

图 5-55 加工限速对性能指标变化趋势图

由图 5-55 可知，随着加工限速的增加，表面粗糙度不断增加。加工限速由机床放电脉冲频率设定，频率越大速度越高，单个脉冲的能量也就越大，表面电蚀情况越严重。且加工限速调节过快，超过工件的实际蚀除速度，就会出现频繁短路现象，表面粗糙度更差，严重时会导致断丝。

3. 正交试验分析

为解决科学研究及装备制造过程中多个因素对产品性能指标影响的问题，往往需要进行大量的试验。但对于目标影响因素较多（三因素及以上）的情况，全面试验不仅增加了试验次数，同时浪费了大量的研究时间，提高了试验成本。

正交试验设计方法则是一种用来解决多因素试验问题的有效方法。其实质是通过在全面试验中选择具有代表性的试验点来进行试验，即以部分试验代替全面试验。正交表是正交试验设计的基础，正交表的合理性将决定正交试验是否具有均衡分散、整齐可比的特征，同时通过分析确定各因素的主次顺序以及各因素对性能指标的显著程度，从而获得最优组合，实现参数优化。

不考虑试验因素间的交互作用，单一水平正交表的表达式为 $L_n(q^m)$，其中，L 为正交设计，n 为试验总次数（正交表行数），q 为因素水平数，m 为因素个数（正交表列数）。

对于正交试验数据分析的方法主要包括两种：极差分析和方差分析。极差分析是以极差 R（极差指一组数据中最大值与最小值之差，即 $R=\max(k_i)-\min(k_i)$）的大小判断各因素的主次顺序，即 R 值越大，表示该因素的水平变化对试验结果的影响越大，但因素对试验结果的影响程度，即各因素作用的显著性，还无法准确地体现出来；方差分析是以数学计算区分因素水平或交互作用变化所引起的变异与误差所引起的变异，通过对 F 统计量的构造与检验，即可判断各因素作用的显著性，弥补了极差分析法的不足。方差分析中涉及的计算公式如下：

$$\mathrm{SS}_j = \frac{1}{r}\sum_{i=1}^{n} K_{ij}^2 - \frac{T^2}{N}, \quad j=1,2,3,\cdots \tag{5.1}$$

$$f_j = n-1 \tag{5.2}$$

$$\sigma_j = \mathrm{SS}_j / f_j \tag{5.3}$$

$$F_j = \sigma_j / \sigma \tag{5.4}$$

式中，SS_j 为偏差平方和；r 为各水平重复次数；n 为各因素水平个数；K_{ij} 为第 j 因素第 i 水平所对应的试验指标和；T 为试验结果之和；N 为试验总次数；f_j 为自由度；σ_j 为均方；σ 为总误差均方。

对于正交表的合理选择，既要能包含所需考虑分析的因素及其交互作用，还需至少留有一个空白列，以用于极差分析中其他未考虑因素的分析以及方差分析中的误差分析。此外，对于各因素显著性的判断，可通过对 F 值的计算并与相关手册的标准 F_a 值对比分析，其中 $F=F_a(v_1,v_2)$，a 为显著性水平，v_1 为各因素对应自由度，v_2 为误差自由度，F 值越大，因素越显著，影响越大。

(1) 当 $F>F_{0.01}$ 时，因素影响高度显著，记为***。
(2) 当 $F_{0.01}>F>F_{0.05}$ 时，因素影响显著，记为**。
(3) 当 $F_{0.05}>F>F_{0.10}$ 时，因素影响较小*。
(4) 当 $F<F_{0.10}$ 时，因素对性能指标无明显影响，对此可将该因素的偏差平方和及自由度分别与误差的偏差平方和及自由度相加，作为总误差的偏差平方和与自由度，重新对 F 值进行计算，再讨论其显著性。

1) 正交试验设计

根据单因素试验研究分析四个工艺参数对钻头表面粗糙度的试验结果，采用正交试验设计进一步研究脉冲宽度、脉冲间距、功放管数和加工限速四个电参数对于钻头后刀面表面粗糙度的影响规律。采用四因素四水平的试验因素水平表，如表 5-7 所示。采用 $L_{16}(4^5)$ 的正交试验表，并以表面粗糙度 $Ra(\mu m)$ 作为切割性能指标，其试验方案与结果如表 5-8 所示。

表 5-7 试验因素水平表

水平	因素			
	A：脉冲宽度 $T_{on}/\mu s$	B：脉冲间距 $T_{off}/$(倍 T_{on})	C：功放管数 $N/$个	D：加工限速 V/Hz
1	5	5	1	30
2	10	7	2	40
3	15	9	3	50
4	20	11	4	60

表 5-8 钻削正交试验方案与结果

试验编号	因素 A	因素 B	因素 C	因素 D	空列	试验结果
1	5	5	1	30	1	0.774
2	5	7	2	40	2	1.303
3	5	9	3	50	3	2.174
4	5	11	4	60	4	3.121
5	10	5	2	50	4	2.405
6	10	7	1	60	3	3.235
7	10	9	4	30	2	1.193
8	10	11	3	40	1	1.636
9	15	5	3	60	2	2.862
10	15	7	4	50	1	2.067
11	15	9	1	40	4	2.365
12	15	11	2	30	3	1.255
13	20	5	4	40	3	1.915
14	20	7	3	30	4	1.089
15	20	9	2	60	1	3.176
16	20	11	1	50	2	2.527

2) 极差与方差分析

由图 5-56 可知，在线切割成形过程中，成形麻花钻后刀面的表面粗糙度随脉冲宽度 T_{on}、加工限速 V 的增大而不断增大，随脉冲间距 T_{off} 的增大呈波动上升的趋势，随功放管数 N 的

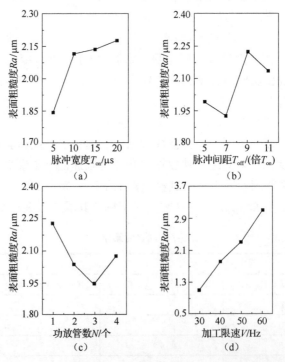

图 5-56 脉冲宽度、脉冲间距、功放管数和加工限速对性能指标的影响

增大先是减小,超过一定范围后又呈上升趋势。根据极差分析表 5-9 可知,线切割各电参数因素对试验性能指标影响的主次顺序:加工限速 V>脉冲宽度 T_{on}>功放管数 N>脉冲间距 T_{off},即 D>A>B>C;且由方差分析表 5-10 可知,加工限度 V 对于电火花线切割高速钢钻头后刀面的表面粗糙度影响最为显著,脉冲宽度 T_{on} 次之,功放管数 N、脉冲间距 T_{off} 影响程度相对较小,反映了上述极差分析的准确性。

表 5-9 极差分析表

K_{ij}	因素 A	因素 B	因素 C	因素 D	空列
K_{1j}	7.372	7.956	8.901	4.311	7.653
K_{2j}	8.469	7.694	8.139	7.219	7.885
K_{3j}	8.549	8.908	7.761	9.173	8.579
K_{4j}	8.707	8.539	8.296	12.394	8.980
k_{1j}	**1.843**	1.989	2.225	**1.078**	1.913
k_{2j}	2.117	**1.924**	2.035	1.805	1.971
k_{3j}	2.137	2.227	**1.940**	2.293	2.145
k_{4j}	2.177	2.135	2.074	3.099	2.245
极差 R	0.334	0.304	0.285	2.021	0.332
主次顺序			D>A>B>C		
优水平	A_1	B_2	C_3	D_1	—
最优组合			$D_1A_1B_2C_3$		

注:k_{ij} 为 K_{ij} 的平均值;极差 R 为 k_{ij} 中最大值与最小值之差。

表 5-10 方差分析表

差异源	平方和 SS_j	自由度 f_j	均方 σ_j	F_j 值	显著性
$A^\triangle$	0.2787	3	0.0929	1.1642	
$B^\triangle$	0.2274	3	0.0758	0.9499	
$C^\triangle$	0.1688	3	0.0563	0.7051	
D	8.6255	3	2.8752	36.0297	**
误差 e	0.2821	3	0.9040		
总误差	0.9570	12	0.0798		
F_a 值		$F_{0.01}(3,12)$=5.95;$F_{0.05}(3,12)$=3.49;$F_{0.10}(3,12)$=2.61			

注:△表示由于差异源 A、B、C 的偏差平方和均小于误差 e,因此作为总误差的一部分,总误差为 SS_A、SS_B、SS_C 与误差 e 之和;总误差自由度为因素 A、因素 B、因素 C 与误差 e 自由度之和。

在电火花线切割加工过程中,切割钻头的表面粗糙度越小,即平均值越小,钻头后刀面的表面质量越高。因此,可选择的最优参数组合为 $D_1A_1B_2C_3$,即加工限速 V 为 30Hz,脉冲宽度 T_{on} 为 5μs,功放管数 N 为 3 个,脉冲间距 T_{off} 为 9 倍 T_{on}。

利用机床的圆弧插补运动代替传统砂轮刃磨中钻头绕理想锥体的转动,在减少成形运动以及简化机床结构的同时,也降低了对操作者的技术要求,对于麻花钻的成形加工具有一定的实用价值。然而,现阶段线切割成形试验仅限于对常用刀具材料(高速钢及硬质合金)的成形加工,对于超硬质刀具材料还未进行试验研究,且不同的加工电参数对材料的白层厚度及表面变质层的微观形貌、金相组织结构和残余应力等都有一定的影响,而这些加工指标及物理特点是考察刀具的重要指标,有待进一步深入研究。

5.6 本章小结

本章基于麻花钻锥面后刀面的成形原理以及电火花线切割技术的加工特点,提出了一种麻花钻锥面后刀面线切割成形的新方法;分析了麻花钻后刀面线切割成形的原理,并介绍了几种麻花钻后刀面线切割成形装置;通过仿真与实际线切割成形试验研究,验证了麻花钻锥面后刀面线切割成形方法的可行性。

参 考 文 献

白海清,侯红玲,王占领,2012. 基于电火花线切割的麻花钻后刀面螺旋面法刃磨装置[P]. 中国专利: CN102407464A, 2012-04-11.
白海清,荆浩旗,汤孝东,等,2016. 麻花钻锥面后刀面线切割成形加工装置的设计[J]. 机械设计,(10):16-21.
白海清,荆浩旗,杨柳,等,2016. 麻花钻锥面后刀面线切割成形方法的仿真研究[J]. 机械设计与制造,(05):224-227.
白海清,汤孝东,荆浩旗,2014. 基于电火花线切割的麻花钻后刀面成形装置[P]. 中国专利:CN103707136A, 2014-04-09.
白海清,朱超,杨柳,等,2016. 麻花钻后刀面插补式线切割成形装置[P]. 中国专利:CN105345181A, 2016-02-24.
邓鹏,董长双,2017. 钛合金 Ti-6Al-4V 的电火花线切割参数试验研究[J]. 机械设计与制造,(01):69-71.
富大伟,2005. 数控系统[M]. 北京:化学工业出版社.
高飞,白海清,沈钰,2019. 麻花钻锥面后刀面线切割成形试验研究[J]. 机械设计与制造,(03):221-224.
郭崇文,2015. 硬质合金 YG6 的电火花线切割加工工艺参数研究[D]. 太原:太原理工大学.
金浩,程寓,高超,等,2011. 玻璃钢复合材料夹层结构钻削试验研究[J]. 机械设计与制造,(04):133-135.
荆浩旗,2015. 基于虚拟机床技术的麻花钻线切割成形装置的研究[D]. 汉中:陕西理工学院.
刘瑞江,张业旺,闻崇炜,等,2010. 正交试验设计和分析方法研究[J]. 实验技术与管理,27(09):52-55.
马长春, 2015. 图解数控电火花线切割编程与操作[M]. 北京:科学出版社.
沈钰,白海清,2019. 麻花钻后刀面线切割专用夹具设计与试验研究[J]. 制造技术与机床,(03):83-87.
沈钰,白海清,高飞,等,2018. 高速钢中走丝电火花线切割加工参数试验研究[J]. 热加工工艺,(17):68-71, 75.
王磬,白海清,沈钰,等,2018. 高速钢线切割加工试验研究及工艺参数优化[J]. 制造技术与机床,(09):135-139.
王学深,1975. 正交试验设计法[M]. 上海:上海人民出版社.
王忠魁,1994. 麻花钻锥面刃磨参数的优化[J]. 机械制造,(08):11-14.
温俊杰,2001. 正交试验设计与方差分析在冶金试验中的应用及值得注意的一些问题[J]. 甘肃冶金,(04):31-33.
殷静凯,2016. Cr12MoV 的电火花线切割加工工艺参数研究[D]. 太原:太原理工大学.
张利新,沈兴全,张晓,等,2013. 基于正交试验的麻花钻钻削钛合金的刃磨参数选择[J]. 现代制造工程,(06):8-11.
朱超,2016. 麻花钻后刀面插补式线切割成形机的设计与研究[D]. 汉中:陕西理工大学.
朱红兵,席凯强,2013. SPSS 17.0 中的正交试验设计与数据分析[J]. 首都体育学院学报,25(03):283-288.

第6章　麻花钻的三维实体建模

麻花钻复杂的钻尖结构一直都是刀具制造的难点。高温合金、钛合金、碳纤维复合材料等新型难加工材料在机械制造中的应用增多，加剧了钻头后刀面在钻削过程中的磨损。为适应现代机械生产的需求，通过优化钻头结构及钻尖几何参数的非标准麻花钻正在逐渐取代传统的标准麻花钻。建立麻花钻的三维实体模型是对麻花钻进行几何设计、制造、切削性能分析以及对钻削过程进行仿真研究的基础。

随着CAD/CAM技术的迅速发展，应用计算机对麻花钻进行结构设计与三维数字模型的研究显得尤其重要。利用大型三维设计软件对麻花钻进行三维建模，在很大程度上简化了设计工作。通过修改钻头直径、钻心直径以及钻尖几何角度等参数以实现对麻花钻基本尺寸的系列化修改，得到所需尺寸的麻花钻，实现麻花钻的参数化设计。本章利用UG NX软件详细介绍几种标准及非标准麻花钻的建模方法。

6.1　麻花钻锥面后刀面成形参数的优化

根据麻花钻锥面成形法的原理可知，锥面后刀面刃磨成形时，其成形参数有四个，即偏距 e、锥顶距 A、轴间角 θ 及半锥角 δ。根据麻花钻锥面后刀面的数学模型，利用 MATLAB 软件进行编程计算，分析半锥角 δ、锥顶距 A 和偏距 e 对外缘后角 α_f 和横刃斜角 ψ 的影响，优化麻花钻锥面后刀面的成形参数，并确定最优解集。

6.1.1　成形参数间的关系

1. 半锥角 δ 对外缘后角 α_f 和横刃斜角 ψ 的影响

取 $d=10\text{mm}$、$d_o=0.175d$、$e=1.3\text{mm}$、$A=10\text{mm}$、$\theta=59°-\delta$，半锥角 δ 取值 $10°\sim30°$，外缘后角 α_f 和横刃斜角 ψ 的对应值见表6-1，其变化趋势如图6-1所示。

表6-1　半锥角 δ 对外缘后角 α_f 和横刃斜角 ψ 的影响

$\delta/(°)$	10	12	14	16	18	20	22	24	26	28	30
$\alpha_f/(°)$	14.8387	13.3519	12.2802	11.4693	10.8328	10.3188	9.8941	9.5364	9.2304	8.9650	8.7320
$\psi/(°)$	31.3787	39.1635	45.2630	50.1993	54.2795	57.7082	60.6295	63.1492	65.3461	67.2804	68.9985

由图6-1分析可知，随着半锥角 δ 的增大，外缘后角 α_f 减小，横刃斜角 ψ 增大，对于标准麻花钻而言，$\theta+\delta=59°$，半锥角 δ 与轴间角 θ 的影响正好相反，即随着轴间角 θ 的增大，外缘后角 α_f 增大，横刃斜角 ψ 减小。

2. 锥顶距 A 对外缘后角 α_f 和横刃斜角 ψ 的影响

取 $d=10\text{mm}$、$d_o=0.175d$、$e=1.3\text{mm}$、$\theta=45°$、$\delta=14°$，锥顶距 A 取值 $9\sim14\text{mm}$，外缘后角 α_f 和横刃斜角 ψ 的对应值见表6-2，其变化趋势如图6-2所示。

表 6-2　锥顶距 A 对外缘后角 α_f 和横刃斜角 ψ 的影响

A/mm	9	9.5	10	10.5	11	11.5	12	12.5	13	13.5	14
α_f/(°)	12.7234	12.4943	12.2802	12.0799	11.8919	11.7151	11.5487	11.3917	11.2433	11.1029	10.9698
ψ/(°)	41.2422	43.3345	45.2630	47.0462	48.6997	50.2369	51.6692	53.0068	54.2585	55.4320	56.5342

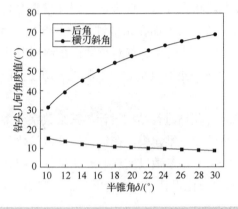

图 6-1　半锥角 δ 对外缘后角和横刃斜角的影响趋势

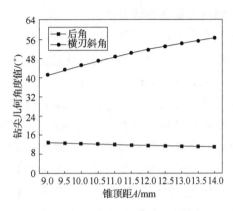

图 6-2　锥顶距 A 对外缘后角和横刃斜角的影响趋势

由图 6-2 分析可知，随着锥顶距 A 的增大，外缘后角 α_f 减小，横刃斜角 ψ 增大，由表 6-2 可知锥顶距 A 值在 11.5～13mm 时，外缘后角 α_f 和横刃斜角 ψ 均在合理范围内，可选作麻花钻实体建模的成形参数。

3. 偏距 e 对外缘后角 α_f 和横刃斜角 ψ 的影响

取 d=10mm、d_o=0.175d、A=10mm、θ=45°、δ=14°，偏距 e 取值 0.7～1.7mm，外缘后角 α_f 和横刃斜角 ψ 的对应值见表 6-3，其变化趋势如图 6-3 所示。

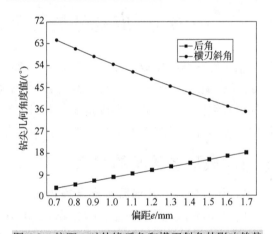

图 6-3　偏距 e 对外缘后角和横刃斜角的影响趋势

表 6-3　偏距 e 对外缘后角 α_f 和横刃斜角 ψ 的影响

e/mm	0.7	0.8	0.9	1.0	1.1	1.2	1.3	1.4	1.5	1.6	1.7
α_f/(°)	3.3634	4.8751	6.3772	7.8691	9.3505	10.8210	12.2802	13.7280	15.1641	16.5884	18.0006
ψ/(°)	64.1599	60.7604	57.4590	54.2585	51.1599	48.1621	45.2630	42.4590	39.7457	37.1179	34.5697

由图 6-3 分析可知，随着偏距 e 增大，外缘后角 α_f 增大，横刃斜角 ψ 减小。

6.1.2　成形参数的优化与确定

对于标准麻花钻而言，其顶角 2φ=118°，且 $\varphi=\theta+\delta$=59°，即当 θ 给定时，δ=59°－θ 也就随之确定。因此，标准麻花钻锥面后刀面刃磨的成形参数可简化为三个，即偏距 e、锥顶距 A 及半锥角 δ。而根据实际生产可知，轴间角 θ 多设为 45°，即半锥角 δ=59°－45°=14°，故实际需要调整的成形参数只有偏距 e 和锥顶距 A，而任一成形参数的改变，都可使麻花钻的外缘后角 a_f 和横刃斜角 ψ 发生变化。

1. 外缘后角 a_f 为合理定值时，偏距 e 和锥顶距 A 的配合对

根据麻花钻以钻头轴线为轴心的直圆柱面端视图（图 4-12）可知，麻花钻主切削刃的外缘点坐标为

$$\begin{cases} x = d_o / 2 \\ y = -\sqrt{(d/2)^2 - (d_o/2)^2} \end{cases} \tag{6.1}$$

式中，d 为钻头直径；d_o 为钻心直径。

根据《金属切削刀具设计手册》可知，外缘后角 a_f 的合理值随钻头直径大小而不同，即当 $d<15$mm 时，$a_f=11°\sim14°$；当 $d=15\sim30$mm 时，$a_f=9°\sim12°$；当 $d>30$mm 时，$a_f=8°\sim11°$。

根据麻花钻锥面后刀面的后角公式可知，当 $\theta=45°$、$\delta=14°$时，d 为所计算的钻头直径，坐标 x、y 由式（6.1）计算可得，为了实现 $a_f=a_{f合理}$，则可通过对偏距 e 和锥顶距 A 这两成形参数的配对，获得合理的外缘后角 a_f，即每给定一个 e 值，则由公式（4.37）可求得对应的 A 值。鉴于后角公式的复杂性，故采用进退试算法，其计算原理如下。

根据锥面成形法成形参数间的关系可知，在其他参数不变的情况下，外缘后角 a_f 随锥顶距 A 的增大而减小，如图 6-2 所示。对此，先给定一个 A_1，代入后角公式（4.37）求解出一个 a_{f1}，并将 a_{f1} 和 $a_{f合理}$ 相比较，若 $a_{f1}<a_{f合理}$，则说明 $A_1>A_{合理}$；此时，给定第二个 A 值，且 $A_2<A_1$，则有 $a_{f2}>a_{f1}$，再将 a_{f2} 和 $a_{f合理}$ 相比较，若 $a_{f2}<a_{f合理}$，则继续减小 A 值代入求解 a_f，再比较；若 $a_{f2}>a_{f合理}$，则增大 A 值。直到有某一个 A 值，求解出的 a_f 与 $a_{f合理}$ 正好相等，则该 A 值即我们所需的合理值。

依据上述计算原理，利用 MATLAB 软件对麻花钻锥面后刀面的后角公式进行编程求解，即可求解钻头外缘后角 $a_f=a_{f合理}$时，偏距 e 与锥顶距 A 的配对值。

当 $d=20$mm、$a_{f合理}=9°$时，e、A 的配合对如表 6-4 所示。

表 6-4　e、A 的配合对（$a_{f合理}=9°$）

e/mm	1.5	1.75	2	2.25	2.5	2.75	3	3.25	3.5	3.75	4
A/mm	3	14	25	36	47	57	69	79	89	101	111

当 $d=20$mm、$a_{f合理}=12°$时，e、A 的配合对如表 6-5 所示。

表 6-5　e、A 的配合对（$a_{f合理}=12°$）

e/mm	1.75	2	2.25	2.5	2.75	3	3.25	3.5	3.75	4
A/mm	5.5	12	19	25.5	32	39	46	53	59	66

2. 横刃斜角 ψ 为合理定值时，偏距 e 和锥顶距 A 的配合对

通常，横刃斜角 ψ 的大小取决于刃磨参数，与钻头直径无关，横刃斜角 $\psi_{合理}=50°\sim55°$。

根据麻花钻锥面后刀面的横刃斜角公式可知，当 $\theta=45°$、$\delta=14°$时，为了实现 $\psi=\psi_{合理}$，与外缘后角求解方式同理，即每给定一个 e 值，则由横刃斜角公式（4.43）可求得对应的 A 值，通过两参数配对获得合理的横刃斜角 $\psi_{合理}$。

当 $\psi_{合理}=50°$时，e、A 的配合对如表 6-6 所示。

表 6-6　e、A 的配合对($\psi_{合理}=50°$)

e/mm	1.5	1.75	2	2.25	2.5	2.75	3	3.25	3.5	3.75	4
A/mm	13.1875	15.375	17.5625	19.75	22	24.125	26.375	28.5	30.75	33	35.125

当 $\psi_{合理}=55°$ 时，e、A 的配合对如表 6-7 所示。

表 6-7　e、A 的配合对($\psi_{合理}=55°$)

e/mm	1.5	1.75	2	2.25	2.5	2.75	3	3.25	3.5	3.75	4
A/mm	15.325	17.875	20.5	23	25.625	28.25	30.75	33.25	35.75	38.5	41

3. 刃磨参数优化

本节以钻头直径 20mm 的麻花钻为例，以偏距 e 为横坐标，锥顶距 A 为纵坐标建立坐标系，并将表 6-4～表 6-7 的数据分别绘制在该图上，如图 6-4 所示。图中有 4 条近似直线，分别表示 $a_f=9°$、$a_f=12°$、$\psi=50°$、$\psi=55°$，由这四条直线相交构成的四边形 $ABCD$，即为成形参数 e、A 配对的优化值范围，其中任意一点的坐标均能满足外缘后角和横刃斜角在合理值范围内，即 $a_f=9°\sim12°$，$\psi=50°\sim55°$。

根据麻花钻锥面后刀面的数学模型，利用 MATLAB 数学分析软件对钻头直径 $d=2\sim20\text{mm}$ 中部分麻花钻的刃磨参数进行优化分析，优化刃磨参数及结果如表 6-8 所示。

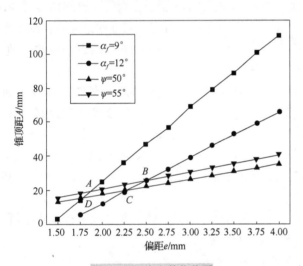

图 6-4　刃磨参数优化图

表 6-8　优化刃磨参数及结果

原始参数		优化刃磨参数				计算结果		顶角 $2\varphi/(°)$
钻头直径 d/mm	钻心直径 d_o/mm	半锥角 $\delta/(°)$	轴间角 $\theta/(°)$	锥顶距 A/mm	偏距 e/mm	外缘后角 $a_f/(°)$	横刃斜角 $\psi/(°)$	
2	0.175d	14	45	3	0.3	12.9063	54.2585	118
3				4	0.4	11.5469	54.2585	
4				6	0.6	12.9063	54.2585	
5				7	0.7	12.1206	54.2585	
6				8	0.8	11.5469	54.2585	
8				9	1.0	11.1286	50.8218	
10				11	1.25	11.2080	50.0582	
15				16	1.75	10.1488	51.3505	
20				22	2.45	10.8652	50.7452	

6.2 标准麻花钻的三维建模

6.2.1 麻花钻前刀面的建模

1. 以钻刃曲线参数方程生成前刀面

根据第 4 章有关麻花钻前刀面数学模型的内容可知,麻花钻端截面钻刃曲线的参数方程为

$$\begin{cases} x = r\cos\lambda + b\lambda\sin\lambda \\ y = r\sin\lambda - b\lambda\cos\lambda \end{cases}, \quad 0 \leqslant \lambda \leqslant \sqrt{R^2 - r^2}/b \tag{6.2}$$

式中,R 为钻头半径(mm);r 为钻心半径(mm);$b = L \cdot \tan\varphi/(2\pi)$,其中 L 为螺旋槽导程,φ 为钻头半锥顶角(°);λ 为钻头主切削刃上一点绕钻头轴线逆时针转过的角度(°)。

本节以钻头半径 $R=10$mm,钻心半径 $r=1.75$mm,螺旋角 $\beta_0=30°$ 的标准麻花钻为例,根据 UG NX 软件"表达式"功能的编写准则,代入标准麻花钻的结构与几何角度参数,确立麻花钻钻刃曲线具体的参数表达式,如图 6-5 所示,并将其输入到 UG NX 软件的"表达式"中,其操作界面如图 6-6 所示。

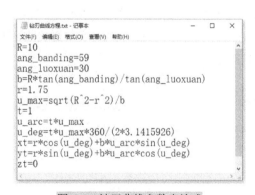

图 6-5 钻刃曲线参数表达式

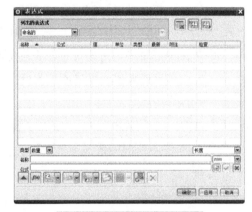

图 6-6 "表达式"操作界面

在 UG NX 软件中依次选择"菜单"→"插入"→"曲线"→"规律曲线",并以"根据方程"的规律类型完成钻刃曲线的绘制工作,如图 6-7 所示。由于钻头的两条主切削刃是完全对称的,因此只需通过 UG NX 中的"镜像特征",如图 6-8 所示,利用镜像功能关联复制就

图 6-7 "规律曲线"操作界面

图 6-8 "镜像特征"操作界面

可以得到另外一侧的钻刃曲线，如图 6-9 所示。最后再根据麻花钻相关的结构几何参数，利用"草绘"功能就可完整地绘制出螺旋槽的截形，如图 6-10 所示。

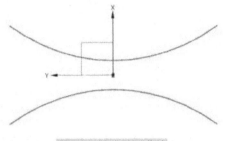

图 6-9　钻头钻刃曲线

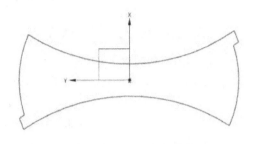

图 6-10　钻头端截形曲线

根据麻花钻螺旋槽上各点导程相等的特点，并结合钻头螺旋线的几何关系可推导螺旋槽导程的计算公式为 $L = 2\pi R / \tan \beta_o$，即麻花钻外缘点的导程计算公式。依次选择"菜单"→"插入"→"曲线"→"螺旋线"即可自动、准确地绘制出螺旋线，其中螺旋类型选择为"沿矢量"，规律类型均设为"恒定"，螺旋半径值中输入钻头半径 R，螺距值中输入导程 L，螺旋线长度终止限制可根据用户需要自行设置，其操作界面如图 6-11 所示。通过 UG NX 软件中的"阵列特征"功能，如图 6-12 所示，以螺旋线作为阵列特征对象，阵列定义选择"圆形"布局，旋转轴以 z 轴作为指定矢量，坐标原点作为指定点，角度设置为 180°，环形对称阵列即可得到另一侧的螺旋线。最后利用 UG NX 软件中的"扫掠"功能，如图 6-13 所示，便可以实现麻花钻螺旋槽的生成。

图 6-11　"螺旋线"对话框

图 6-12　"阵列特征"对话框

图 6-13　"扫掠"对话框

在麻花钻的轴线处先绘制一条刀具轴线，轴线的高度必须与螺旋线的高度相等，如图 6-14 所示。以螺旋槽截面为扫掠截面，再分别以麻花钻的轴线和螺旋线为引导线，经"扫掠"功能，完成麻花钻螺旋槽的建模，如图 6-15 所示。

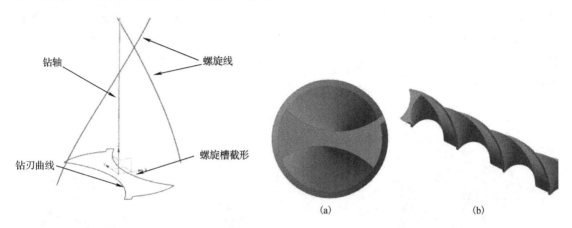

图 6-14　螺旋槽截面、螺旋线和轴线的绘制　　图 6-15　麻花钻螺旋槽的生成

2. 以椭圆弧代替螺旋槽截形生成前刀面

根据麻花钻螺旋槽的成形原理(详见第 3 章)，在通常情况下，钻头螺旋槽的端截形可用圆弧代替。考虑到实际生产加工中，麻花钻的螺旋槽主要由成形盘铣刀铣削而成，若采用圆弧形盘铣刀沿螺旋线方向走刀加工成形，得到的螺旋槽截形为两段椭圆弧，椭圆弧形状是由铣刀切削运动形成的，与铣刀截面形状有关。基于以上考虑，可利用 UG NX 软件中的"管道"功能代替圆弧形盘铣刀的铣削过程，生成麻花钻的前刀面。

利用 UG NX 软件中的"圆柱体"功能绘制出所需直径 d = 20mm 的圆柱体，再以"螺旋线"功能生成麻花钻的螺旋线。利用 UG NX 中的"管道"功能，如图 6-16 所示，以螺旋线为引导线，外径 D 为钻头直径与钻心直径之差，即 $D = d - d_o$，创建单段管道，并利用"布尔运算"与圆柱体进行求差运算，如图 6-17 所示。再通过"阵列特征"的环形对称阵列，可得到对

图 6-16　"管道"对话框

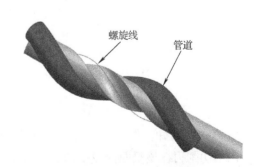

图 6-17　螺旋槽和管道的绘制

侧螺旋槽，且螺旋槽截形为四段椭圆弧，如图 6-18 所示，其椭圆弧 1、2 与椭圆弧 1′、2′，并且 1 与 1′，2 与 2′都是相互对称的。根据麻花钻刃带的相关结构参数，并结合 UG NX 的"草绘"功能绘制刀具的刃带截形，如图 6-19 所示；利用 UG NX 的"扫掠"功能，以刃带截形为扫掠截面，螺旋线为引导线，同时设置截面定位方法，其方向选择面的法向，扫掠生成刃带截形的螺旋体；再利用"布尔求差"运算，以钻体为目标，刃带截形螺旋体为工具，生成麻花钻单侧的刃带及刃背；通过环形对称阵列操作生成对侧麻花钻的刃带及刃背，如图 6-20 所示。

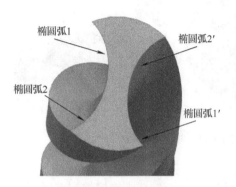
图 6-18　麻花钻螺旋槽的生成

图 6-19　刃带截形的绘制

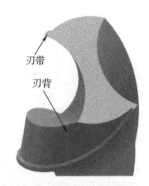
图 6-20　刃带截面螺旋体的生成

6.2.2　麻花钻后刀面的建模

1. 锥面后刀面的建模

目前，麻花钻后刀面最常用的是以锥面成形法的刃磨原理建模，其实质是将钻头固定不动，以钻头的主切削刃作为圆锥母线绕一理想圆锥轴线（与圆锥母线在同一平面内）包络形成一个圆锥面，钻头后刀面即该圆锥面的一部分，其成形原理图如图 6-21 所示。

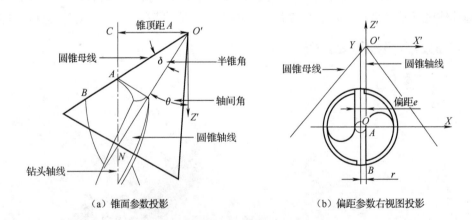

（a）锥面参数投影　　　　　　　　（b）偏距参数右视图投影

图 6-21　麻花钻锥面后刀面成形原理图

由图 6-21 可知，作过一钻头主切削刃且与钻头轴线平行的平面，该主切削刃的延长线与另一侧主切削刃在该平面内投影的交点为 A，钻头主切削刃的外缘点即平面与钻头刃带外缘处的交点 B。点 O' 为理想圆锥的锥顶且在 AB 的延长线上，$O'N$ 为圆锥轴线；$O'C$ 为点 O' 到钻头轴线的垂直距离,即锥顶距 A;以点 O' 为原点构建坐标系。为了保证刃磨之后的主切削刃仍然呈一条直线,圆锥母线 $O'B$ 须与主切削刃 AB 重叠,圆锥轴线 $O'N$ 与圆锥母线 $O'B$ 在同一平面内,而此时平面与钻头轴线的偏距 e 为钻心半径 r,且圆锥母线与轴线在平面内的夹角为半锥角 δ。圆锥轴线 $O'N$ 和钻头轴线的夹角为轴间角 θ。让圆锥母线 $O'B$ 绕圆锥轴线 $O'N$ 对称旋转一定角度生成一个圆锥面,即可获得所需的锥面后刀面。由此可知,为实现锥面后刀面的建模需调整三个成形参数:A、δ、e。

2. 新型锥面后刀面的建模

当锥面成形法的成形参数选择不当时,常常会出现后刀面的翘尾现象,所以在原有成形参数基础上,新增了一个成形参数,即让钻头附加一个绕圆锥母线(主切削刃)的旋转角度 β。经过计算、试验和测量,它对于消除钻头后刀面的翘尾现象特别有效。

本节以椭圆弧代替螺旋槽截形生成的前刀面为例(钻头半径 $R=10$mm,钻心半径 $r=1.75$mm,螺旋角 $\beta_0 = 30°$),采用试验后优化的成形参数,即半锥角 $\delta = 29°$,锥顶距 $A = 22.5$mm,偏距 $e = 1.75$mm,旋转角 $\beta = 11°$,利用 UG NX 软件进行后刀面建模,具体操作过程如下。

根据钻刃的成形过程,直线主切削刃一定在通过图 6-21 中的点 A、点 B 且在 $O'X'Z'$ 平面内,该平面与钻头轴线的偏距为 e。点 B 为平面 1 与刀具螺旋体外缘棱线的交点,连接 AB 两点,则直线 AB 即直线主切削刃。

为了便于麻花钻三维实体建模,需要对锥面成形法的成形参数进行适当的调整,其方法是在平面 1 内绘制圆锥面的母线与轴线,如图 6-22 所示。圆锥母线必须与主切削刃 AB 重合,以保证成形后主切削刃为直线刃。点 O' 为 AB 延长线上的一点,且为理想锥体的锥顶,O' 到钻头轴线的垂直距离为锥顶距,设 $O'C = A$,圆锥轴线 $O'N$ 与圆锥母线 $O'A$ 夹角为半锥角 δ,因而理想圆锥面的形状由半锥角 δ 和锥顶矩 A 两个参数共同决定。先将母线 $O'A$ 绕轴线 $O'N$ 旋转一定角度生成一个圆锥面 S_1,为了成形出合理的后刀面角度,避免翘尾现象,让钻头附加一个绕圆锥母线的旋转角度 β,即将圆锥面 S_1 绕圆锥母线 $O'A$ 顺时针旋转角度 β,得到圆锥面 S_2。这样,成形后的圆锥面后刀面由参数 e、δ、A 和 β 共同控制,改变这四个参数,即可改变圆锥面后刀面的形状与角度。将圆锥面 S_2 绕麻花钻轴线旋转 $180°$ 复制另一侧形成后刀面的圆锥面 S_3,如图 6-23 所示。

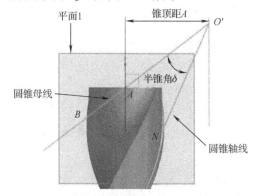
图 6-22 圆锥母线与轴线的绘制

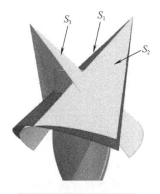
图 6-23 圆锥面生成图

分别以圆锥面 S_2 和圆锥面 S_3 为边界,利用 UG NX 中的"修剪体"功能,对刀具螺旋体进行分割，就可生成麻花钻圆锥面后刀面的实体模型，如图 6-24 所示。可以看出，分割得到的横刃是中间高、两边低的一条曲线刃，而并不是之前所认为的直线刃。最后利用"圆柱体"命令，选取螺旋槽与圆柱的交线（圆弧），创建圆柱体并求布尔差运算，对称侧同样操作，即可得到麻花钻实体，如图 6-25 所示。

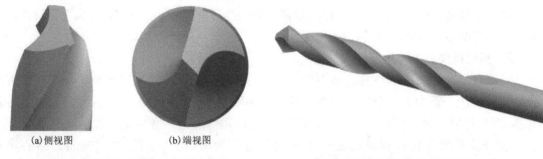

图 6-24　标准麻花钻的侧视图及端面投影图　　　图 6-25　标准麻花钻的三维实体模型

6.3　非标准麻花钻的三维建模

6.3.1　麻花钻前刀面的建模

目前，对于麻花钻前刀面的建模多是基于麻花钻钻刃曲线的数学理论推导，可利用 UG NX 软件以参数化方法建立麻花钻的端截面截形，再以钻头螺旋线与钻头轴线为引导，扫掠生成麻花钻前刀面模型。其建模方法为麻花钻的三维建模打下了基础，但与实际相比仍存在一定的不足。因此，根据麻花钻的实际制造过程，本节采用有别于前面端截面建模的方法，利用 UG NX 软件在麻花钻螺旋线的法平面内，以实际钻头刃沟铣刀轮廓扫掠生成前刀面，其钻头刃沟铣刀轮廓截形及模型详见第 3 章。

本节以顶角 $2\varphi=140°$，钻头直径 $d=20\text{mm}$，钻心直径 $d_o=0.175d$，螺旋角 $\beta_0=30°$ 的非标准麻花钻为例，以第 3 章图 3-6(a) 的钻头刃沟铣刀轮廓及相关参数标准进行建模（成形铣刀可加工钻头直径范围 1.6~30mm），即利用三段相切圆弧代替螺旋槽法平面截形生成麻花钻前刀面。

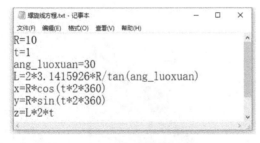

图 6-26　麻花钻螺旋线的参数表达式

麻花钻前刀面建模的具体操作如下：通过 UG NX 软件的"圆柱体"功能建立半径为 R 的圆柱体；根据麻花钻螺旋槽导程的计算公式，结合 UG NX 软件"表达式"功能的编写准则，确立麻花钻螺旋线的参数表达式，如图 6-26 所示；再利用"规律曲线"命令，以"根据方程"的规律类型快速、准确地绘制出麻花钻一侧的螺旋线。

利用 UG NX 软件的"草绘"功能在螺旋线的法平面上绘制三段相切圆弧，且圆弧顶点与钻头轴线之间的垂直距离为钻心半径 r。以螺旋线为引导线，利用"扫掠"并结合"布尔运算"中的求差功能代替成形盘铣刀在实际钻头制造过程中的铣削运动，生成麻花钻的一侧螺旋槽。再以环形阵列 180°生成对侧螺旋槽，绘制的螺旋线和法平面截形如图 6-27 所示。利用"在面上偏置曲线"功能，以麻花钻前刀面的一条棱线为偏置对象，钻头刃背为偏置面生成偏置曲线，如图 6-28 所示；再以偏置曲线为对象，利用"分割面"功能将钻头刃背面分割；最后利用"加厚"及"布尔求差"功能生成刃带，并通过"阵列"命令生成完整麻花钻螺旋槽。麻花钻前刀面模型如图 6-29 所示。

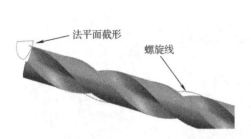
图 6-27　绘制的螺旋线和法平面截形

图 6-28　偏置曲线

图 6-29　麻花钻前刀面

6.3.2　麻花钻后刀面的建模

为实现非标准麻花钻锥面后刀面的建模，本节基于新型锥面成形法的原理，并通过对麻花钻后刀面数学模型的分析，以一种两面自然相交的方法确定麻花钻的主切削刃及横刃，实现麻花钻锥面后刀面模型的建立。具体操作：为了使麻花钻后刀面建模后的横刃斜角 ψ 在规定的合理值范围内，在调整其他刃磨参数之前，需要先将钻头绕自身轴线逆时针旋转角度 $\beta(\beta=3°)$（坐标轴的转动为顺时针），钻头逆时针旋转如图 6-30 所示。

根据麻花钻主切削刃的成形过程，主切削刃必然经过与 OYZ 平面平行且偏距为 $e(e=2.65\text{mm})$ 的平面 1 内。主切削刃即圆锥母线，其目的是使刃磨后的钻头主切削刃是直线刃。根据圆锥顶点 O' 到钻头轴线的垂直距离 $A(A=23\text{mm})$ 及钻头轴线与圆锥母线的夹角 $\varphi(\varphi=70°)$ 两个参数在平面 1 内绘制圆锥母线。根据半锥角 $\delta(\delta=14°)$ 在平面 1 内绘制圆锥轴线，圆锥母线和轴线如图 6-31 所示。

图 6-30　钻头逆时针旋转

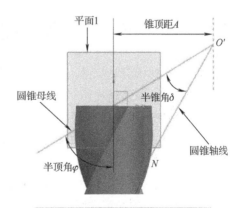
图 6-31　圆锥母线和圆锥轴线绘制

再利用"旋转"命令，以圆锥母线为旋转曲线，圆锥轴线为旋转轴以及圆锥顶点 O' 为指定点，对称旋转一定角度生成圆锥面 S_1。因此，刃磨后麻花钻的后刀面将由 e、φ、A、δ 及 β 五个刃磨参数共同决定。根据麻花钻的结构特点，以"阵列"命令将圆锥面 S_1 绕钻头轴线环形阵列 180°，生成对侧后刀面所在圆锥面 S_2，生成的圆锥面如图 6-32 所示。

分别以圆锥面 S_1 和圆锥面 S_2 为分界面，利用"修剪体"命令分割已经生成的麻花钻螺旋体。通过对圆锥面的隐藏，即可完成对麻花钻后刀面的建立。非标准麻花钻的侧视图及端视图如图 6-33 所示。

图 6-32　生成圆锥面

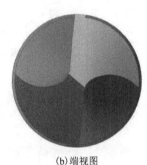

(a) 侧视图　　　　(b) 端视图

图 6-33　非标准麻花钻的侧视图及端视图

最后利用"圆柱体"和"布尔运算"生成钻柄，利用麻花钻螺旋槽与钻柄相交平面的曲线绘制圆弧截形，通过"样条曲线"完成对麻花钻螺旋线的延伸，利用"扫掠"及"布尔运算"完成麻花钻螺旋槽的退刀槽部分，最终实现非标准麻花钻的三维建模，如图 6-34 所示。

图 6-34　非标准麻花钻的三维实体模型

6.4　不同麻花钻建模方式的区别

麻花钻三维建模分为标准麻花钻三维建模与非标准麻花钻三维建模，其建模内容主要包括前刀面建模与后刀面建模。

1. 麻花钻前刀面建模的区别

本章分别介绍了以钻刃曲线参数方程生成前刀面、以椭圆弧代替螺旋槽截形生成前刀面、以实际钻头刃沟铣刀（三段相切圆弧）生成前刀面。

（1）以钻刃曲线参数方程生成前刀面，其实质是基于钻刃曲线数学模型的推导，并结合 UG NX 软件表达式的编写准则，进行钻刃曲线的近似拟合，并通过绘制麻花钻的端截面截形生成前刀面。该建模方法建模前需对钻刃曲线的参数方程进行学习、理解，且参数表达式的编写较为复杂，对于初次学习麻花钻三维建模的读者略有难度。

（2）以椭圆弧代替螺旋槽截形生成前刀面，是根据麻花钻螺旋槽的实际铣削过程，利用 UG NX 软件的"管道"功能，以椭圆弧代替钻刃曲线，作为麻花钻的端截面截形生成前刀面。

该建模方法容易理解，且操作简单，但生成的麻花钻螺旋槽端截形仍是一种近似模型，有待进一步完善。

(3) 以实际钻头刃沟铣刀轮廓(三段相切圆弧)生成前刀面，是根据麻花钻螺旋槽的实际铣削过程，采用有别于端截面截形建模的方法，在麻花钻螺旋线的法平面内，以实际钻头刃沟铣刀轮廓曲线沿螺旋线扫掠生成前刀面。该建模方法生成的麻花钻螺旋线最为符合实际，且理解容易，操作简单。

2. 麻花钻后刀面建模的区别

本章分别介绍了锥面后刀面的建模、新型锥面后刀面的建模以及以一种两锥面自然相交的方法建模。

(1) 锥面后刀面的建模，是基于锥面刃磨法的原理，以麻花钻的主切削刃作为圆锥母线并绕一理想圆锥轴线旋转成形，钻体与圆锥面的相交曲面即麻花钻的后刀面，对于标准麻花钻而言，成形参数仅需调整锥顶距 A、半锥角 δ 及偏距 e。然而，该建模方法对于钻头主切削刃的确定，是通过偏距调整偏置面(过钻头主刃且平行于钻轴的平面)，其平面与钻头外缘棱线的交点是人为选定的。而对于不同端面截形或螺旋角度生成的螺旋槽，以调整偏距选定主切削刃外缘点，确定圆锥母线，其建模过程较为复杂且误差较大，同时也难以保证建模后麻花钻的钻尖几何角度(尤其是顶角 2φ)符合所需的角度要求。此外，对于成形参数的选择不当也容易引起麻花钻后刀面"翘尾"现象。

(2) 新型锥面后刀面的建模，是在锥面后刀面建模方法的基础上，让钻头附加一个绕圆锥母线(主切削刃)的旋转角度 β，其作用可有效消除或避免麻花钻后刀面的"翘尾"现象，同时也可有效调整麻花钻横刃斜角，但其建模方法仍存在主切削刃确定难度大的问题。

(3) 以一种两锥面自然相交的方法建模，不仅可以生成更加符合实际的麻花钻主切削刃及横刃，还避免了人为选取外缘点确定主切削刃而造成的误差，从而极大地减小了模型误差，提高了模型的准确性。在调节成形参数前，先将钻头绕自身轴线逆时针旋转角度 β，可有效消除或避免钻头后刀面"翘尾"现象，并实现对横刃斜角 ψ 的合理调整。同时通过对半顶角 φ、偏距 e、锥顶距 A、半锥角 δ 及逆转角 β 五个成形参数的调整，可建立具有不同钻尖几何参数的非标准麻花钻。

6.5 麻花钻三维模型钻尖几何角度的测量

麻花钻的钻尖几何角度主要有顶角 2φ、横刃斜角 ψ、前角 γ_o 和外缘后角 α_f。为验证上述麻花钻前刀面、后刀面建模方法的合理性，本节以所建立的非标准麻花钻的三维实体模型为例，利用 UG NX 软件对其钻尖几何角度进行测量。

1. 后角的测量

在麻花钻的主切削刃上任取一点 C，在过点 C 且垂直于钻头轴线的平面内，以平面与钻头轴线交点为圆心，点 C 与钻头轴线垂直距为半径绘制圆 1。利用"投影曲线"将圆 1 投影到后刀面上，得到投影线 2，点 C 即交点，过点 C 作投影线 2 的切线 3，切线 3 与圆 1 的夹角即所要测量的后角，麻花钻后角测量如图 6-35 所示。利用上述测量方法另选四点测量，所测得后角值记入表 6-9，其中点 E 值即外缘后角 α_f。

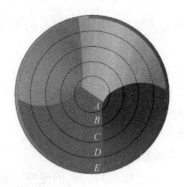

图 6-35 麻花钻后角测量示意图

表 6-9 麻花钻后角测量值

选取点	A	B	C	D	E
后角/(°)	15.3998	10.7408	8.2968	6.6066	5.1665

2. 直线主切削刃上前角的测量

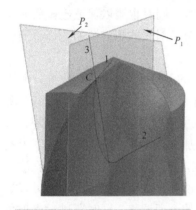

图 6-36 麻花钻主前角测量示意图

在直线主切削刃 1 上取一点 C，过 C 点且与钻头轴线作一个基准平面 P_1，即基面。将直线主切削刃投影到基面 P_1 上，得到直线主切削刃在基面上的投影 1，然后作一个过点 C 且垂直于投影线 1 的基准平面 P_2，即主剖面。作出主剖面 P_2 与麻花钻前刀面的交线 2，与基面 P_1 的交线 3，根据前角定义，曲线 2 与直线 3 之间的夹角即所求的主前角，如图 6-36 所示。

为了验证所绘制的非标准麻花钻三维实体模型的精确性，沿钻头主切削刃从外缘点处至横刃转点，依次取 8 个等分点，并将其测量值与主前角公式计算值对比分析，其结果如表 6-10 所示。

表 6-10 计算主前角与测量主前角对比

选取点	1	2	3	4	5	6	7	8
半径比 r/R	10/10	8.8/10	7.7/10	6.6/10	5.5/10	4.4/10	3.3/10	2.1/10
计算主前角/(°)	28.9824	25.2359	21.4493	17.2328	12.3991	6.4724	-2.2570	-34.3681
测量主前角/(°)	31.4194	27.4964	23.3373	18.0976	14.0967	8.6779	-1.8230	-32.0093

麻花钻的前角计算公式为

$$\gamma_o = \arctan(\frac{\tan\beta}{\sin\kappa_r} + \tan\lambda_t \cos\kappa_r) \tag{6.3}$$

$$\tan\beta = \frac{r}{R}\tan\beta_o \tag{6.4}$$

$$\lambda_t = \arctan(-\frac{r_o}{\sqrt{r^2 - r_o^2}}) \tag{6.5}$$

$$\mu = |\lambda_t| \tag{6.6}$$

$$\kappa_r = \arctan(\tan\varphi\cos\mu) \tag{6.7}$$

式中，γ_o 为切削刃选定点的前角(°)；β 为该点的螺旋角(°)；κ_r 为该点的主偏角(°)；λ_t 为该点的端面刃倾角(°)；φ 为钻头半顶角(°)；μ 为该点的钻心角(°)，$\sin\mu = \dfrac{r_o}{r}$；r_o 为钻心半厚(mm)；r 为该点的位置半径(mm)；β_o 为外缘点处的螺旋角(°)；R 为钻头半径(mm)。

由表 6-10 可知，由于前角越靠近钻心，其变化率越大，故越接近钻心，所绘制的麻花钻的前角误差就越大，但仍然在一个较小的范围内。

3. 顶角及横刃斜角的测量

通过建立过钻头轴线且平行于麻花钻主切削刃的平面，将麻花钻两个主切削刃投影在平面内并测量其夹角，如图 6-37 所示，其顶角的测量值为 $2\varphi=139.6271°$。在麻花钻的端面视图内，测量横刃与主切削刃的夹角，如图 6-38 所示，其横刃角度的测量值为 $\psi=53.9511°$。

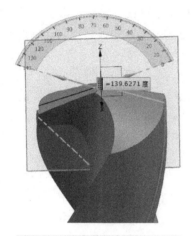

图 6-37 麻花钻顶角测量示意图

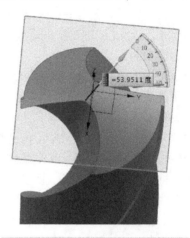

图 6-38 麻花钻横刃斜角测量示意图

通过对所建非标准麻花钻钻尖几何角度的测量与分析，其合理的角度值及其相对变化趋势，验证了该建模方法的可行性与准确性。为进一步反映该建模方法适用于不同直径麻花钻的非标准建模，本文利用 UG NX 软件对钻头直径 $d=2\sim20\text{mm}$ 中的部分麻花钻进行了建模，钻头几何参数及钻尖几何角度如表 6-11 所示。

表 6-11 非标准麻花钻建模几何参数

结构参数			刃磨参数					钻尖几何参数		
钻头直径 d/mm	钻心直径 d_o/mm	螺旋角 β_o/(°)	半锥角 δ/(°)	轴间角 θ/(°)	锥顶距 A/mm	偏距 e/mm	逆转角 β/(°)	顶角 2φ/(°)	外缘后角 α_f/(°)	横刃斜角 ψ/(°)
2					4	0.45	7			
2.5					8	0.45	7			
3					8.5	0.60	7			
3.5	0.175d	30	29	41	9	0.60	7	140±3	5～14	50～55
5					10	0.75	7			
10					18	1.55	7			
15					21.5	2.15	3			
20					23	2.65	3			

6.6 基于 UG 二次开发的麻花钻参数化设计

针对麻花钻设计建模过程烦琐的问题，本节通过 UG NX 二次开发工具 UG/Open，建立麻花钻的参数化模型；利用 VC++和数据库技术与麻花钻的参数化模型链接，实现麻花钻的参数化、交互性设计，提高麻花钻三维实体模型的设计效率与准确性，并为麻花钻的后续分析和仿真等研究工作提供了支持。UG/Open 开发工具集主要包括以下几个模块。

UG/Open API 是 UG 与外部应用程序之间的接口，是 UG/Open 提供的一系列函数和过程的集合，是 UG 的一个 C 语言函数库。用户可以通过 C 语言编程来调用这些函数和过程，从而实现用户的需求。

UG/Open GRIP 是一种专用的图形交互编程语言，可以实现与 UG 的各种交互操作。GRIP 编程语言具有简单、易学、易用的特点，但是所编写的程序较长、复杂，需要考虑程序的各种细节问题。因此，GRIP 编程语言常用于一些规模较小的程序，如模型建立、装配创建和工程图绘制等功能。

UG/Open Menu Script 是 UG/Open 中用来定制菜单的专用模块。它允许用户使用 ASCII 文件方便灵活地编辑 UG 系统的菜单，也可以以一种无缝集成的方式为用户开发的应用程序创建菜单和工具栏。菜单脚本文件的扩展名为 men，工具栏脚本文件的扩展名为 tbr。

UG/Open UI Styler 是 UG/Open 中用来创建对话框的专用模块。使用 UG/Open UI Styler 可以创建与 UG 风格完全一致的对话框，用户可以方便、高效地与 UG 进行交互操作。UI Styler 模块所支持的控件种类丰富，且在存储对话框文件(dlg)的同时，会自动生成与该对话框相对应的 c 文件和 h 文件。该模块与编程软件结合，大大节省了用户的开发时间。

利用 UG/Open 工具即可实现 UG 的二次开发，其应用程序框架如图 6-39 所示。

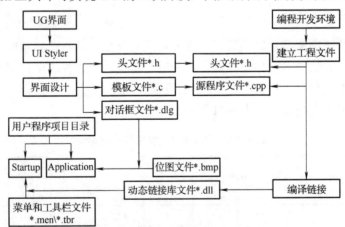

图 6-39 UG 二次开发应用程序框架

6.6.1 基于 UG/Open API 和模型的参数化设计

基于 UG/Open API 和模型的参数化设计是采用三维模型与程序控制相结合的方式，在创建好的麻花钻三维实体模型的基础上，根据部件的设计要求建立一组可以控制三维实体模型形状和大小的设计参数，针对所建立的设计参数进行编程，并能够实现对参数的查询、修改等操作，根据新的参数值更新模型从而实现参数化设计。本章程序的编写是使用 UG NX 二次开发工具 UG/Open API 语言的表达式功能。建好模型后，用 UG/Open Menu Script 和 UG/Open UI Styler 编写菜单栏和对话框，然后在 VC++上用 API 语言进行编程，程序把对话框和模型联系起来，将对话框中输入的值传递到模型的表达式中，并更新模型，保留原部件，实现生成所需麻花钻的要求。设计开发流程图如图 6-40 所示。

图 6-40　设计开发流程图

1. 系统菜单的设计

系统菜单的设计主要有以下两个步骤。

1) 开发路径的设置

打开 UG 安装目录 UGII_BASE_DIR\UGII\menus 下的 custom_dirs.dat（用记事本打开），在文件中添加系统开发所需文件夹的绝对路径，如 D:\UGOPEN。在 D:\UGOPEN 文件夹下新建 startup 和 application 两个子目录，startup 用于存放菜单（men）文件、工具栏（tbr）文件和编译链接后生成的动态链接库（dll）文件，application 用于存放对话框（dlg）文件和位图图标（bmp）文件等。

2) 菜单栏与工具栏文件

本系统在 UG 菜单栏菜单 Help 左侧建立一个新的菜单栏"麻花钻参数化设计"，菜单下含两个子菜单"锥柄麻花钻"和"直柄麻花钻"，其具体操作即在 D:\UGOPEN\startup 下建立文件 UGOPEN.men，运行结果如图 6-41(a) 所示。

部分源代码如下：

```
......
BEFORE UG_HELP                          //定义菜单位于"帮助"菜单前
CASCADE_BUTTON GEARS                    //主菜单按钮名
LABEL 麻花钻参数化设计                    //主菜单标题
END_OF_BEFORE                           //结束 BEFORE 定义
......
BUTTON DESIGN_DRILL_SPUR                //第二个子菜单名
LABEL 直柄麻花钻                          //第二个子菜单标题
ACTIONS design_drill_spur.dlg           //第二个子菜单的 ID
......
```

在菜单栏的基础上，制作工具栏，从而可以单击相对应的工具栏来快速、直接调用对话框。工具栏是一种快速激活相关命令的工具按钮的集合。在 UG 中，使用菜单工具可以制作工具栏。工具栏文件是以 tbr 为扩展名的文本文件，每个工具栏按钮名称应与菜单文件中相应按钮的名称相同。工具栏按钮图标所对应的位图文件，应放置在相应的 application 文件夹下。工具栏文件应放在 stratup 文件夹中，运行结果如图 6-41(b) 所示。

部分源代码如下：

```
......
BUTTON DESIGN_DRILL                     //锥柄麻花钻对应按钮的名称
```

```
LABEL 锥柄麻花钻                    //工具栏按钮的标题
BITMAP design_drill.bmp            //锥柄麻花钻对应按钮图标
......
```

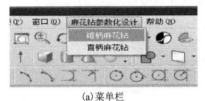
(a) 菜单栏

(b) 工具栏

图 6-41　系统菜单栏与工具栏

2. 系统对话框的设计

UG 对话框编辑工具有 UI Styler 和 Block UI Styler 两种，本章采用 UI Styler 模块创建与 UG 风格一样的对话框。进入 UI Styler 模块，调用对话框所需的控件，设置对话框的属性及其回调函数，根据麻花钻的主要设计参数，创建如图 6-42 所示的系统对话框。

以锥柄麻花钻设计为例，保存创建的锥柄麻花钻对话框，命名为 tap_drill，系统将根据选择的编程语言生成编程代码头文件(Tap Drill.hxx)、模板文件(Tap Drill.cxx)和对话框文件(tap_drill.dlg)。修改两个编程代码文件名为 Tap Drill.h 和 Tap Drill.cpp 备用，将对话框文件复制到 application 子目录下，由用户应用程序调用。

(a) "锥柄麻花钻参数化设计"对话框

(b) "直柄麻花钻参数化设计"对话框

图 6-42　系统对话框

3. 系统的实现

二次开发项目的创建方式有三种：NX Open Wizard 开发向导、Win32 应用程序向导和 MFC 应用程序向导。使用 UG/Open API 编写的程序可以在两种不同的环境下运行：内部环境(Internal)和外部环境(External)，生成的应用程序分别为动态链接库文件(dll)和可执行程序(exe)。本章采用 NX Open Wizard 开发向导和动态链接库文件(dll)进行系统的实现，运行平台为 Windows 7 操作系统，开发平台为 Visual C++ 6.0。

主要操作步骤：复制工程向导文件 UG open.awx 和 UG open.hlp 到 VC++的 Microsoft Visual Studio\ Common\MSDev98\Template 目录下，使 UG 与 VC++建立连接；启动 VC++6.0，新建工程，在项目类别中选择 Unigraphics NX App Wizard V1，工程命名为 TAP_DRILL；选择 internal application 内部环境模式，生成 dll 文件，选择使用 C++语言产生源代码；程序使用 ufsta 函数作为入口函数，在 UG 启动后可自动加载应用程序，当进程结束时，自动卸载；将 UG/Open UI Styler 模块生成的并已经重新命名的编程源代码文件 Tap Drill.h 和 Tap Drill.cpp 复制到工程所在的文件夹内，并加载到工程中。程序的编写主要是修改上述两个编程源代码文件，该程序中主要包括入口函数程序、获取表达式程序、传递对话框中数值等程序。

部分源代码如下：

```
……
data.item_attr=UF_STYLER_VALUE;                    //指定获取控件的值
data.item_id= TAP_DRILL _REAL_2;                   //对话框标识,可从对话框头文件中获得
UF_MODL_eval_exp("R",&data.value.real);            //根据表达式 R 的名称计算数值
UF_STYLER_set_value(dialog_id,&data);              //对相应控件赋值
……
UF_STYLER_ask_value(dialog_id,&data[2]);           //查询控件的值
sprintf(exps_string[2]," R =%f", R);               //获取表达式的值
UF_MODL_edit_exp(exps_string[2]);                  //修改表达式的值
UF_MODL_update();                                  //更新模型
……
```

完成程序的编写，进行编译、链接，将生成动态链接库文件（TAP_DRILL.dll）复制到文件夹 startup 目录下。在 UG 中打开建立好的实体模型，单击菜单栏或直接单击工具栏，弹出设计的对话框，根据设计要求修改相关参数，即可得到所需参数的麻花钻实体模型，另存更新后的模型，保留原模型。自动生成的新的标准锥柄麻花钻如图6-43（a）所示。

以上是标准锥柄麻花钻的设计过程，直柄麻花钻的设计过程与其类似，只是参数名和控件名有所不同，在此不再详细叙述，自动生成的新的标准直柄麻花钻如图6-43（b）所示。

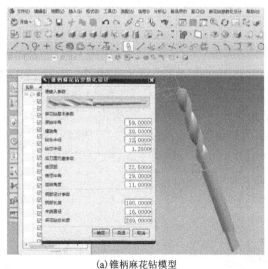
(a)锥柄麻花钻模型

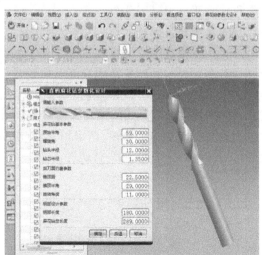
(b)直柄麻花钻模型

图 6-43　自动生成新的麻花钻实体模型

6.6.2 基于 UG/Open GRIP 和数据库的参数化设计

以上开发过程需要开发者有较强的 VC 编程能力，现利用一种较简单的编程方法实现麻花钻的参数化设计。利用二次开发工具 UG/Open API 和 GRIP 进行参数化设计，充分利用了各开发语言的特点，用 UG/Open UI Styler 和 Menu Script 制作与 UG 系统无缝集成的用户界面，利用 UG/Open API 编程控制用户界面，利用 GRIP 简单、方便地编程，并接收通过用户界面传来的数据实现参数化建模。系统还联合 API 与 MFC 实现数据库技术的开发，建立麻花钻参数化数据库。此系统集成了各个开发工具的优势，实现建立麻花钻实体模型的功能，主要开发流程如图 6-44 所示。

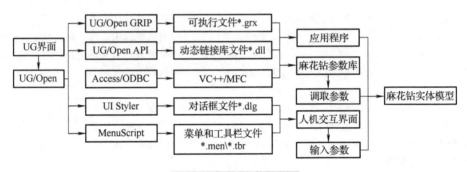

图 6-44 设计开发流程图

1. 基于 UG/Open GRIP 的模型的建立

GRIP 是 UG/Open 中的一个重要模块，它是 UG 的内嵌语言，是一种图形交互式、解释性的编程语言，能够实现 UG 的绝大多数交互操作。本章采用 GRIP 语言编程来实现麻花钻模型的建立。

麻花钻制造过程主要是磨削螺旋槽和刃磨后刀面。根据制造过程中主要参数，结合 UG 软件，对相关参数进行转化。根据近些年人们对麻花钻建模过程的研究，采用 GRIP 语言进行编程，主要分为以下几个步骤。

1) 螺旋槽的绘制

麻花钻螺旋槽的设计关系到加工过程中的排屑、散热、冷却等直接影响加工质量的问题。绘制螺旋槽首先绘制麻花钻螺旋槽横向截形，包括钻刃曲线、刃带部分曲线等；再绘制螺旋线、刀具轴线等；最后以螺旋槽横向截形为扫掠曲线，分别以刀具轴线与螺旋线为导引线，自动扫掠生成刀具螺旋槽。建模参数包括钻头半径、锥顶半角、螺旋角、钻心半径。

用 GRIP 语言编写程序，调用相关 GRIP 内部函数完成以上操作过程，实现螺旋槽实体的绘制，如图 6-45 所示，部分代码如下：

```
......
ln(1)=SPLINE/pt(1..num)                                    $$拟合曲线,形成钻刃曲线
DELETE/pt(1..num)                                          $$删除多余的点
ln(13)=LINE/0,0,0,0,0,-p*a                                 $$绘制刀具轴线
ln(14)=SPLINE/APPROX,DELETE,TOLER,0.0001,ln(10..11)        $$逼近曲线形成横向截形
obj(1)=BSURF/SWPSRF,TRACRV,ln(12..13),GENCRV,ln(14)        $$扫掠法 B 曲面形成螺旋槽
......
```

2) 后刀面的绘制

在钻削加工过程中，后刀面磨损较为严重，也是麻花钻设计的重点。本章麻花钻后刀面的刃磨采用常用的锥面刃磨法。考虑到后刀面的翘尾现象，让钻头附加一个绕圆锥母线的旋转角度。在建模过程中，对刃磨参数进行转化，最终后刀面的刃磨参数主要包括锥顶距、锥顶半角和附加旋转角度。

用 GRIP 语言编程，实现圆锥面轴线与母线的绘制，再调用相关函数实现母线绕轴线旋转生成圆锥面的操作，旋转复制得到对侧圆锥面，再调用实心体分割函数，以圆锥面为边界分别切割螺旋槽实体，得到圆锥后刀面，如图 6-46 所示。部分代码如下：

```
......
obj(2)=REVSRF/ln(16),AXIS,ln(17),-30,60    $$回转生成圆锥面
mat3(1..12)=MATRIX/XYROT,180
obj(3)=TRANSF/mat3,obj(2)                   $$旋转复制
obj(4)=SPLIT/obj(1),WITH,obj(2)
obj(5)=SPLIT/obj(4),WITH,obj(3)             $$切割实体
......
```

根据相关优化参数，在 GRIP 程序中设置初值，并调用函数实现接收从用户界面传递过来的参数，主要代码如下：

```
DATA/angel0,59,angel1,30,angel2,29, angel3,11,R,10,
rc,1.375,L,22.9,h,65,LL,205                      $$数值初始化
UFARGS/angel0,angel1,angel2,angel3,R,rc,L,h,LL   $$接收从 API 传递的参数数据
```

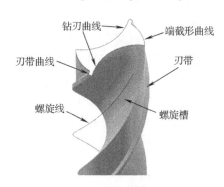

图 6-45　螺旋槽实体的绘制

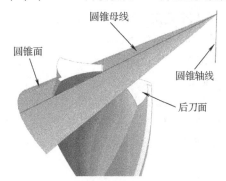

图 6-46　圆锥后刀面的绘制

3) 系统菜单栏与对话框的设计

采用二次开发工具 UG/Open UI Styler 和 Menu Script 设计与 UG 系统风格一致的菜单栏与对话框，可以方便地调用相关模块，与 UG 系统无缝集成。

（1）开发路径的设置。首先自定义目录 D:\UGOPEN，在目录下创建 startup、application、grip、database 四个文件夹，用于存放相关的系统开发文件，供系统查找调用。计算机属性中设置"环境变量"，新建 UGII_USER_DIR=D:\UGOPEN，完成开发环境的设置。

（2）菜单栏与工具栏的设计。菜单栏与工具栏的设计与 6.6.1 节中的方法类似，在此不再叙述，得到的系统菜单栏与工具栏效果如图 6-41 所示。

（3）系统对话框的设计。UI Styler 是用户开发对话框的可视化工具，创建与 UG 风格一样的对话框。进入 UI Styler 模块，选择对话框所需的控件，设置对话框的属性及其回调函数，

根据麻花钻的主要设计参数以及麻花钻参数库的设计要求,创建如图6-47所示的系统对话框,此对话框不同于图6-42所示的,增添了"麻花钻参数库"控件。

以直柄麻花钻设计为例,保存创建的直柄麻花钻对话框,如图6-47(a)所示,命名为drill_spur,系统将生成编程代码头文件、模板文件和对话框文件,将对话框文件复制到application子目录下,由用户应用程序调用。

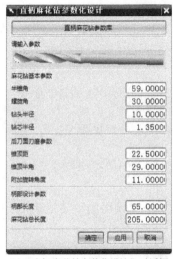 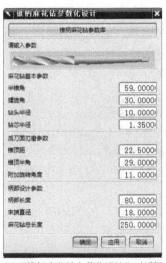

(a)"直柄麻花钻参数化设计"对话框　　(b)"锥柄麻花钻参数化设计"对话框

图6-47　麻花钻参数化设计对话框

4) API 调用 GRIP 程序的实现

在 VC++环境下,用 API 语言编程调用 GRIP 程序,把通过人机交互界面输入的参数传递到 GRIP 程序中,实现麻花钻的参数化设计。复制工程向导文件到 VC++目录下,建立 UG 与 VC++的连接,启动 VC++,在项目类别中选择 Unigraphics NX App Wizard V1 作为应用程序向导,创建工程 drill_spur。将 UI Styler 模块生成的编程源代码文件 drill_spur.h 和 drill_spur.cpp 加载到工程中。程序的编写主要是修改两个编程源代码文件,该程序中主要包括:入口函数程序、调取 GRIP 程序、传递对话框中数值程序等。部分源代码如下:

```
……
status=UF_call_grip(grip_exe,grip_arg_count,grip_arg_list);
                                              //调用 GRIP 程序
void write_para(int dialog_id)                //声明参数读取函数
Data[0].item_attr=UF_STYLER_VALUE;            //获取 UI 整体界面属性
Data[0].item_id=DRILL_SPUR_REAL_0;            //获取元素属性
UF_STYLER_ask_value(dialog_id,&data[0]);      //获取数据并存入地址&data "0" 中
……
```

2. 系统数据库的建立

1) 建立数据库

数据库是应用程序存储数据的仓库,本系统采用 C/S 结构的开发模式,即客户层和数据层的结构模式,客户层主要完成麻花钻信息的查询、添加入库、删除以及麻花钻参数化建模,数据层主要用来存储麻花钻的数据信息,为客户层提供数据支持。本书采用 Access 管理系统构建数据库,设定"钻头半径"为主键,如图6-48所示。

图 6-48 数据表

2) 注册数据库

选择数据库的管理系统建立数据库后，需要在用户计算机上注册数据源。选择"控制面板"→"管理工具"→"数据源 ODBC"，进入数据源注册对话框，如图 6-49 所示，用 ODBC 数据源管理器注册添加 drill_spur.mdb 数据源。

3) 联合 UG/Open API 和 MFC 实现后台数据库的访问

在 UG 二次开发的系统中，为实现对外部数据源的访问，需要利用 MFC 中封装的 ODBC 功能的类，通过类与 ODBC 的接口，解决了 API 应用程序不能直接支持 MFC 的

图 6-49 注册数据源 ODBC

问题，使用户避免处理繁杂的 ODBC API 步骤，就可以进行数据库的操作。

在 VC++环境下，创建应用程序框架，建立 MFC App Wizard(dll) 工程，命名为 drill_spur_data。在应用程序中的全局对象类 the APP 的下面添加 UG/Open API 函数入口，添加相关的程序代码。链接数据库，生成对话框类的实例，如图 6-50 所示，通过类的方法实现对数据库的后台访问。一个好的数据库应允许用户添加入库和删除数据，对话框中各个控件的属性值要与 Access 建立的数据库的字段名称及顺序一致，且主键不能有重复，添加(insert)和删除(delete)都是通过 SQL 语句来编辑的。

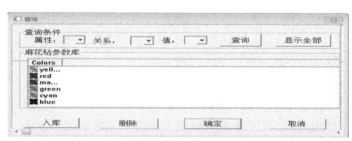

(a) C Data Choice 类的对话框

(b) C Insert Dialog 类的对话框

图 6-50 MFC 类对话框

对 MFC 工程进行编译链接，实现对数据库的访问，将生成的 drill_spur_data.lib 复制到工程文件夹下，将生成的 drill_spur_data.dll 文件复制到 startup 目录中。

3．系统的实现

在 VC++环境下对工程 drill_spur 的对话框源文件进行修改，主要是对相关回调函数进行代码修改添加，以及相关头文件的添加，实现调用 GRIP 程序和对数据库文件访问的响应。

将 UG 库文件 libugopenint.lib、libufun.lib 和 drill_spur_data.lib 添加到所建立工程的 Project→Setting 的 Link 选项中，在 Tools→Options 的 Directories 选项中添加 API 库函数所在的路径。对工程进行编译链接，生成对应的 drill_spur.dll，复制到 startup 目录下供系统调用。

启动 UG，单击相应的菜单栏或工具栏，弹出对话框，输入相关的参数，也可以通过麻花钻参数库选择优化的参数，即单击"直柄麻花钻参数库"，弹出由 MFC 设计的对话框，进行数据的选择、添加入库或删除等操作，单击"确定"或"应用"按钮，自动生成所需的直柄麻花钻实体模型，如图 6-51(a)所示。

以上是标准直柄麻花钻的设计过程，锥柄麻花钻的设计过程与其类似，主要是柄部参数有所不同，在此不再详细叙述。自动生成的新的标准锥柄麻花钻如图 6-51(b)所示。

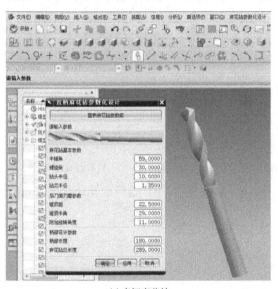 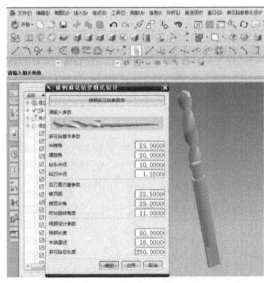

(a) 直柄麻花钻　　　　　　　　　　　　　　(b) 锥柄麻花钻

图 6-51　自动生成麻花钻实体模型

6.7　本章小结

本章首先介绍了麻花钻锥面后刀面成形参数间的关系及其参数的优化与确定；然后，从标准与非标准麻花钻两个方面，分别介绍了多种麻花钻的前刀面与后刀面的建模方法，对比分析了不同麻花钻建模方法的区别与优缺点，并对建模成形麻花钻的钻尖几何角度进行了测量与分析；最后，基于 UG 软件的二次开发介绍了麻花钻参数化设计的操作流程。

参 考 文 献

董正卫, 田立中, 付宜利, 2002. UG/OPENAPI 编程基础[M]. 北京: 清华大学出版社.

苟向锋, 张红梅, 张亚东, 2012. 基于UG 的麻花钻三维实体参数化设计[J]. 兰州理工大学学报, 38(02): 37-41.

侯永涛, 丁向阳, 2007. UG/Open 二次开发与实例精解[M]. 北京: 化学工业出版社.

黄翔, 2005. UG 应用开发教程与实例精解[M]. 北京: 清华大学出版社.

黄勇, 张博林, 薛运锋, 2008. UG 二次开发与数据库应用基础与典型范例(附光盘)[M]. 北京: 电子工业出版社.

荆浩旗, 2015. 基于虚拟机床技术的麻花钻线切割成形装置的研究[D]. 汉中: 陕西理工学院.

荆浩旗, 白海清, 王春月, 2014. 基于UG 的标准麻花钻三维实体建模[J]. 现代制造工程, (05): 60-63.

荆浩旗, 白海清, 王春月, 等, 2014. 基于UG/Open GRIP 的麻花钻参数化设计[J]. 陕西理工学院学报(自然科学版), (02): 10-14.

荆浩旗, 白海清, 王春月, 等, 2014. 基于VC++和UG 二次开发技术的麻花钻参数化设计[J]. 现代制造工程, (07): 51-54.

荆浩旗, 白海清, 杨柳, 等, 2014. 基于数据库技术的麻花钻参数化设计[J]. 陕西理工学院学报(自然科学版), (03): 18-23.

刘世瑶, 耿芬然, 2002. 深孔麻花钻的端截形及螺旋面的加工[J]. 河北冶金, (04): 27-31.

阙银昌, 李珊, 王磊, 等, 2007. 基于UG 的麻花钻三维建模研究[J]. 机械设计与制造, (06): 176-178.

沈钰, 白海清, 2017. 基于UG 与 ANSYS 的麻花钻建模及模态分析[J]. 陕西理工大学学报(自然科学版), 33(05): 11-17.

沈钰, 白海清, 王磬, 2018. 标准麻花钻三维实体建模的研究[J]. 现代制造工程, (03): 120-124.

时林, 傅蔡安, 2005. 基于UG 的标准麻花钻三维实体建模及其角度测量[J]. 现代制造工程, (12): 100-102.

王庆林, 2002. UG/Open GRIP 实用编程基础[M]. 北京: 清华大学出版社.

王忠魁, 1994. 麻花钻锥面刃磨参数的优化[J]. 机械制造, (08): 11-14.

袁哲俊, 刘华明, 2009. 金属切削刀具设计手册[M]. 北京: 机械工业出版社.

周临震, 李青祝, 秦珂, 2012. 基于UG NX 系统的二次开发[M]. 镇江: 江苏大学出版社.

朱超, 2016. 麻花钻后刀面插补式线切割成形机的设计与研究[D]. 汉中: 陕西理工大学.

第 7 章　麻花钻的钻削仿真与试验研究

对于金属切削加工，有限元仿真分析不仅可以模拟整个切削加工过程，同时也能实现对成形过程中钻削力及钻削温度场分布等情况的可视化观察与分析，以及与钻削条件和钻削参数之间的关系。此外，还可以通过模拟分析金属切屑的成形、刀具磨损以及切削变形后应力、应变的分布情况。本章基于麻花钻的三维建模，结合 DEFORM-3D 软件，采用单因素试验和正交试验的耦合设计，通过钻削过程仿真和实际钻削试验，研究分析小直径麻花钻的钻削参数对典型难加工金属材料及其激光熔覆成形件钻削性能的影响规律。通过立式显微镜，观察不同钻削参数下的钻孔表面形貌与钻屑形态的变化。根据正交试验数据，利用 MTALAB 软件并结合多元回归分析，建立钻削力预测模型，基于多目标遗传算法进行钻削参数优化。

7.1　有限元分析法及 DEFORM-3D 软件介绍

7.1.1　有限元分析法

有限元分析法是一种基于力学模型利用数值计算近似求解的方法，其实质是将一个连续物体的无限自由度求解问题离散化为有限数目的单元体集合，并以节点的方式将形状大小不同的单元体相互联结起来，从而实现对原有实际物体或物理系统的模拟、逼近求解。有限元分析法作为解决弹塑性结构静力学和动力学问题的重要手段，早已广泛应用于机械工程领域。

7.1.2　DEFROM-3D 软件介绍

DEFORM-3D 软件是由美国 SFTC 公司于 20 世纪 90 年代开发的一款主要针对金属塑性成形加工过程的有限元分析软件，其软件基于有限元工艺仿真系统，可有效模拟分析金属成形过程中材料的变形以及在热处理工艺条件下材料物理性能的变化。DEFORM-3D 软件应用的范围主要有锻压、镦粗、轧制、切削加工、模具分析、热处理工艺及其他成形加工。

DEFORM-3D 软件强大而又灵活的图形界面，方便了用户观察金属材料在成形过程中各阶段的变形以及对仿真数据的提取与分析，其仿真计算的精确性及结果的可靠性，广受业界同行的一致好评，同时也为研究分析加工工艺参数对金属成形加工过程的影响规律提供了有效途径。

1. DEFORM-3D 软件的理论基础

DEFORM-3D 是以修订过的拉格朗日定理为理论基础，可归属于刚塑性有限元分析法，但相比于塑性有限元分析法，其模拟仿真更贴近于实际加工。

DEFORM-3D 软件可通过四面体或六面体单元进行网格划分，但相比之下，以特殊方式处理后的四面体单元更容易实现网格的合理划分。对于金属成形过程中材料的过度变形，必要时可自动进行网格重新划分，优化工件网格，且对于工件精度要求较高的部分可进行网格的局部细化，从而降低仿真的运算规模，并提高计算的精度及效率。

此外，该软件同时也具有丰富的材料数据库，其材料种类包括各类钢、钛合金、铝合金、超硬高温合金等，还有各类刀具材料。用户除了可以直接调用材料数据库中的现有材料，还可以根据自身需要自行设置定义添加新的金属材料。

2. DEFORM-3D 软件的模块结构

DEFORM-3D 软件的模块结构主要由三个部分组成，即前处理、模拟处理及后处理。有限元仿真的过程主要有建立几何模型、建立有限元分析模型、定义工具和边界条件、求解和后处理。金属切削成形仿真流程如图 7-1 所示。

DEFORM-3D 软件除了通过前处理（DEFORM-3D Pre）设置，也可根据金属成形的过程选择相应的引导模块（Guided templates）进行有限元仿真建模。此外，与其他有限元仿真软件相比，DEFORM-3D 软件除了可利用其他三维软件建模，以 stl 保存再导入，也可以利用自建刀库、结合钻头的几何参数、以参数化的方式自行建模，极大地简化了钻削仿真建模的流程。

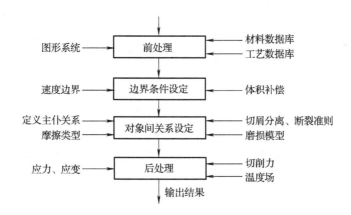

图 7-1 金属切削成形仿真流程示意图

7.2 麻花钻的钻削过程仿真研究

7.2.1 钻削仿真建模的关键技术

1. 材料的本构模型

材料的本构关系主要是用于描述金属材料的流动应力随温度、应变、应变率变化的影响规律，而本构模型则是能够反映材料本构关系的数学模型，且材料不同采用的本构模型也不同。因此，根据金属材料选择合理的本构模型对于研究金属材料的切削变形机理，提高仿真结果的准确性都具有重要意义。

本构模型的建立方式主要分为两种：一是基于切削变形机理，通过对位错密度、晶粒尺寸等微观结构的分析，建立耦合的本构模型；二是利用宏观的应力-应变关系，并结合内部状态参数，对试验数据进行回归分析，从而获得材料的本构模型。目前，有限元仿真过程中常用的本构模型有 Johnson-Cook(J-C)模型、Zerilli-Armstrong(Z-A)模型、Arrhenius 模型、Bodner-Partom(B-P)模型等。

Johnson-Cook 本构模型可充分描述金属加工的应变硬化现象和热软化现象的应力-应变关系，对于金属材料切削变形的研究，应用范围最为广泛，其具体表达式为

$$\sigma = \left(A + B\varepsilon^n\right)\left(1 + C\ln\frac{\dot{\varepsilon}}{\dot{\varepsilon}_o}\right)\left[1 - \left(\frac{T - T_o}{T_m - T_o}\right)^m\right] \quad (7.1)$$

式中，σ 为材料流动应力；A 为初始屈服应力(MPa)；B 为应变硬化模量(MPa)；C 为应变率敏感系数；n 为应变硬化指数；m 为温度软化指数；ε 为等效塑性应变；$\dot{\varepsilon}$ 为等效塑性应变率；$\dot{\varepsilon}_o$ 为参考塑性应变率(取 $0.001s^{-1}$)；T 为材料动态温度；T_m 为材料熔点；T_o 为室温(取 20℃)。

典型难切削加工材料的 J-C 本构模型参数如表 7-1 所示。

表 7-1 典型难切削加工材料的 J-C 本构模型参数

加工材料	材料参数				
	A/MPa	B/MPa	C	n	m
304	452	694	0.0067	0.996	0.311
Ti6Al4V	1098	1092	0.014	0.93	1.1
Al 7075-T6	546	678	0.024	0.71	1.56
Inconel718	1200	1284	0.006	0.54	1.20

2. 切屑分离准则

金属切削加工是一个刀具与工件相互作用使材料变形、失效，切屑不断成形、分离的过程。不同的金属材料，切屑的变形不同，因此为确保切屑与工件的分离，必须根据材料选择相适应的分离准则。目前，有限元仿真过程中的切屑分离准则主要分为两类：几何分离准则和物理分离准则。

几何分离准则是以切削路径上刀尖与刀尖前单元节点之间的距离与预设临界值的大小对比来判断切屑是否分离，若两个节点间的距离小于预先设置的临界值，则表示切屑与工件分离，反之则未分离。几何分离准则仅以节点间的距离判断切屑分离，形式简单，但并不能真实地反映切屑分离过程中的力学及物理现象，且现阶段对于临界值的设置也缺乏相应的通用标准。

物理分离准则以刀尖前单元节点的物理量(如温度、应力、应变)是否达到预设临界值进行判断，其临界值选定基于的准则有应变能密度准则、等效塑性应变准则、断裂应力准则等，当物理量与预设临界值相等时，表示材料变形失效，切屑分离。相比于几何分离准则，物理分离准则更接近于实际切削加工，但判别过程较为复杂。

DEFORM-3D 软件提供的切屑分离准则主要有三种：缺省准则、流动应力准则、绝对压力准则。基于物理分离准则的 Cockroft&Latham 应力分离准则，应用范围最为广泛，其表达式为

$$\int_0^{\varepsilon_f} \sigma_1 d\varepsilon = C \tag{7.2}$$

式中，ε_f 为等效应变；σ_1 为主应力；C 为临界断裂值。

当刀尖前加工工件材料的最大等效应力值与临界断裂值 C 相等时，切屑分离。

3. 接触摩擦模型

在有限元仿真过程中，接触摩擦模型的合理性也是影响仿真模拟准确性的关键之一。摩擦力的产生主要有两个方面：刀具前刀面与切屑的接触摩擦以及刀具后刀面与工件已加工表面的接触摩擦。而在刀具前刀面和切屑的接触面上，根据摩擦区域的不同，又可分为黏结摩擦区和滑动摩擦区。

在黏结摩擦区，由于刀—屑的挤压与摩擦使其刀尖部分的温度较高，切屑呈塑性状态且黏结在刀具前刀面上，其实质上是金属内部的剪切滑移，即内摩擦，接触摩擦剪应力与临界剪切应力相等；在滑动摩擦区，刀—屑接触摩擦归属于外摩擦，服从古典摩擦法则，即摩擦力的大小仅与摩擦系数和压力有关，与接触面积的大小无关。

DEFORM-3D 软件中提供的摩擦模型有三种：剪切摩擦(Shear)、库仑摩擦(Coulomb)以及包含剪切摩擦与库仑摩擦特性的混合摩擦(Hybrid)。在金属切削过程中，对于刀—屑接触摩擦的不同区域，其模拟仿真多采用修正的库仑摩擦模型，其表达式为

$$\begin{cases} F = \mu\sigma_n, & \mu\sigma_n \leqslant \tau_s (\text{滑动区}) \\ F = \tau_s, & \mu\sigma_n \geqslant \tau_s (\text{黏结区}) \end{cases} \tag{7.3}$$

式中，F 为摩擦应力；σ_n 为刀—屑接触面界面的正应力；μ 为刀具前刀面与切屑之间的摩擦系数；τ_s 为工件材料临界剪切应力。

上述摩擦模型适用于大部分有限元切削仿真，然而在实际切削过程中，滑动区的摩擦条件与传统的摩擦条件相比存在较大差异，切屑底面是伴随高应变硬化而形成的，由于工件材料的塑性变形，其硬度远高于原本材料硬度，致使摩擦系数变化，增大了摩擦系数获取的难度。

4. 热传导模型

在钻削加工过程中，工件的温度场一直处在非稳定的状态，其温度随着钻头的深入进给而持续增高。根据传热和传质基本原理中的能量守恒和傅里叶公式，在直角坐标系上建立其三维、非稳态导热偏微分方程，具体表达式为

$$q(x,y,z) + k_x \frac{\partial^2 T}{\partial x^2} + k_y \frac{\partial^2 T}{\partial y^2} + k_z \frac{\partial^2 T}{\partial z^2} = \rho c \frac{\partial T}{\partial t} \tag{7.4}$$

式中，$q(x,y,z)$ 为热源的热流密度；T 为相对温升；ρ、c 为工件材料的密度与热容；k_x、k_y、k_z 为各坐标方向上的导热系数。

钻削热传导等效模型示意图如图 7-2 所示。由图分析可知，v_f 为钻头进给速度；ω 为角速度；钻头的主切削刃和横刃在钻削过程中对于材料的去除起主要作用，是钻头温度的主要热

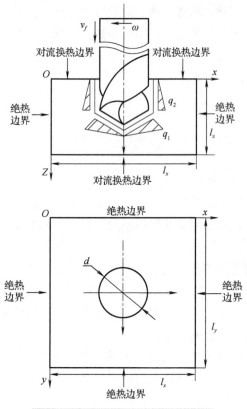

图 7-2 钻削热传导等效模型示意图

源,设产热为 q_1;而副切削刃主要起导向作用,且产热 q_2 很小,故可省略。钻削工件模型的上下表面除钻头作用区域外,其余均为对流热表面,而工件四周受热源的影响较小,故设为绝热表面。此外,相对于固体热传导与对流换热,热辐射对于本模型的影响很小,可忽略不计。

5. 刀具磨损模型

刀具磨损对于刀具寿命、工件的加工质量及切削效率都有着直接影响。因此,在有限元切削过程中,建立合理的刀具磨损模型对于研究刀具磨损机理以及仿真参数的优化都具有重要意义。

DEFORM-3D 软件中已提供的刀具磨损模型有两种:Archard 磨损模型和 Usui 磨损模型。此外,用户也可基于现有模型对软件进行二次开发,建立新的刀具磨损模型。

Archard 磨损模型主要适用于如锻造的断续加工过程,其磨损形式为磨料磨损;Usui 磨损模型则多用于如金属切削的连续加工过程,其磨损形式主要为黏结磨损,具体表达式如下。

Archard 磨损模型:

$$w = \int K \frac{p^a v^b}{H^c} dt \tag{7.5}$$

式中,w 为磨损体积;p 为接触面正压力;v 为刀具与工件之间的相对滑动速度;H 为刀具材料的硬度;dt 为时间增量;a、b、c、K 为试验修正系数。

Usui 磨损模型:

$$w = \int apv e^{-b/T} dt \tag{7.6}$$

式中,w 为磨损体积;p 为接触面正压力;v 为刀具与工件之间的相对滑动速度;T 为接触面温度;dt 为时间增量;a、b 为试验校准系数(钻削时通常取 a 为 1×10^{-6},b 为 855)。

6. 网格划分技术

金属切削加工实质上是一个具有连续性和动态性特征的几何非线性过程,随着刀具与工件材料在成形过程中的过度变形,一些单元过度变形而产生扭曲,进而造成网格的畸变与退化,严重时甚至会导致仿真过程不收敛、结果失真。因此,为了确保网格的收敛性及仿真计算的准确性,在有限元仿真过程中出现的不合格单元形状的网格必须能够得到即时重新划分,即网格重新划分技术,DEFORM-3D 的软件 AMG(自适应网格划分)技术。

在 DEFORM-3D 软件中,其网格划分的方式可分为两种:相对网格划分法(relative meshing method)和绝对网格划分法(absolute meshing method)。相对网格划分法是以控制网格划分单元的数量划分工件,无论工件的形状及结构如何变化,其网格数量始终保持不变;绝对网格划分法则是通过对网格最小单元尺寸的设置进行划分,网格数量会随工件结构的难易程度及加工变形而发生变化。

在仿真过程中，刀具定义为刚性体，其几何形状基本无变形，且划分的网格主要用于温度及应力计算，故刀具采用相对网格划分；工件多采用绝对网格划分，为了保证切屑成形必须确保最小单元边长(min element size)要小于进给量的1/2，即最小网格尺寸小于单刃进给量，如图7-3所示；对于网格尺寸比例的设置不宜过大，比例过大易造成工件内缩变形，如图7-4所示，影响仿真精度；DEFORM-3D软件基于AMG技术可自动实现对刀具与工件接触(即材料切削)部分的网格细化。

图7-3　工件切屑成形

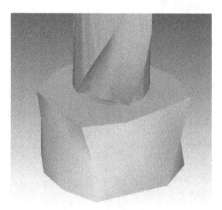
图7-4　工件内缩变形

7. 模拟步长

模拟步长的确定需同时考虑仿真计算的精度和效率，步长太长影响计算求解的收敛性，步长太短计算精度高，但求解的时间较长，效率低下。对于模拟步长的设置，DEFORM-3D软件提供了两种计算方式，即随刀具位移或时间增量计算模拟步长。

(1)以刀具行程控制模拟步长的方式多适用于一般常规的切削成形问题，其步长取值一般为最小单元边长的1/10～1/3，即刀具总行程距离为模拟步数与步长之积。

(2)以时间增量的方式控制模拟步长时，其计算公式为

$$t = \frac{S}{vn} \tag{7.7}$$

式中，S为刀具总行程；v为刀具运动速度；n为模拟步数。

当模拟步长与刀具无关，但与时间有关时，即热传导模式，也可以利用时间增量的方式计算模拟步长，其计算公式为

$$t = \frac{T}{n} \tag{7.8}$$

式中，T为热传导总时间；n为模拟步数。

7.2.2　钻削仿真模型的建立

本章基于DEFORM-3D软件，通过引导模块(Guided templates)中的切削(切除)(Machining(Cutting))模块进行钻削仿真建模。以钻头直径d=6mm的标准麻花钻为例，主轴转速n=500r/min，进给量f=0.16mm/r。刀具材料(K40)硬质合金(Carbide-15%Cobalt)，工件材料为AISI-304(对应国标牌号为304不锈钢)，其刀具及工件材料切削性能参数如表7-2所示。

表 7-2　K40 硬质合金及 304 不锈钢材料性能参数

材料属性	密度 /(g·cm^{-3})	热导率 /(W·m^{-1}·K^{-1})	杨氏模量 /(N·m)	泊松比	硬度/HV	熔点/℃	比热 /(kJ·kg^{-1}·K^{-1})	膨胀系数 /(10^{-6}·K^{-1})
K40	13.9～14.2	59	5.8×10^{11}	0.3	1037	2850	0.4	2.1～4.8
AISI-304	7.93	16.3	2×10^{11}	0.3	≤210	1398～1454	0.5	17.2

1. 前处理

1) 创建新问题

启动 DEFORM-3D 软件，进入主界面，选择 File→New Problem→Guided templates→Machining[Cutting]选项，物理单位制(Units)采用国际单位制(SI)标准，如图 7-5 所示；单击 Next 按钮，设置存储位置，如图 7-6 所示；单击 Next 按钮，输入问题名称(Problem name)为 Drilling，如图 7-7 所示；单击 Finish 按钮进入切削加工前处理界面，如图 7-8 所示。

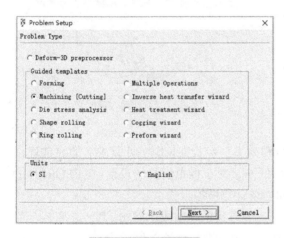

图 7-5　新建问题类型

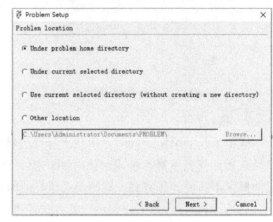

图 7-6　问题存储位置

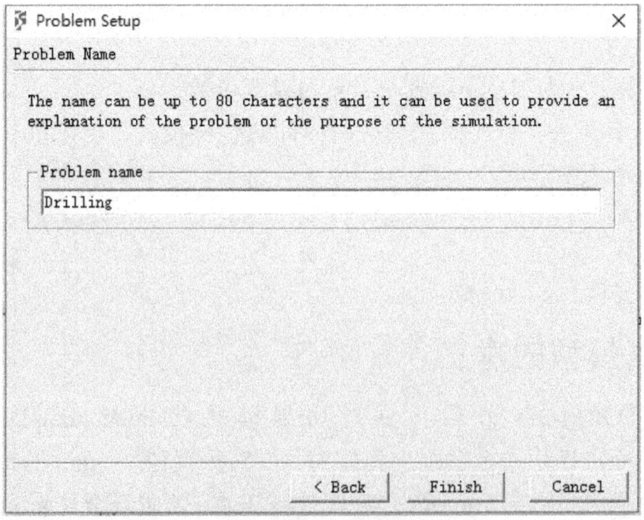

图 7-7　问题名称

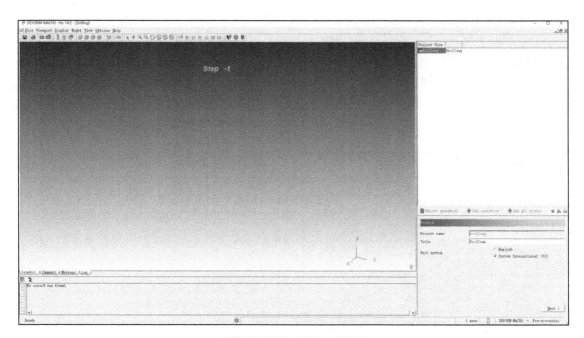

图 7-8 切削加工前处理界面

2) 设置钻削参数

项目名称(Project name)、单位制(Units)及操作名称(Operation Name)设置默认；单击 Next 按钮，机械加工类型(Machining Type)选择钻孔(Drilling)，如图 7-9 所示；单击 Next 按钮，根据仿真要求设置钻削参数，即主轴转速 n=500r/min，进给量 f=0.16mm/r，如图 7-10 所示。

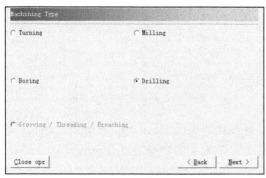

图 7-9 机械加工类型

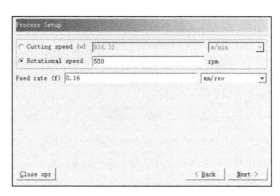

图 7-10 钻削参数设置

3) 设置边界条件和接触关系

工作环境和接触面属性设置：工作环境温度(Environment Temperature)设为 20℃；对流系数(Convection coefficient)为 0.02N/(s·mm·℃)；定义摩擦类型为剪切摩擦(Shear)，摩擦系数(Friction factor)设为 0.6；热传导系数(Heat transfer coefficient)为 45N/(s·mm·℃)，如图 7-11 所示。

4) 定义刀具

(1) 建立麻花钻模型。刀具设置(Tool Setup)界面，如图 7-12 所示，刀具初始温度(Tool temperature)设为20℃；本例采用DEFORM-3D软件自建刀具功能建立麻花钻，因此单击Define a new tool 按钮，在弹出的对话框中选择Create drillbit geometry 选项，如图 7-13 所示，单击 OK 按钮进入刀具建模参数设置界面，如图 7-14 所示，设置钻头几何参数(Drill geometry parameters)和刃磨参数(Grinding cone parameters)，再单击 Create 创建生成麻花钻，如图 7-15 所示。

图 7-11 工作环境及接触关系设置界面　　　图 7-12 刀具初始温度

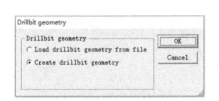

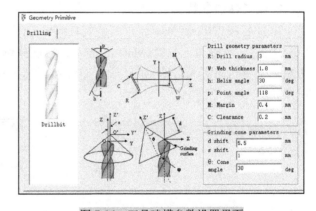

图 7-13 钻头建模方式　　　图 7-14 刀具建模参数设置界面

(2) 刀具参数设置。麻花钻生成后，单击 Close 按钮，关闭 Geometry Primitive 窗口，在弹出的刀具设置向导(Tool Setup Wizard)对话框中，依次对刀具定位方式(Position Methods)、进给方向(Feed Direction)、切削刃数和钻头直径(Number of Cutting Edges and Diameter)以及刀具基体材料(Base Material)进行设置。

刀具定位方式选择 Auto position(自动定位)，如图 7-16 所示；根据钻头钻尖朝向设置进给方向，如图 7-17 所示；切削刃数设为2，如图 7-18 所示；刀具基体材料选择 Import material from library→Category→Tool material→Material label→Carbide(15%Cobalt)选项，单击 Load 按钮实现材料加载，如图 7-19 所示；单击 Next 按钮，进入刀具涂层参数设置界面，如图 7-20 所示，由于本例为非涂层麻花钻，故涂层设置省略。

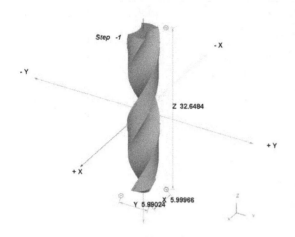

图 7-15 生成麻花钻

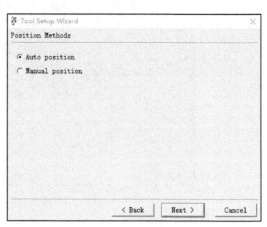

图 7-16 定位方式

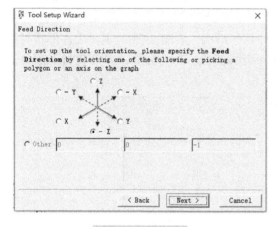

图 7-17 进给方向

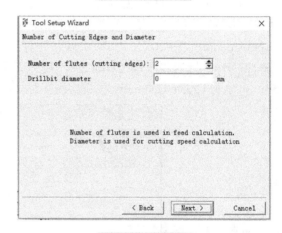

图 7-18 切削刃数

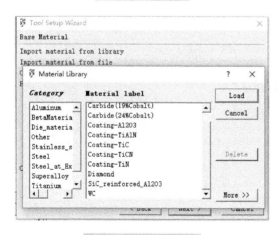

图 7-19 刀具基体材料

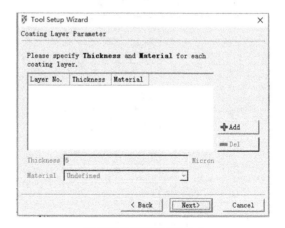

图 7-20 刀具涂层参数

(3)刀具网格划分。由前可知,本例刀具采用相对网格划分方式,网格数量 30000,尺寸比(Size Ratio)设为 4,选择 Preview→Generate mesh 选项生成刀具网格,如图 7-21 所示。

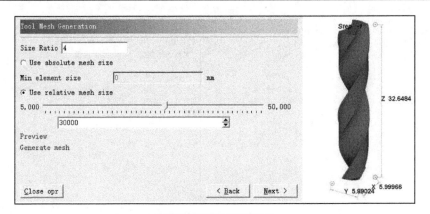

图 7-21 刀具网格划分

5) 定义工件材料

(1) 建立工件模型。刀具设置后,单击 Next 按钮进入工件设置(Workpiece Setup)界面,如图 7-22 所示,工件类型(Workpiece type)选择弹塑性体(Elasto-Plastic),工件温度(Temperature)设为 20℃;单击 Next 按钮建立工件几何形状,如图 7-23 所示,工件形状类型(Shape type)设为圆柱体(Cylinder),定义工件直径(Diameter)为 10mm,厚度(Thickness)为 5mm,单击 Create Geometry 按钮实现工件生成。

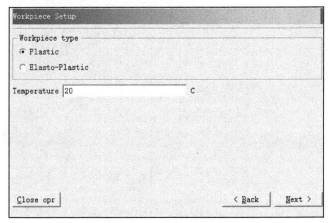

图 7-22 工件设置

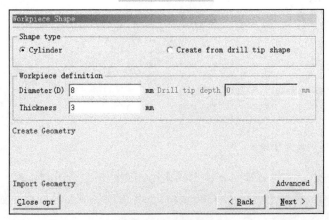

图 7-23 工件模型

(2) 工件网格划分。工件网格划分采用绝对网格划分方式，设置工件网格最小单元尺寸为进给量的 1/2，即 0.08mm，尺寸比（Size Ratio）设为 7，选择 Preview→Generate mesh 选项生成工件网格，如图 7-24 所示。

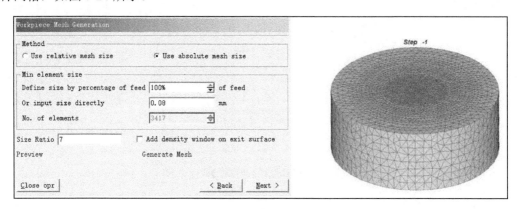

图 7-24　工件网格划分

(3) 工件边界条件。为防止工件在钻削仿真过程中发生移动或偏转，需对工件的边界条件进行设置，即设置工件侧面在 X、Y、Z 方向上的速度均为 0，确保工件完全固定，如图 7-25 所示。

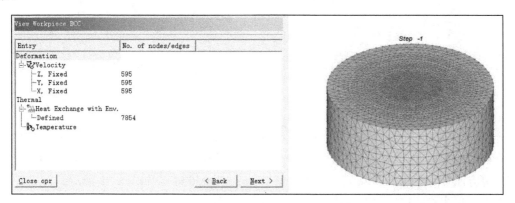

图 7-25　工件边界条件

(4) 工件材料。工件材料设置与刀具基体材料类似，选择 Import material from library→Category→Stainless steel→Material label→AISI 304 选项，单击 Load 按钮实现材料加载。

6) 设置模拟参数

模拟控制参数（Simulation Controls）设置界面，如图 7-26 所示，设置模拟运算求解总步数（Number of simulation steps）为 5000，存储数据间隔步数（Step increment to save）设为 20，设置钻削深度（Drill Depth）为钻头半径 $R=3$mm，当模拟总步数或钻削深度达到停止条件时，模拟计算停止；勾选 Tool wear calculation with Usui model，设置试验系数 $a=1×10^{-6}$，$b=855$。

此外，也可以单击 Advanced 按钮，在弹出的界面中选择步数设定（step），设置模拟运算求解总步数与存储数据间隔步数，如图 7-27 所示；设置刀具与工件的主仆关系，即刀具（Tool）为主动件（Primary Die）；模拟步长（Solution Step Definition）以时间增量的方式（With time increment）定义，由时间增量公式计算后设为 0.00045s。

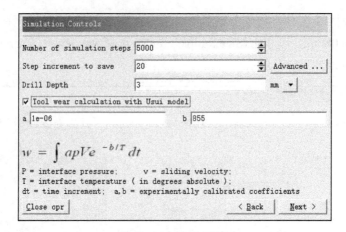

图 7-26　模拟参数设置

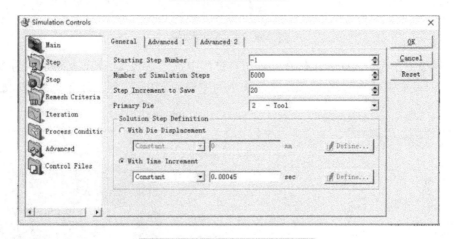

图 7-27　模拟步数及步长设置界面

在弹出的界面中选择迭代法(Iteration)，设置求解器(Solver)为稀疏矩阵求解器(Sparse)，迭代计算方法(Iteration method)为直接迭代法(Direct iteration)，如图 7-28 所示；完成模拟参数设置后，单击 OK 按钮保存退出。

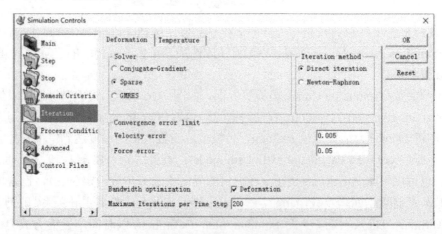

图 7-28　求解、迭代方法设置界面

7)检查生成数据库文件

模拟参数设置后,单击 Next 按钮进入数据库文件生成界面,如图 7-29 所示,单击 Check data,数据库检查确认无误后,单击 Generate database 生成数据库(BD)文件。生成的钻削有限元仿真模型如图 7-30 所示。

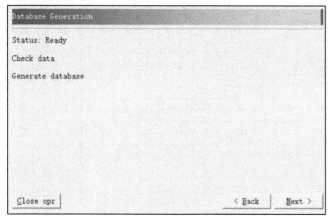

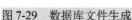

图 7-29 数据库文件生成　　　　　　　　图 7-30 钻削有限元仿真模型

2. 模拟和后处理

1)模拟运算

在 DEFORM-3D 的主窗口中,选择 Drilling 中的 Drilling.BD 文件,选择 Simulator→Run 选项开始模拟运算,如图 7-31 所示。在模拟过程中始终有一个 Running 提示,操作者可以选择 Simulator→Process Monitor 选项查看模拟进度,模拟结束,提示 NORMAL STOP:The assigned steps have been completed。

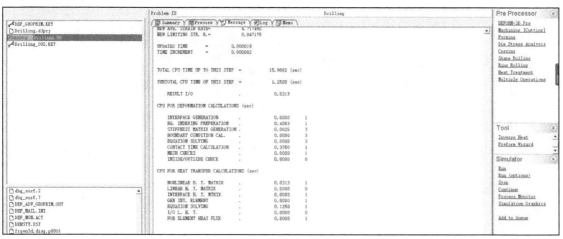

图 7-31 模拟运算

2)后处理分析

模拟运算结束后,选择主界面 Post Processor→DEFORM-3D Post 选项进入 Drilling(钻削)模拟的后处理界面,如图 7-32 所示。在后处理界面中,用户可以根据需求查看钻头的切削过程以及钻削时钻削力、钻削温度、钻屑形状、应力、应变以及刀具磨损等变化情况。

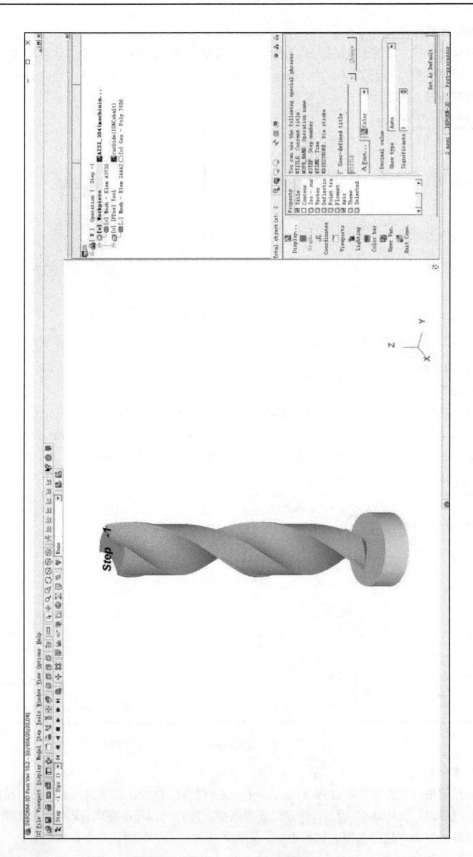

图 7-32 后处理界面

7.2.3 钻削仿真结果分析

1. 钻削力分析

根据前面所述钻削仿真模型,钻头钻削力在钻削仿真过程中的变化趋势如图 7-33 所示,其中 X 轴代表时间(Time,单位为 s),Y 轴分别代表轴向力(Z Load,单位为 N)与扭矩(Torque,单位为 N·mm)。

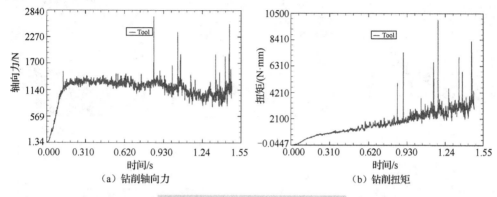

图 7-33　麻花钻的钻削力变化趋势图

由图 7-33 分析可知,钻削轴向力的变化趋势起初上升较快,这是由于在钻削时钻头横刃最先与被切削工件接触,且随着钻头的轴向进给,钻头横刃对工件的挤压瞬时使钻削轴向力急剧上升;而随着钻头主刃的不断切入,钻削轴向力的增长率有所变缓;当钻头完全钻入工件后,钻削轴向力在一定范围内上下波动,逐渐趋于平稳的状态。钻削扭矩则一直处于不断增长的状态,这是由于刀具与工件间的摩擦随钻削深度的加深而不断增大,而当钻头完全钻入工件,钻削进入平稳状态时,钻头主刃受到的冲击和挤压逐渐减小,钻削扭矩的增长率也有明显降低。钻削力仿真数据上下波动的原因可能是网格即时重新划分时造成仿真过程的不连续、切屑的变形或断裂。

2. 钻削温度分析

仿真钻削温度变化趋势如图 7-34 所示,其中 X 轴代表时间(Time,单位为 s),Y 轴代表钻尖温度(Temperature,单位为℃)。

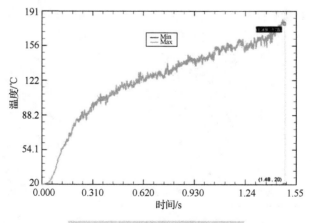

图 7-34　仿真钻削温度变化趋势图

由图 7-34 分析可知,麻花钻的钻削温度先是急剧上升,而后随着钻头不断钻入工件,钻削过程逐渐趋于稳定，但由于钻孔的加深，钻削产生的热量无法及时排出，故钻削温度的变化虽有变缓，但依旧呈现不断上升的趋势。

在钻削过程中，各仿真阶段的麻花钻钻尖温度分布如图 7-35 所示；钻削仿真结束时，钻头主刃后刀面、前刀面、工件及切屑温度的分布如图 7-36 所示。

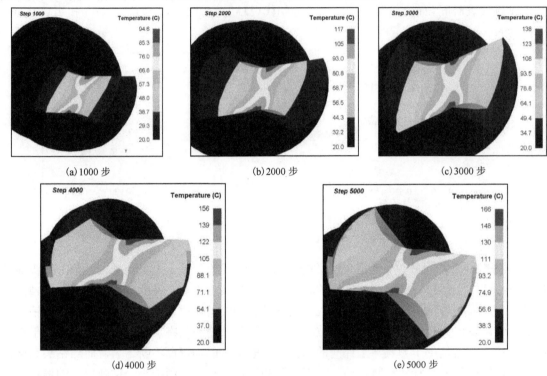

图 7-35　钻尖温度分布示意图

由图 7-36 分析可知，在钻削过程中，钻头横刃最先与工件接触，并通过挤压产生轴向力切削工件，工件因挤压变形生成切屑，且切屑因钻尖前刀面的挤压而扭转、变形，随之与工件分离，因而钻削条件较差，横刃与工件摩擦较为严重且接触面积最小，比热容小且热量无法及时散出，所以横刃处的温度相对较高。与钻尖相比，麻花钻的后刀面摩擦最大，故产生热量也更多，但由于其接触面积大，比热容大，因此温度相对较低。此外，麻花钻主刃的温度最高，这是由于钻头主刃对于金属材料的切削去除起主要作用。

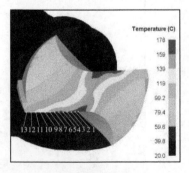
(a) 主刃后刀面温度

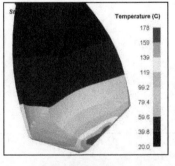
(b) 主刃前刀面温度

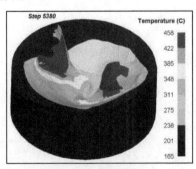
(c) 工件及切屑温度

图 7-36　钻削温度分布示意图

为了更直观地分析钻头主刃上温度变化的情况，利用 DEFORM-3D 软件的点追踪功能，并结合等分法沿钻刃取点进行数据采集，如图 7-37 所示。图 7-37 中数字 1～13 分别与图 7-36(a) 选取点对应，按数字对应颜色读取数据，如选取点 3 温度值为 166℃。利用 Origin 绘制折线图如图 7-38 所示。

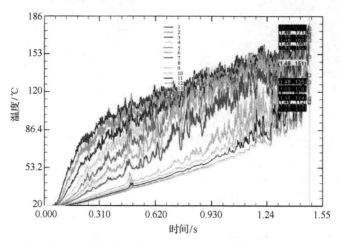

图 7-37　钻刃选取点的数据变化趋势图

由图 7-38 分析可知，位于钻头横刃转点处的点 1 到钻头主切削刃外缘处的点 13，其钻削温度变化呈现先波动上升后下降的趋势，钻削温度最高处并非在钻头横刃处，而是在钻头主切削刃上。这是由于在钻削加工时，钻头横刃最先与工件接触并产生挤压变形，但切屑的成形主要还是由钻头主切削刃切削产生的；而钻刃与工件接触，切屑最先成形的区域即金属切削过程中的第Ⅰ变形区，此时的切屑与钻刃的接触面积最大，且摩擦挤压最为严重，故钻削温度最高；随着切屑沿着钻刃向外卷曲变形流出，其接触面积逐渐减小，摩擦挤压减小，因此钻削温度也逐渐降低，且由于钻头横刃在钻削过程中始终与工件接触，故钻头横刃的温度一直高于钻刃外缘处的温度。

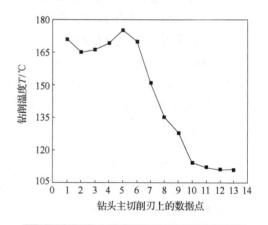

图 7-38　钻头主切削刃各点温度变化趋势图

3. 钻头磨损分析

在钻削加工过程中，钻头主刃与切屑、工件表面之间的摩擦作用，是造成钻头磨损的主要原因。由钻削加工形成的切屑，其形状和颜色会因钻头刀具的磨损程度而发生改变，磨损严重时甚至会引起振动、噪声等，从而降低钻削加工的精度以及钻孔的表面质量。

以位移 2mm 条件下的钻头磨损深度为例，如图 7-39 所示。由图分析可知，钻头磨损程度较为严重的主要集中在钻头主切削刃及横刃处，这是由于钻头横刃与工件的挤压切削，钻头后刀面与工件、钻头前刀面与切屑间的相互摩擦，致使钻刃及横刃处的钻削温度升高，加剧了刀具磨损。然而除钻削温度升高引起的热磨损，钻削加工产生的机械磨损及化学磨损同样是影响刀具磨损的重要因素，因此，在实际钻削加工中应综合考虑各方面因素，选择合理钻削参数以降低刀具磨损，延长刀具使用寿命。

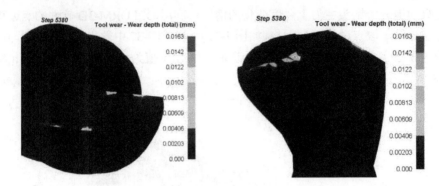

图 7-39 麻花钻钻尖磨损深度示意图

7.2.4 钻削参数对钻削性能的影响

为研究小直径麻花钻的钻削参数对典型难加工材料钻削加工工艺性的影响规律,以钻削 304 不锈钢为例,基于前面介绍的非标准麻花钻的建模方法,根据实际钻削试验刀具参数建模(钻头几何参数见表 6-11),结合 DEFORM-3D 软件建立钻削仿真模型。采用单因素试验设计方案,着重研究分析小直径麻花钻的直径、主轴转速、进给速度对 304 不锈钢材料的钻削力与钻削温度的影响趋势变化。

1. 钻削参数对钻削力的仿真分析

1) 钻头直径对钻削力的影响

主轴转速 n = 3100r/min,进给速度 v_f = 80mm/min,不同钻头直径对钻削力的影响趋势,如图 7-40 所示。由图分析可知,钻削轴向力与扭矩随钻头直径的增大呈直线上升的趋势。钻头横刃是钻削轴向力的主要来源,而钻头直径越大,其横刃长度也越大,且根据切削层参数可知,钻削宽度与钻头直径成正比($B = \dfrac{d}{2\sin\varphi}$),而钻削宽度的增加使单位时间内钻头切削层的面积增大,故钻头直径越大,钻削轴向力越大。而钻削扭矩主要取决于钻头主刃上的切向力,钻头直径的增大使钻头的剪切应力增大,故钻削扭矩增大;此外,刀具与工件间的摩擦阻力也是影响钻削扭矩的重要因素,钻头直径越大,摩擦阻力越大,故钻削扭矩越大。

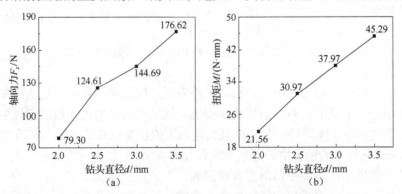

图 7-40 钻头直径对钻削轴向力、扭矩的影响

2) 主轴转速对钻削力的影响

钻头直径 d=3mm,进给速度 v_f=80mm/min,不同主轴转速对钻削力的影响趋势,如图 7-41

所示。由图分析可知，钻削轴向力与扭矩随主轴转速的增大而不断降低。在一定范围内，钻削的进给速度不变，主轴转速增大，单位时间内的钻削进给量减小，刀具与工件之间的摩擦次数增多，钻削温度逐渐升高；而钻削温度的升高促使被加工工件材料的剪切屈服强度降低，从而使钻头前刀面与切屑间的剪切角增大，摩擦角减小，金属的弹塑性变形减小，故钻削轴向力与扭矩减小。

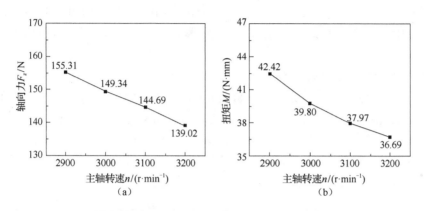

图 7-41 主轴转速对钻削轴向力、扭矩的影响

3）进给速度对钻削力的影响

钻头直径 $d=3\text{mm}$，主轴转速 $n=3100\text{r/min}$，不同进给速度对钻削力的影响趋势，如图 7-42 所示。由图分析可知，钻削轴向力与扭矩随进给速度的增大而呈不断上升的趋势。主轴转速不变，进给速度的增加直接使单位时间内的进给量增加，即钻削厚度增加，因此钻头每刃切削层的面积增大，故钻削轴向力与扭矩为克服刀具与切屑、工件之间的摩擦阻力，而随进给速度的增大而增大。根据材料切除率公式 $Q=\dfrac{f\pi d^2 n}{4}=\dfrac{v_f \pi d^2}{4}$ 可知，进给速度的增大可有效提高钻削加工的效率，但对于小直径麻花钻来说，过大的进给速度是使钻头易折断的重要因素，而在高速切削的条件下，过小的进给速度将使钻头在单位孔深内钻削的滞留时间较长，增加了刀具与工件之间的摩擦次数，加剧了刀具的磨损。因此，对于进给速度的合理选择应根据实际加工情况综合考虑各方面因素的平衡。

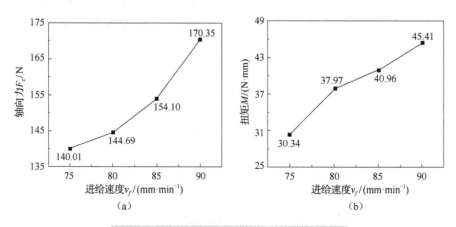

图 7-42 进给速度对钻削轴向力、扭矩的影响

2. 钻削参数对钻削温度的仿真分析

1) 钻头直径对钻削温度的影响

主轴转速 $n=3100$ r/min，进给速度 $v_f=80$ mm/min，不同钻头直径对钻削温度的影响趋势，如图 7-43 所示。由图分析可知，钻削温度随钻头直径的增大呈波动上升的趋势。这是由于钻头直径的增大，使钻刃与工件之间的接触面积增大，从而导致切屑增多，摩擦挤压增大，而切屑的增多会多带走一部分钻削加工的热量，但由于钻削加工半封闭的加工方式，切屑无法及时排出，摩擦产生的热量远大于切屑带走的热量，因此，随着钻削直径的增大，钻削温度在总体上也逐渐增大。

2) 主轴转速对钻削温度的影响

钻头直径 $d=3$ mm，进给速度 $v_f=80$ mm/min，不同主轴转速对钻削温度的影响趋势如图 7-44 所示。由图分析可知，钻削温度随主轴转速的增大呈直线上升的趋势。当保持钻头直径与进给速度不变时，主轴转速越大（即 $v_f=fn$，其中 v_f 为进给速度 (mm/min)，f 为进给量 (mm/r)，n 为钻头转速 (r/min)），单位时间内的钻削进给量相对减小，故单位孔深内钻头与工件之间的摩擦、挤压的次数增多，从而致使钻削温度逐渐升高。

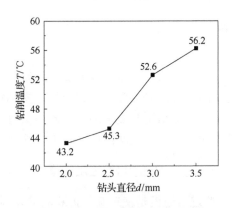

图 7-43 钻头直径对钻削温度的影响

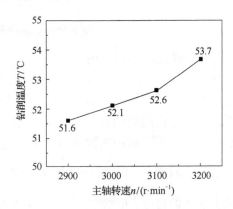

图 7-44 主轴转速对钻削温度的影响

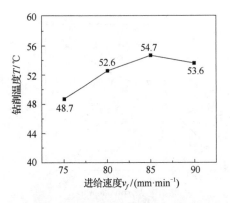

图 7-45 进给速度对钻削温度的影响

3) 进给速度对钻削温度的影响

钻头直径 $d=3$ mm，主轴转速 $n=3100$ r/min，不同进给速度对钻削温度的影响趋势，如图 7-45 所示。由图分析可知，钻削温度随进给速度的增大呈先上升后下降的变化趋势。这是由于主轴转速不变时，单位时间内的进给量随进给速度的增大而增大，从而使钻头钻削时每刃切削层的厚度与面积增大，因此增大了刀具与切屑、工件之间的摩擦阻力，故钻削温度升高；但过高的进给速度，致使钻头在单位孔深内的钻削时间缩短，从而使刀具与工件之间的摩擦次数减少，加快切屑热量的排出，故钻削温度有所降低。

7.3 麻花钻的钻削试验研究

麻花钻的实际钻孔试验,所用麻花钻是小直径硬质合金钻头,被加工材料选用激光熔覆再制造零件,以 45 钢作为基材、304 不锈钢合金粉末为熔覆材料制备 304 不锈钢激光熔覆成形件。通过实际钻削试验研究,分析小直径麻花钻的钻削参数对 304 不锈钢激光熔覆成形件钻削性能的影响规律。

7.3.1 激光熔覆件的制备

激光熔覆技术作为激光加工应用领域的一个重要方面,是 20 世纪 70 年代随着大功率激光器的发展而兴起的一种新的表面改性技术。激光熔覆实质上是在基体表面添加高性能合金粉末,利用高能激光束作为热源使熔覆材料与基材瞬时熔化,再快速冷却、凝固,形成表面形貌良好、性能优异的熔覆层,其成形原理及加工示意图如图 7-46 和图 7-47 所示。

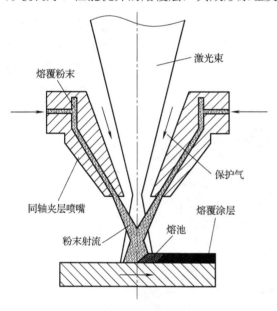

图 7-46 成形原理示意图

图 7-47 加工示意图

激光熔覆的主要功能是针对磨损破坏组件的修复,恢复工件的形状、尺寸和性能,同时也可有效改善工件本身的硬度、耐磨性、耐蚀性和高温抗氧化性能,提高了零件的服役性能,极大地降低了损伤零部件的更换成本。与传统的表面强化技术相比,激光熔覆能源清洁,熔覆件变形小,便于精确定位和自动控制;激光熔覆层与基体以冶金方式结合,结合强度高,选材范围广,且熔覆层的厚度可控制在几十微米到几毫米之间。近年来,激光熔覆技术已逐步在航空航天、汽车制造及石油化工等领域获得应用。

激光熔覆成形件作为一种新型复合材料,熔覆层性能优异、气孔率低、组织致密、硬度高,增大了钻削加工的难度,同时也加剧了刀具的磨损,从而影响加工效率及钻孔质量。与基材相比,激光熔覆层的厚度通常仅为几十微米或几毫米,常规孔深远大于其厚度,且由于熔覆材料与基材不同,其切削加工性能常存在明显差异,刀具在钻削过程中会造成不同程度的磨损、钻削力的突变等,同时对刀具刚度和强度也形成了新的挑战。此外,钻削过程实质上是一个多因素相互耦合作用的过程,除了被切削材料已知的工艺属性外,刀具的材料与几何参数、钻削用量、机床的精度、加工方式及外部环境等都会对工件的钻孔质量产生直接或间接的影响。因此,对于研究激光熔覆结构的钻削性能,以提高其钻削效率及钻孔质量是当前激光熔覆技术领域迫切需要解决的科学问题之一。

本章以45钢作为基材、304不锈钢合金粉末为熔覆材料制备304不锈钢激光熔覆成形件。通过实际钻削试验研究,分析小直径麻花钻的钻削参数对304不锈钢激光熔覆成形件钻削性能的影响规律。

1. 试验材料与设备

激光熔覆试验研究以45钢作为基材,通过电火花线切割机床切割成若干尺寸规格为100mm×100mm×10mm的方形试件,再利用万能工具磨床对方形试件进行初次正反面打磨,以去除试件表面杂质与氧化膜,提高工件的平整度,以确保试件在熔覆过程中保持水平。熔覆试验前,再利用水磨砂纸细磨抛光,并以无水乙烯擦拭、清洗,去除试件表面油污。

熔覆合金粉末为304不锈钢合金粉末,粉末粒度150~300目,松装密度4.0~5.5g/cm³,平均粒径<48μm,扫描电镜下其粒子表面较为光滑,形状近似为规则的圆球状,粒子间无粘连现象,粉末流动性较好,如图7-48所示。熔覆试验前,先将304不锈钢合金粉末置于真空干燥箱内(150℃×2h)作干燥处理,以提高粉末流动性。45钢与304不锈钢合金粉末的化学成分如表7-3所示。

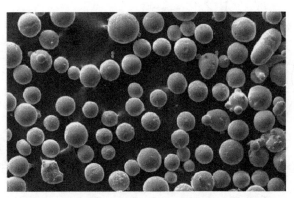

图7-48 扫描电镜下304不锈钢合金粉末形貌图

表7-3 45钢与304不锈钢合金粉末的化学成分(质量分数,%)

材料	化学成分					
	C	Si	Mn	Ni	Cr	Fe
45钢	0.46	0.24	0.65	0.2	0.2	余量
304不锈钢	0.15	0.8	0.2	10	18	余量

试验平台采用YAG-800W激光熔覆成形机与永年YLC-3000激光熔覆成形机,系统组成主要包括:YAG激光器/KUKA机器人系统、冷却机组、配电系统、送粉系统、加工工作台等,如图7-49和图7-50所示,其熔覆设备可实现预置铺粉与同步送粉两种熔覆方式,机床主要技术参数如表7-4和表7-5所示。

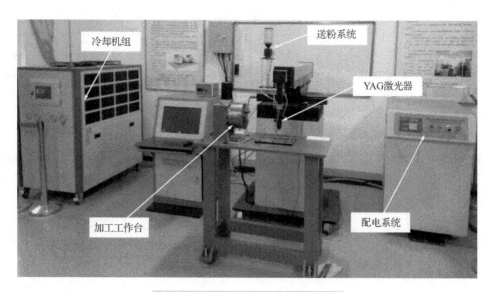

图 7-49　YAG-800W 激光熔覆成形机

图 7-50　永年 YLC-3000 激光熔覆成形机

表 7-4　YAG-800W 激光熔覆成形机主要技术参数

参数	数值	参数	数值
激光波长	1064nm	焊接厚度	≤1.5mm
平均功率	≤800W	激光能量不稳定度	≤3%
脉冲能量	0~400A(连续可调)	激光升降器升降范围	0~300mm
脉冲频率	0~100Hz(连续可调)	工作台运行速度	0~20mm/s
脉冲宽度	0.2~15ms(分段设定)	工作台重复精度	0.02mm
焊斑直径	0.2~4mm	手动调节器范围	0~40mm

表 7-5 永年 YLC-3000 激光熔覆成形机主要技术参数

参数	数值	参数	数值
激光功率	≤3000W	熔覆厚度	1~5mm
成形精度	±0.3~0.5mm	熔覆件长度	2~8m
送粉重复精度	±0.2%	扫描速度	3~10mm/s

2. 激光熔覆试验设计

试验分别采用侧轴送粉与同轴送粉两种方式制备 304 不锈钢激光熔覆成形试件，激光熔覆成形系统构成如图 7-51 所示，激光扫描采用"弓"字形成形路径，如图 7-52 所示；送粉、保护气体采用纯度为 99.99% 的工业纯氩，气体流量为 7~12L/min；激光熔覆参数设定如表 7-6 和表 7-7 所示。由于试验制备的单层熔覆厚度较低(约为 0.5mm)，故采用多层梯度熔覆以确保熔覆层厚度能满足钻削试验的钻深要求(约 3mm)，形成的 304 不锈钢激光熔覆件如图 7-53 所示。

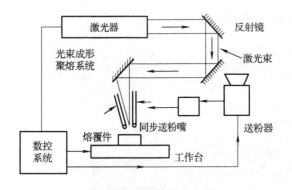

图 7-51 激光熔覆成形系统构成

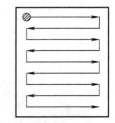

图 7-52 激光扫描路径

表 7-6 YAG-800W 激光熔覆参数设定

电流/A	频率/Hz	脉宽/ms	速度/(mm·min^{-1})	焦距/mm	送粉量/(g·min^{-1})	光斑直径/mm	搭接率/%
210	17	34	300	181	15	1.5	30

表 7-7 永年 YLC-3000 激光熔覆参数设定

激光功率/W	扫描速度/(mm·s^{-1})	送粉量/(g·min^{-1})
600	6	13

3. 激光熔覆层的特征分析

为检验试验所制备 304 不锈钢激光熔覆成形试件的可行性，分别从试件的表面宏观形貌、显微组织及显微硬度进行分析。

1) 表面宏观形貌分析

由图 7-53 可知，试件 1 多道熔覆后的表面较为平整，且试验通过多层梯度熔覆实现了熔覆层的堆积成形，各熔覆层、相邻熔覆道之间的搭接较为紧密，熔覆层表面无明显的凹坑以及裂纹，但存在少数的孔洞、积瘤以及部分熔覆层厚度不均匀的现象。这是由于试验 1 采用侧轴送粉法，送粉束与激光束不同轴，故熔覆开始时对粉末的利用率较低，但随着基材温度的升高以及粉末的堆积，熔覆层的厚度逐渐增大，从而造成熔覆厚度不均匀，影响熔覆层的成形质量。

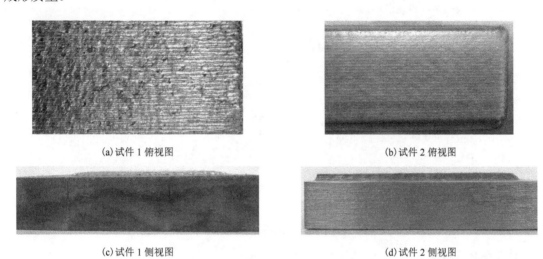

(a) 试件 1 俯视图　　　　　　　　　　　(b) 试件 2 俯视图

(c) 试件 1 侧视图　　　　　　　　　　　(d) 试件 2 侧视图

图 7-53　304 不锈钢激光熔覆件

试件 2 以同轴送粉方式激光熔覆成形的试件熔覆层成形质量较好，试件表面更为平整、光滑，无明显裂纹及孔洞。

2) 截面显微组织分析

根据激光熔覆的成形原理，以单道熔覆层为例，其熔覆试件的截面组织自涂层至基材理论上可分为四个区域，即熔覆层（Cladding Layer，CL）、合金化区（Alloyed Zone，AZ）、热影响区（Heat Affected Zone，HAZ）和基材（Substrate），如图 7-54 所示，图中 W、H、D 分别为熔覆层的宽度、厚度及熔覆深度。然而，通过光学显微镜对单道熔覆层截面的观察（图 7-55）可知，热影响区与基材间的差别较为明显，但熔覆层与合金化区无明显差别，且由于两区域内的组织化学成分相近、相组成相同，故常将两者统称为熔覆层。

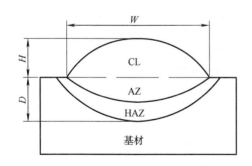　　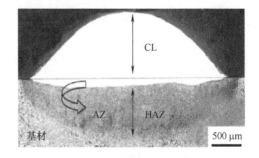

图 7-54　单道熔覆截面组织示意图　　　图 7-55　单道熔覆试验截面图

利用光学显微镜对本试验制备的 304 不锈钢激光熔覆件的截面形貌进行显微组织分析，如图 7-56 所示。图中可清晰辨别试件截面由三部分组成，即熔覆层、热影响区以及基材。熔覆层与基材的结合界面处发生了清晰的组织转变，存在一条明显的白亮带，而白亮带的成形说明熔覆层与基材之间已形成了良好的冶金结合。此外，图中的熔覆层也未发现裂纹、气孔及夹杂物等组织缺陷，熔覆层组织致密均匀。

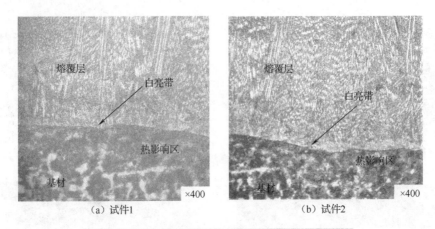

图 7-56　304 不锈钢激光熔覆件熔覆截面显微组织图

3) 显微硬度分析

为检验 304 熔覆成形试件的力学性能，采用 HV-1000 型显微硬度计对试件的截面进行显微硬度测量。自熔覆层表面至基材，依次等分选取 8 个测量点，并在同一水平截面内进行多次测量，绘制的硬度梯度直观折线图如图 7-57 所示。

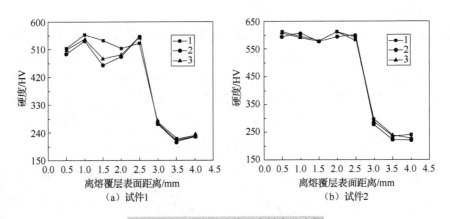

图 7-57　304 熔覆试件硬度梯度分布图

由图 7-57 可知，前 5 点数值较大为 304 不锈钢激光熔覆层硬度值，后 3 点数值相对较小表示 45 钢基材硬度值，试件 1 熔覆层硬度值虽存在波动变化，但其整体平均硬度值在 HV450~530，试件 2 熔覆层硬度分布则较为均匀，其数值无明显波动变化，整体平均硬度值在 HV570~610，其硬度高于试件 1。此外，与同元素 304 不锈钢板材(硬度约为 210HV)相比，其硬度也有显著的提高。

通过对比分析两种激光熔覆成形方式制备的 304 熔覆试件，以同轴送粉方式制备的试件 2 成形质量较好，各方面性能更为优异。因此，选用试件 2 用以后续钻削试验研究。

7.3.2 钻削试验平台的搭建

钻削试验平台采用由汉川机床公司生产的 XK950 数控立式铣床,如图 7-58 所示,机床主要技术参数如表 7-8 所示。试验材料为激光熔覆试验制备的 304 不锈钢激光熔覆成形件以及尺寸规格为 100mm×100mm×10mm 的同元素 304 不锈钢钢板。钻削刀具选用上海工具厂 DG-ATD03 系列的整体硬质合金麻花钻($2\varphi=140°$)。采用瑞士奇石乐 Kistler9257B 三向测力仪(图 7-59)测量钻削过程中的钻削轴向力,其测量装置主要由 Kistler9257B 三向动态压电式测力仪、Kistler5070A 电荷放大器及 Measure Computing A/D 数据转换板等部件组成,测力仪基本参数如表 7-9 所示。钻削加工与测量示意图如图 7-60 所示。

图 7-58 XK950 数控立式铣床

图 7-59 Kistler9257B 三向测力仪

表 7-8 XK950 数控立式铣床主要技术参数

参数	数值	参数	数值
坐标行程(X、Y、Z)	900mm×500mm×520mm	主轴转速范围	60~6000r/min
工作台承重	700kg	切削速度	1~10000mm/min
定位精度	0.020mm	快速移动速度(X、Y 轴)	30000mm/min
重复定位精度	0.010mm	快速移动速度(Z 轴)	20000mm/min
机床外形(长×宽×高)	2630mm×2350mm×2400mm	刀柄型号	MAS403 BT40

表 7-9 Kistler9257B 三向测力仪基本参数

量程	灵敏度	测力仪基本尺寸
Fx、Fy:±5KN;Fz:±10KN	Fx、Fy:-7.9pC/N;Fz:-3.7 pC/N	170mm×100mm×60mm

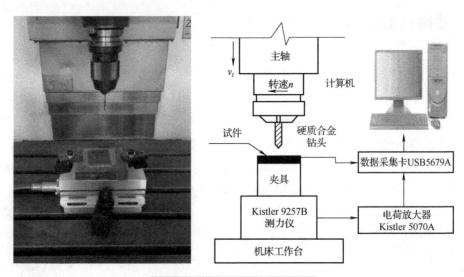

图 7-60 钻削加工与测量示意图

7.3.3 钻削试验方案设计

钻削试验方案采用单因素与正交试验设计，根据实际钻削工艺及钻削仿真优化选定钻削参数，并对钻削过程中的钻削轴向力进行测量，试验结果如表 7-10～表 7-14 所示。

1. 单因素试验设计

表 7-10 钻头直径对钻削力的影响

钻头直径 d/mm	转速 n/(r·min^{-1})	进给速度 v_f/(mm·min^{-1})	轴向力 F_z/N	
			304 熔覆件	304 不锈钢
2	3100	80	84.97	194.76
2.5	3100	80	132.14	253.72
3	3100	80	147.81	244.70
3.5	3100	80	148.78	315.87

表 7-11 主轴转速对钻削力的影响

钻头直径 d/mm	转速 n/(r·min^{-1})	进给速度 v_f/(mm·min^{-1})	轴向力 F_z/N	
			304 熔覆件	304 不锈钢
3	2900	80	158.25	308.94
3	3000	80	152.44	269.50
3	3100	80	147.81	244.70
3	3200	80	145.96	219.38

表 7-12 进给速度对钻削力的影响

钻头直径 d / mm	转速 n /(r·min^{-1})	进给速度 v_f/(mm·min^{-1})	轴向力 F_z/ N	
			304 熔覆件	304 不锈钢
3	3100	75	131.92	236.84
3	3100	80	147.81	244.70
3	3100	85	159.44	262.07
3	3100	90	167.95	277.94

2. 正交试验设计

表 7-13 试验因素水平表

水平	因素		
	A：钻头直径 d / mm	B：转速 n /(r·min^{-1})	C：进给速度 v_f/(mm·min^{-1})
1	2	2900	80
2	2.5	3000	85
3	3	3100	90

表 7-14 钻削正交试验方案与结果

试验编号	因素 A	因素 B	因素 C	空列	轴向力 F_z/ N	
					304 熔覆件	304 不锈钢
1	1	1	1	1	87.56	218.22
2	1	2	2	2	101.58	129.62
3	1	3	3	3	101.15	126.39
4	2	1	2	3	148.16	251.86
5	2	2	3	1	151.58	230.05
6	2	3	1	2	132.14	253.72
7	3	1	3	2	182.11	293.58
8	3	2	1	3	152.44	269.50
9	3	3	2	1	159.44	262.07

7.3.4 钻削试验结果分析

1. 钻削过程分析

钻削试验后，利用 Kistler9257B 三向测力仪获得 304 不锈钢激光熔覆件（304 熔覆件）在钻削过程中钻削轴向力的变化曲线图，如图 7-61 所示。图 7-61(a) 为 304 不锈钢激光熔覆件在 d = 2mm，n = 2900r/min，v_f = 80mm/min 的钻削参数条件下，钻削过程中钻削轴向力的实际变化曲线图。简化之即图 7-61(b) 所示 A 到 G 的曲线变化。

麻花钻的横刃最先与工件接触，初始钻削轴向力为 0，即为 A 处；钻头主刃随着钻削深度的增加，参与钻削加工的刃长不断增加，钻削轴向力也呈不断上升趋势，当钻头主刃完全钻入工件时，钻削轴向力达到最大，且在一定时间内保持稳定的状态，即 B-C 过程。

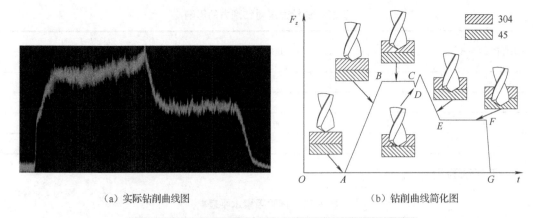

(a) 实际钻削曲线图 (b) 钻削曲线简化图

图 7-61 304 不锈钢激光熔覆件钻削轴向力的变化曲线图

由于激光熔覆件是通过高温瞬时熔合成形的，稳定性相对较差，故熔覆件的部分熔覆层硬度分布不均匀，该试件结合区的硬度相比熔覆层表面硬度较高，故会存在钻削轴向力跳动的情况，即 C-D 过程；304 熔覆件的基材（45 钢）相比熔覆层材料硬度较低，所以当钻头钻入基材时，钻削轴向力开始呈下降趋势，直至达到基材的最大钻削轴向力，即 D-E 过程；当钻头完全钻入基材并达到最大钻削力后，钻削轴向力将在钻头钻出工件或刀具退刀前保持平稳状态，即 E-F 过程；当整个钻削加工完成时，钻头退刀，钻削轴向力将不断下降，直至于 G 处变为 0。

本书对 304 熔覆件钻削轴向力数据的采集主要取自钻头完全钻入熔覆层的稳定阶段，即 B-C 过程数据的平均值。

2．钻削轴向力单因素试验分析

图 7-62 中 (a)、(b)、(c) 分别表示不同钻削参数下钻削轴向力仿真与试验数据的对比分析。由图分析可知，钻削轴向力仿真数据与实际钻削试验数据整体的变化趋势基本一致，即钻削轴向力随钻头直径 d 和进给速度 v_f 的增大而增大，随主轴转速 n 的增大而减小；且仿真数据与 304 熔覆件的试验数据差值较小，误差最高不超过 18.7%，但与 304 不锈钢的试验数据存在明显差距，其数据最大差值约为仿真数据的 2.5 倍，为 304 熔覆件试验数据的 2.1 倍。这是由于仿真试验是在理想状态下进行的，忽略了实际加工中环境温度、机床精度以及刀具与工件材料的质量等其他因素，而实际钻削加工是一个多因素相互耦合的复杂过程，此外对于仿真过程中材料本构模型的定义以及其他参数的设置，与实际相比均存在一定的差异性，因此试验数据值之间存在误差。而 304 熔覆件与 304 不锈钢试验数据之间存在的较大差异是由于两者的成形工艺不同，304 熔覆件的材料组织与性能已发生了变化。

304 不锈钢作为典型难加工塑性材料，具有良好的韧性及塑性，钻削时工件因塑性变形而产生的钻屑形态多呈带状或节状切屑。在钻削加工过程中若不能及时断屑，工件切屑极易缠绕在钻头刀具上，这无形中增大了钻削加工的钻削力。此外，不锈钢切屑的黏着性较强，在高温高压的作用下容易形成积屑瘤，从而导致钻削过程中的振动增大，加剧刀具磨损，严重时甚至会堵塞螺旋槽，致使钻削加工无法顺利进行或钻头折断。

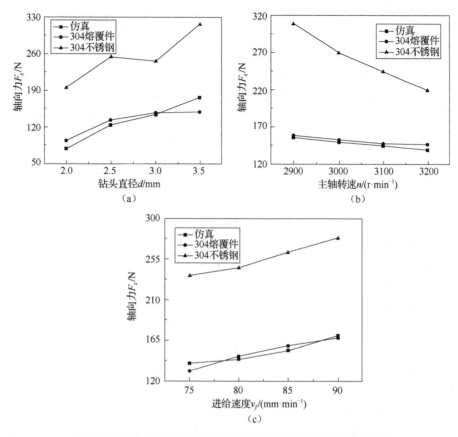

图 7-62 不同钻削参数下钻削轴向力仿真与试验数据的对比

304 熔覆件作为新型复合材料,通过对熔覆层力学性能的检测可知,其显微硬度较同元素不锈钢有明显提高。然而,在实际钻削过程中,其钻削产生的钻削力相对于同元素不锈钢钢板却明显降低。通过观察切屑形态可发现 304 熔覆件材料性能发生了明显变化,其材料性能不可再归属于塑性材料,而是更倾向于脆性材料,钻屑形态多为崩碎状、短带状或螺卷状切屑,因而钻削时不易发生切屑缠绕刀具或堵塞螺旋槽的现象,为克服刀具-切屑-工件之间产生的摩擦阻力相对较小,故钻削产生的钻削轴向力较小。

3. 钻削轴向力正交试验分析

为进一步研究分析小直径麻花钻的钻削参数对 304 熔覆件钻削轴向力的影响规律,本书根据正交试验数据进行了极差与方差分析,如表 7-15 和表 7-16 所示。

表 7-15 304 熔覆件钻削轴向力的极差分析表

K_{ij}	因素 A	因素 B	因素 C	空列
K_{1j}	290.29	417.83	372.14	398.58
K_{2j}	431.88	405.60	409.18	415.83
K_{3j}	493.99	392.73	434.84	401.75
k_{1j}	**96.76**	139.28	**124.05**	132.86
k_{2j}	143.96	135.20	136.39	138.61
k_{3j}	164.66	**130.91**	144.95	133.92

续表

K_{ij}	因素 A	因素 B	因素 C	空列
轴向力极差 R	67.9	8.37	20.9	5.75
主次顺序	A>C>B			
优水平	A_1	B_3	C_1	—
最优组合	$A_1B_3C_1$			

表 7-16 304 熔覆件钻削轴向力的方差分析表

差异源	平方和 SS_j	自由度 f_j	均方 σ_j	F_j 值	显著性
A	7266.56	2	3633.28	129.30	**
B	105.02	2	52.51	1.87	
C	662.41	2	331.20	11.79	
误差 e	56.21	2	28.10		
总误差	56.21	2	28.10		
F_a 值	$F_{0.01}(2,2)=99.00$；$F_{0.05}(2,2)=19.00$；$F_{0.10}(2,2)=9.00$				

由图 7-63 分析可知，在 304 熔覆件钻削试验过程中，钻削轴向力随钻头直径 d、进给速度 v_f 的增大而增大；随主轴转速 n 的增大而减小。根据极差分析表 7-15 可知，各因素对 304 不锈钢激光熔覆件钻削轴向力影响的主次顺序为：钻头直径 d→进给速度 v_f→主轴转速 n，即 A→C→B；由方差分析表 7-16 可知，钻头直径 d(因素 A)对钻削轴向力的影响最大且最为显著，进给速度 v_f(因素 C)次之，主轴转速 n(因素 B)影响最小。在钻削过程中，麻花钻的轴向力主要是由横刃产生的，而钻削轴向力越小，越有利于提高横刃的定心精度，同时也能提高刀具的耐用度，延长使用寿命。因此，根据麻花钻的钻削参数对 304 不锈钢激光熔覆件钻削轴向力的影响规律及钻削试验数据分析，确定钻削轴向力的最优钻削仿真参数组合为 $A_1B_3C_1$，即 $d=2$mm，$n=3100$r/min，$v_f=80$mm/min。

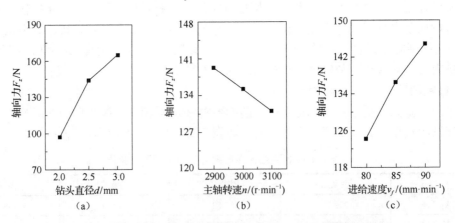

图 7-63 钻头直径、主轴转速和进给速度对钻削轴向力的影响

经试验验证，最优钻削试验参数组合产生的钻削轴向力 $F_z=84.97$N，相比正交试验中第 1 组(即钻削轴向力最小值 $F_z=87.56$N)试验数据，钻削轴向力减小了 3.0%，说明了本书钻削试验方案设计与数据处理分析的合理性和准确性。

7.3.5 钻孔质量分析

1. 钻孔表面形貌分析

基于 304 熔覆件的钻削试验，通过在立式显微镜下观察，对其材料在不同钻削参数下的钻孔表面形貌进行了简单分析，其钻孔的表面形貌如图 7-64 所示。

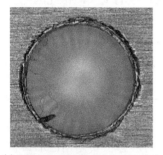
(a) d=2mm, n=3100r/min, v_f=80mm/min

(b) d=2.5mm, n=3100r/min, v_f=80mm/min

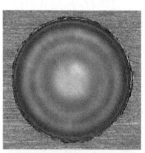
(c) d=3mm, n=2900r/min, v_f=80mm/min

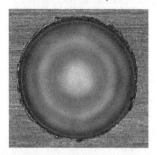
(d) d=3mm, n=3000r/min, v_f=80mm/min

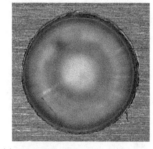
(e) d=3mm, n=3100r/min, v_f=75mm/min

(f) d=3mm, n=3100r/min, v_f=80mm/min

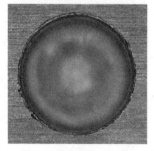
(g) d=3mm, n=3100r/min, v_f=85mm/min

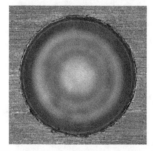
(h) d=3mm, n=3100r/min, v_f=90mm/min

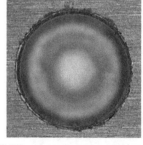
(i) d=3mm, n=3200r/min, v_f=80mm/min

(j) d=3.5mm, n=3100r/min, v_f=80mm/min

图 7-64 不同钻削参数下 304 熔覆件的孔表面形貌

由图7-64分析可知，304熔覆件钻孔的表面形貌缺陷主要有毛刺、啃边、积瘤以及钻孔不圆。图7-64(a)、(b)、(f)、(j)表示不同钻头直径下钻孔的表面形貌图，其钻孔表面存在着明显的毛刺与积瘤，但随着钻头直径的增大，积瘤现象逐渐消失，但过大的钻头直径又造成了啃边、钻孔不圆的现象，当钻头直径d=3.5mm时，钻孔的表面缺陷最为严重(图7-64(j))；图7-64(c)、(d)、(f)、(i)表示不同主轴转速下钻孔的表面形貌图，当主轴转速n=2900r/min时，钻孔的表面形貌相对最好(图7-64(c))，分析可知，随着主轴转速的增大，钻孔的毛刺及啃边现象越来越严重，其中当主轴转速n=3200r/min时，钻孔表面形貌相对最差(图7-64(i))；图7-64(e)、(f)、(g)、(h)表示不同进给速度下钻孔的表面形貌图，图中各钻孔表面的形貌相对较好，除有少量毛刺外，没有太大缺陷，且随着进给速度的增大，毛刺也在不断减少。

2. 钻削切屑分析

通过收集实际钻削试验加工生成的钻屑，在不同钻削参数下304不锈钢板材与304熔覆件生成的切屑形态如图7-65和图7-66所示。304不锈钢板材的切屑形态主要为锯齿形带状切屑，其切屑底部光滑，背部则呈锯齿形态，而这是不锈钢材料的塑性变形导致的；相比之下，304熔覆件产生的钻屑形态较多，主要包括扇形切屑、短带状切屑、长带状切屑、螺旋丝状切屑等。

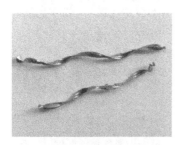

(a) d=2mm, n=3100r/min, v_f=80mm/min

(b) d=2.5mm, n=3100r/min, v_f=80mm/min

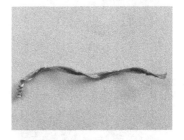

(c) d=3mm, n=2900r/min, v_f=80mm/min

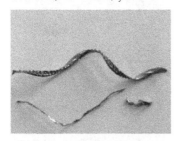

(d) d=3mm, n=3000r/min, v_f=80mm/min

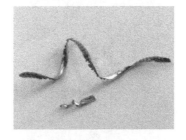

(e) d=3mm, n=3100r/min, v_f=75mm/min

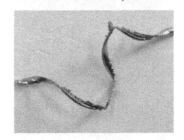

(f) d=3mm, n=3100r/min, v_f=80mm/min

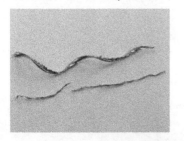

(g) d=3mm, n=3100r/min, v_f=85mm/min

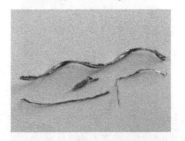

(h) d=3mm, n=3100r/min, v_f=90mm/min

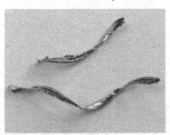

(i) d=3mm, n=3200r/min, v_f=80mm/min

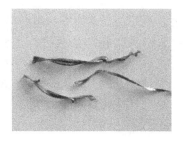

(j) d=3.5mm, n=3100r/min, v_f=80mm/min

图 7-65 不同钻削参数下 304 不锈钢的切屑形态

(a) d=2mm, n=3100r/min, v_f=80mm/min

(b) d=2.5mm, n=3100r/min, v_f=80mm/min

(c) d=3mm, n=2900r/min, v_f=80mm/min

(d) d=3mm, n=3000r/min, v_f=80mm/min

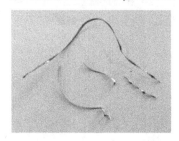

(e) d=3mm, n=3100r/min, v_f=75mm/min

(f) d=3mm, n=3100r/min, v_f=80mm/min

(g) d=3mm, n=3100r/min, v_f=85mm/min

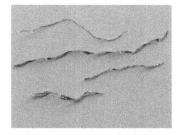

(h) d=3mm, n=3100r/min, v_f=90mm/min

(i) d=3mm, n=3200r/min, v_f=80mm/min

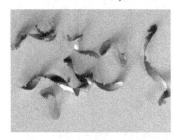

(j) d=3.5mm, n=3100r/min, v_f=80mm/min

图 7-66 不同钻削参数下 304 熔覆件的切屑形态

图 7-66(a)、(b)、(f)、(j)表示不同钻头直径下的切屑形态,当钻头直径 d=2mm 时,切屑形态为扇形(图 7-66(a)),随着钻头直径的增大,切屑形态变为带状,且长度逐渐增大,当钻头直径 d=3mm 时,切屑形态主要为螺旋丝状(图 7-66(j)),而当钻头直径 d=3.5mm 时,切屑形态依旧为螺旋状,但切屑长度变短、宽度增加,且部分切屑呈锯齿状(图 7-66(j));图 7-66(c)、(d)、(f)、(i)表示不同主轴转速下的切屑形态,当主轴转速 n=2900r/min、n=3000r/min 时,切屑形态主要以短带状为主,部分切屑形态为扇形,随着主轴转速增大,切屑形态变为螺旋丝状,且主轴转速越大,螺旋切屑卷曲的变形程度越大;图 7-66(e)、(f)、(g)、(h)表示不同进给速度下的切屑形态,图中切屑形态均主要为螺旋丝状,但螺旋切屑卷曲的变形程度随着速度的增加,先增大后逐渐减小,其中当进给速度 v_f=90mm/min 时,切屑卷曲变形的程度最差,且部分切屑形态为锯齿状。

7.4 钻削力预测模型与钻削参数优化

7.4.1 钻削力预测模型

1. 多元回归预测模型

根据金属切削原理可知,钻削力与钻削参数之间存在着复杂的指数函数关系,因此以钻削直径 d、主轴转速 n 和进给速度 v_f 作为函数变量,建立了钻削轴向力的多元回归模型。其表达式为

$$F_z = C_F d^{X_F} n^{Y_F} v_f^{Z_F} \tag{7.9}$$

式中,F_z 为钻削轴向力(N);C_F 为系数;X_F、Y_F、Z_F 为指数。

对公式两边取对数换算,使之变换成线性函数:

$$\lg F_z = \lg C_F + X_F \lg d + Y_F \lg n + Z_F \lg v_f \tag{7.10}$$

进一步简化,令 $y=\lg F_z$,$b_0=\lg C_F$,$b_1=X_F$,$b_2=Y_F$,$b_3=Z_F$,$x_1=\lg d$,$x_2=\lg n$,$x_3=\lg v_f$,则钻削轴向力对应多元线性回归方程的通用形式为

$$y = b_0 + b_1 x_1 + b_2 x_2 + b_3 x_3 \tag{7.11}$$

将正交试验数据全部取对数后,利用 MATLAB 软件遵循相应编程格式建立 M 文件,并调用多元线性回归函数 regress 对试验数据进行计算求解,具体操作代码如下:

```
x1=[0.3010,0.3010,0.3010,0.3979,0.3979,0.3979,0.4771,0.4771,0.4771];
x2=[3.4624,3.4771,3.4914,3.4624,3.4771,3.4914,3.4624,3.4771,3.4914];
x3=[1.9031,1.9294,1.9542,1.9294,1.9542,1.9031,1.9542,1.9031,1.9294];
y=[1.9423,2.0068,2.0050,2.1707,2.1806,2.1210,2.2603,2.1831,2.2026];
X=[ones(length(y),1),(x1)',(x2)',(x3)'];
Y=y';
[b,bint,r,rint,stats]=regress(Y,X);
b,bint,stats
```

程序运行后可得钻削轴向力的回归方程为

$$y = 0.8602 + 1.3271x_1 - 0.5117x_2 + 1.3053x_3 \tag{7.12}$$

故钻削轴向力的预测模型为

$$F_z = 7.2477 d^{1.3271} n^{-0.5117} v_f^{1.3053} \tag{7.13}$$

2. 回归方程的显著性检验

上述多元线性回归方程是否能正确反映变量间的线性关系,本书通过方差分析对回归方程的显著性进行了检验,分析结果如表 7-17 所示。其方差分析中涉及的计算公式如下:

$$SS_{总} = \sum_{i=1}^{n}(y_i - \overline{y})^2 = \sum_{i=1}^{n}(\hat{y}_i - \overline{y})^2 + \sum_{i=1}^{n}(y_i - \hat{y})^2 \qquad (7.14)$$

其中
$$SS_{总} = SS_{回} + SS_{残}$$

$$SS_{回} = \sum_{i=1}^{n}(\hat{y}_i - \overline{y})^2, \quad SS_{残} = \sum_{i=1}^{n}(y_i - \hat{y})^2$$

$$f_{总} = n - 1 \qquad (7.15)$$

其中
$$f_{总} = f_{回} + f_{残}$$

$$f_{回} = m, \quad f_{残} = n - m - 1$$

$$F = \frac{SS_{回}/m}{SS_{残}/(n-m-1)} \qquad (7.16)$$

式中,SS 为偏差平方和;f 为自由度;n 为试验次数;m 为试验因素;y 为性能指标测量值;$\overline{y}$ 为性能指标平均值;$\hat{y}$ 为性能指标对应回归值。

表 7-17 回归模型的方差分析

方差来源	偏差平方和 SS	自由度 f	均方 S/f	F 值	显著性
回归	0.0892	3	0.0297	29.1503	高度显著
残差	0.0051	5	0.0010		
总计	0.0943	8			

关于回归方程的显著性常以自由度为 $(m, n-m-1)$ 的随机变量 F_α 进行检验。在给定的显著性水平 α 下,对比方差分析的统计量 F 与 $F_\alpha(m, n-m-1)$ 值的大小,若 $F \geq F_\alpha(m, n-m-1)$,则说明回归方程显著,反之不显著。由表 7-17 可知,对于给定的显著性水平 α 为 0.01,$F_{0.99}(3,5) = 29.1503 > F_{0.01}(3,5) = 12.06$,则可得出钻削轴向力的多元线性回归方程是高度显著的。

7.4.2 钻削参数的多目标优化

1. 概述

1) 多目标优化

目标优化问题通常是指利用某些优化算法求解获得目标函数的最优解。当优化目标函数为两个或两个以上时,称为多目标优化问题。多目标优化问题一般是由 n 个优化变量、m 个优化目标函数组成的,其表达式为

$$\begin{aligned} &\min y = F(x) = [f_1(x), f_2(x), \cdots, f_m(x)] \\ &\text{s.t} \quad g_i(x) \leq 0, \quad i = 1, 2, \cdots, p \\ &\quad h_j(x) = 0, \quad j = 1, 2, \cdots, q \\ &\quad x = (x_1, x_2, \cdots, x_n) \in X \\ &\quad y = (y_1, y_2, \cdots, y_m) \in Y \end{aligned} \qquad (7.17)$$

式中,$x = (x_1, x_2, \cdots, x_n) \in X$ 为优化变量;$y = (y_1, y_2, \cdots, y_m) \in Y$ 为目标函数;X 为优化变量 x

形成的优化空间；Y 为目标函数 y 形成的目标空间；$g_i(x) \leq 0$ 和 $h_j(x)=0$ 确定了解的可行域。

多目标优化问题中各个目标函数间是相互矛盾与冲突的，一个目标性能的优化改善往往致使其他目标性能降低。有别于单目标优化问题的解为有限解，多目标优化问题的解通常是一组由多个帕雷托最优解组成的最优解集，集合中的各元素称为帕雷托最优解或是非劣最优解。

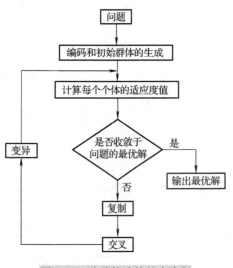

图 7-67　遗传算法的基本流程

2) 遗传算法概述

遗传算法是一种借鉴生物界自然选择和自然遗传机制的随机搜索优化算法。它是将问题的求解模拟成一个生物进化的过程，基于遗传学，并遵循优胜劣汰的原则，对群体进行反复复制、交叉和变异等操作，不断更新优化群体，以求得满足适应度函数要求的解，其基本流程如图 7-67 所示。

2. 钻削参数多目标优化模型的建立

1) 优化变量

钻削速度 v_c、进给量 f 和背吃刀量 a_p 称为钻削用量三要素，但由于背吃刀量 a_p 在钻削试验前已根据具体加工要求而确定，故可省略。而本书对于钻削速度 v_c、进给量 f 两个变量则分别以主轴转速 n、进给速度 v_f 表示。

在实际钻削过程中，钻头直径 d 对钻削力、材料去除率及刀具耐用度等都有直接影响，且效果显著。因此，将钻头直径作为优化变量引入优化目标函数模型中则显得十分必要。综上所述，本优化模型的优化变量主要有钻头直径 d、主轴转速 n 及进给速度 v_f，矢量表达式为

$$U = (d, n, v_f)^T = (x_1, x_2, x_3)^T \tag{7.18}$$

2) 目标函数

本书主要是在保证钻削加工效率的基础上，尽可能减小钻削力及延长刀具的使用寿命。因此，优化目标主要包括钻削力和钻削效率。

（1）钻削力。根据前面正交钻削试验及多元回归分析可知钻削轴向力的多元回归模型，将其作为目标函数，钻削轴向力越小，刀具切削性能越好，因而钻削轴向力的优化目标取极小值：

$$F_z = 7.2477 d^{1.3271} n^{-0.5117} v_f^{1.3053} = f_1(d, n, v_f) = f_1(x) \tag{7.19}$$

（2）钻削效率。钻削效率通常以单位时间内切削材料的去除量 Q 来表示，即以材料去除率 Q 作为目标函数，钻削效率优化的目标取极大值：

$$Q = \frac{f \pi d^2 n}{4} = \frac{v_f \pi d^2}{4} = f_2(d, v_f) = f_2(x) \tag{7.20}$$

综上，优化目标函数为

$$f(x) = = (f_1(x), f_2(x))^T \tag{7.21}$$

3) 约束条件

在满足钻削工艺要求、机床加工条件等基础上，对钻削参数的取值范围进行约束，从而使优化结果更加符合实际情况。

(1)钻头直径的约束：

$$g_1(x) = x_1 - d_{max} \leqslant 0$$
$$g_2(x) = d_{min} - x_1 \leqslant 0$$
(7.22)

(2)主轴转速的约束：

$$g_3(x) = x_2 - n_{max} \leqslant 0$$
$$g_4(x) = n_{min} - x_2 \leqslant 0$$
(7.23)

(3)进给速度的约束：

$$g_5(x) = x_3 - v_{f max} \leqslant 0$$
$$g_6(x) = v_{f min} - x_3 \leqslant 0$$
(7.24)

综上，304熔覆件小孔钻削参数的多目标优化模型为

$$\begin{cases} \min f(x) = \min(f_1(x), -f_2(x))^T \\ U = (d, n, v_f)^T = (x_1, x_2, x_3)^T \\ \text{s.t.} g_i(x) \leqslant 0, \quad i = 1, 2, \cdots, 6 \end{cases}$$
(7.25)

3. 钻削参数优化

1）多目标优化模型的求解

(1)根据钻削工艺要求和机床加工性能参数确定304熔覆件小孔钻削参数取值范围：

2mm≤d≤3mm；2900r/min≤n≤3100r/min；80mm/min≤v_f≤90mm/min

(2)利用MATLAB软件中基于遗传算法的函数gamultiobj求解多目标优化问题，编写目标函数的M文件，函数名为drilling.m，优化求解时目标函数必须在Current Directory内，但不能与gamultiobj函数文件置于同一文件夹内，其目标函数代码如下：

```
function f=drilling(x)
f(1)=7.2477*x(1)^1.3271*x(2)^(-0.5117)*x(3)^1.3053;    %钻削轴向力
f(2)=-x(1)^2* x(3)*pi/4;                                %材料切除率
end
```

(3)使用命令行方式调用gamultiobj函数，代码如下。其中，fitness fcn即求解过程(2)中定义的目标函数M文件，在遗传算法中相关参数设定如下：最优前端个体系数(ParetoFraction)为0.3；种群大小(PopulationSize)为100；适应度函数值偏差(TolFun)为1×10^{-6}；交叉率(CrossoverFraction)为0.8；变异率(MigrationFraction)为0.2。最后绘制出帕雷托解集。

```
fitnessfcn=@drilling;
nvars=3;
lb=[2,2900,80];ub=[3,3100,90];
A=[];b=[];Aeq=[];beq=[];
options=gaoptimset('ParetoFraction',0.3,'PopulationSize',100,'CrossoverFraction',0.8,'MigrationFraction',0.2,'TolFun',1e-6,'PlotFcns',@gaplotpareto);
[x,fval]=gamultiobj(fitnessfcn,nvars,A,b,Aeq,beq,lb,ub,options);
```

2）多目标优化结果分析

基于遗传算法利用MATLAB软件中函数gamultiobj求解多目标优化问题，可得到帕雷托最优解集，其目标适应度值的二维平面图，如图7-68所示。

由图 7-68 分析可知，两优化目标的变化趋势正好相反，即一个目标适应度函数值增大的同时，另一个却在不断减小。因此，对这两目标不能同时进行优化，而是需要根据实际加工的需求选择合理参数，使两者达到平衡状态。通过多目标优化模型的求解，获得的部分优化钻削参数组合及结果，如表 7-18 所示。

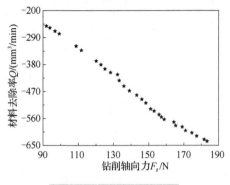

图 7-68　帕雷托最优解集

根据帕雷托多目标遗传算法优化求解结果，选取部分优化钻削参数，通过实际钻削试验对其进行验证，其试验结果如表 7-19 所示。对比分析试验与数值计算数据，两者之间相对较小的误差，体现了优化模型的可靠性。

表 7-18　部分优化钻削参数及其结果

试验编号	钻头直径 d /mm	转速 n /(r·min^{-1})	进给速度 v_f /(mm·min^{-1})	轴向力 F_z /N	材料切除率 Q /(mm^3·min^{-1})
1	2.0001	3016.5330	80.0008	91.9111	-251.3529
2	2.4884	3018.9183	81.1548	125.0874	-394.6791
3	2.9941	3023.9773	87.9224	177.3676	-619.0451
4	2.7807	3020.0712	81.6512	146.0832	-495.8669
5	2.7444	3019.5324	81.5036	143.2291	-482.1164
6	3.0000	3024.4227	90.0000	183.3225	-636.1722
7	2.3936	3019.0773	81.8501	120.1302	-368.3093
8	2.9646	3020.6655	81.5309	158.7170	-562.7803
9	2.4963	3020.0920	84.4968	132.3818	-413.5422
10	2.6030	3021.0035	81.4335	133.3361	-433.3432

表 7-19　优化钻削参数的试验及数值计算数据

试验编号	优化钻削参数			轴向力 F_z/N		
	钻头直径 d /mm	转速 n /(r·min^{-1})	进给速度 v_f /(mm·min^{-1})	试验数据	数值计算	误差/%
1	2.0001	3016.5330	80.0008	85.7336	91.9111	6.7
2	2.4963	3020.0920	84.4968	134.7185	132.3818	1.8
3	2.9941	3023.9773	87.9224	154.5641	177.3676	12.9
4	3.0000	3024.4227	90.0000	164.6949	183.3225	10.2

7.5　本章小结

本章介绍了有限元分析法与 DEFORM-3D 软件的基本内容，简要阐述了 DEFORM-3D 钻削仿真建模的关键技术以及操作流程；通过钻削仿真与实际钻孔试验研究，分析了小直径麻花钻的钻削参数对典型难加工金属材料及其激光熔覆成形件钻削性能的影响规律，并对其钻孔质量进行了分析；利用 MTALAB 软件，结合多元回归分析，建立了钻削力预测模型，基于多目标遗传算法进行了钻削参数的优化。

参 考 文 献

鲍永杰, 高航, 梁延德, 等, 2013. 碳纤维/环氧树脂复合材料钻削温度场建模与试验[J]. 兵工学报, 34(07): 846-852.

陈水胜, 陈骞, 邓慧, 等, 2019. 基于遗传算法的辊筒棒磨机多目标优化设计[J]. 中国粉体技术, 25(02): 75-81.

高兴军, 邹平, 闫鹏飞, 等, 2011. 麻花钻几何参数对不锈钢钻削性能影响的研究[J]. 组合机床与自动化加工技术, (03): 16-18.

胡建军, 李小平, 2011. DEFORM-3D 塑性成形 CAE 应用教程[M]. 北京: 北京大学出版社.

黄翠, 2017. 基于有限元方法的 GH4169 车削过程刀具磨损仿真及试验研究[D]. 哈尔滨: 哈尔滨理工大学.

贾民飞, 王书利, 仉智宝, 等, 2018. 钻削镍基高温合金小孔的试验研究[J]. 工具技术, 52(08): 44-46.

雷英杰, 2014. MATLAB 遗传算法工具箱及应用[M]. 西安: 西安电子科技大学出版社.

李娜, 2009. 金属切削过程刀-屑接触区摩擦状态有限元分析[D]. 秦皇岛: 燕山大学.

沈钰, 白海清, 2018. 麻花钻的钻削参数对钛合金钻削性能的影响[J]. 陕西理工大学学报(自然科学版), (01): 11-16.

沈钰, 白海清, 2018. 麻花钻几何参数对钛合金钻削性能的影响[J]. 工具技术, (04): 99-103.

沈钰, 白海清, 王磬, 等, 2018. 基于 DEFORM-3D 的钛合金钻削温度场研究[J]. 工具技术, (05): 78-82.

史方, 2017. Ti6A14V 的高速切削加工的有限元分析及摩擦模型的研究[D]. 昆明: 昆明理工大学.

舒林森, 王家胜, 白海清, 等, 2017. 磨损轴面激光熔覆过程的数值模拟及试验[J/OL]. 机械工程学报: 1-7[2019-04-27]. http://kns.cnki.net/kcms/detail/11.2187.th.20190124.1208.026.html.

王芳, 2013. 碳纤维复合材料钻削轴向力有限元仿真研究[D]. 大连: 大连交通大学.

王凯旋, 2017. TC4 钛合金微孔加工钻削力的仿真与试验研究[D]. 太原: 太原理工大学.

魏效玲, 王剑锋, 2014. 基于 DEFORM 的刀具几何参数与切削力关系的研究[J]. 组合机床与自动化加工技术, (11): 11-13.

吴贵生, 1997. 试验设计与数据处理[M]. 北京: 冶金工业出版社.

肖晓伟, 肖迪, 林锦国, 等, 2011. 多目标优化问题的研究概述[J]. 计算机应用研究, 28(03): 805-808.

徐滨士, 董世运, 2016. 激光再制造[M]. 北京: 国防工业出版社.

徐滨士, 董世运, 史佩京, 2013. 中国特色的再制造零件质量保证技术体系现状及展望[J]. 机械工程学报, 49(20): 84-90.

徐鹏, 董梁, 鞠恒, 等, 2014. 激光熔覆 304 不锈钢涂层的组织及耐蚀性[J]. 材料热处理学报, 35(S1): 221-225.

闫鹏飞, 2010. 不锈钢钻削加工有限元仿真及试验研究[D]. 沈阳: 东北大学.

杨树财, 2017. 刀具介观几何特征对钛合金切削性能影响研究[M]. 北京: 科学出版社.

郁磊, 2011. MATLAB 智能算法 30 个案例分析[M]. 北京: 北京航空航天大学出版社.

张东明, 张平宽, 王慧霖, 等, 2011. Deform-3D 钻削仿真时常见问题分析[J]. 工具技术, 45(11): 55-57.

张莉, 李升军, 2009. DEFORM 在金属塑性成形中的应用[M]. 北京: 机械工业出版社.

赵娜, 刘二亮, 张慧萍, 等, 2016. 金属切削变形常用本构模型研究进展[J]. 工具技术, 50(01): 3-8.

周芳娟, 2014. 304 不锈钢切削加工特性的研究[D]. 武汉: 华中科技大学.

朱超, 白海清, 2015. 采用 DEFORM-3D 对钻削过程的有限元仿真[J]. 煤矿机械, 36(06): 286-289.

朱超, 白海清, 2016. 基于 DEFORM-3D 和遗传算法的钻削用量优化研究[J]. 工具技术, 50(01): 48-51.